HUBERT MÈMETEAU

Technologie fonctionnelle de l'automobile

1. Le moteur et ses auxiliaires

4e édition

DUNOD

Du même auteur, chez le même éditeur

- *Technologie fonctionnelle de l'automobile*
  Tome 2 – *Transmission, train roulant et équipement électrique*
- *Maintenance automobile*

Les illustrations ont été réalisées par Philippe Mèmeteau

ISBN 2 10 005898 3

Table des matières

Avant-Propos

Cette nouvelle édition de vos livres de technologie a été réalisée afin de tenir compte d'une part de l'évolution des systèmes qui équipent les automobiles actuelles, et, d'autre part, des techniques innovantes en matière de démarches de maintenance.

La démarche générale qui prédomine dans les métiers de maintenance privilégie :

• La fiabilité maximale des systèmes : entretien à périodicité programmée, précontrôle des éléments d'usure.

• L'immobilisation minimale en cas de mauvais fonctionnement : diagnostic rapide et précis, remise en état parfaite et durable.

L'étude technologique est une phase indispensable de cette démarche.

Il est possible de décomposer l'étude en deux niveaux :

• Le premier niveau correspond à une **vision globale de l'automobile**.

Celle-ci comprend plus particulièrement : la description des sous-ensembles, l'analyse structurelle, la raison d'être des systèmes et leur fonction globale.

On peut estimer que cette approche est suffisante pour avoir rapidement une vue d'ensemble des systèmes qui composent l'automobile. Ces savoirs sont associés à l'exécution de tâches d'entretien courant, de dépose-repose et démontage-remontage, dont le diagnostic aura été établi au préalable par un technicien plus expérimenté.

• Le deuxième niveau recouvre une **maîtrise approfondie des systèmes**.

Celle-ci développe plus précisément : les analyses systémiques et fonctionnelles, le décodage de graphes et de schémas normalisés, l'étude de l'influence sur les systèmes de la modification des paramètres et l'application de notions scientifiques telles que les sciences physiques, la mécanique théorique.

Elle prépare à la réalisation de diagnostics fins, permettant de détecter rapidement et avec précision les éléments défectueux.

Le but poursuivi est l'accoutumance de l'opérateur à une démarche méthodique bien documentée qui le rende adaptable à toute situation de maintenance actuelle ou à venir.

H. Mèmeteau

N.B : Vous trouverez, à la fin du tome 2, un tableau récapitulatif des unités de grandeurs, symboles hydrauliques et électriques, ainsi qu'un rappel du principe de l'analyse systémique.

L'étude technologique dans la démarche de maintenance

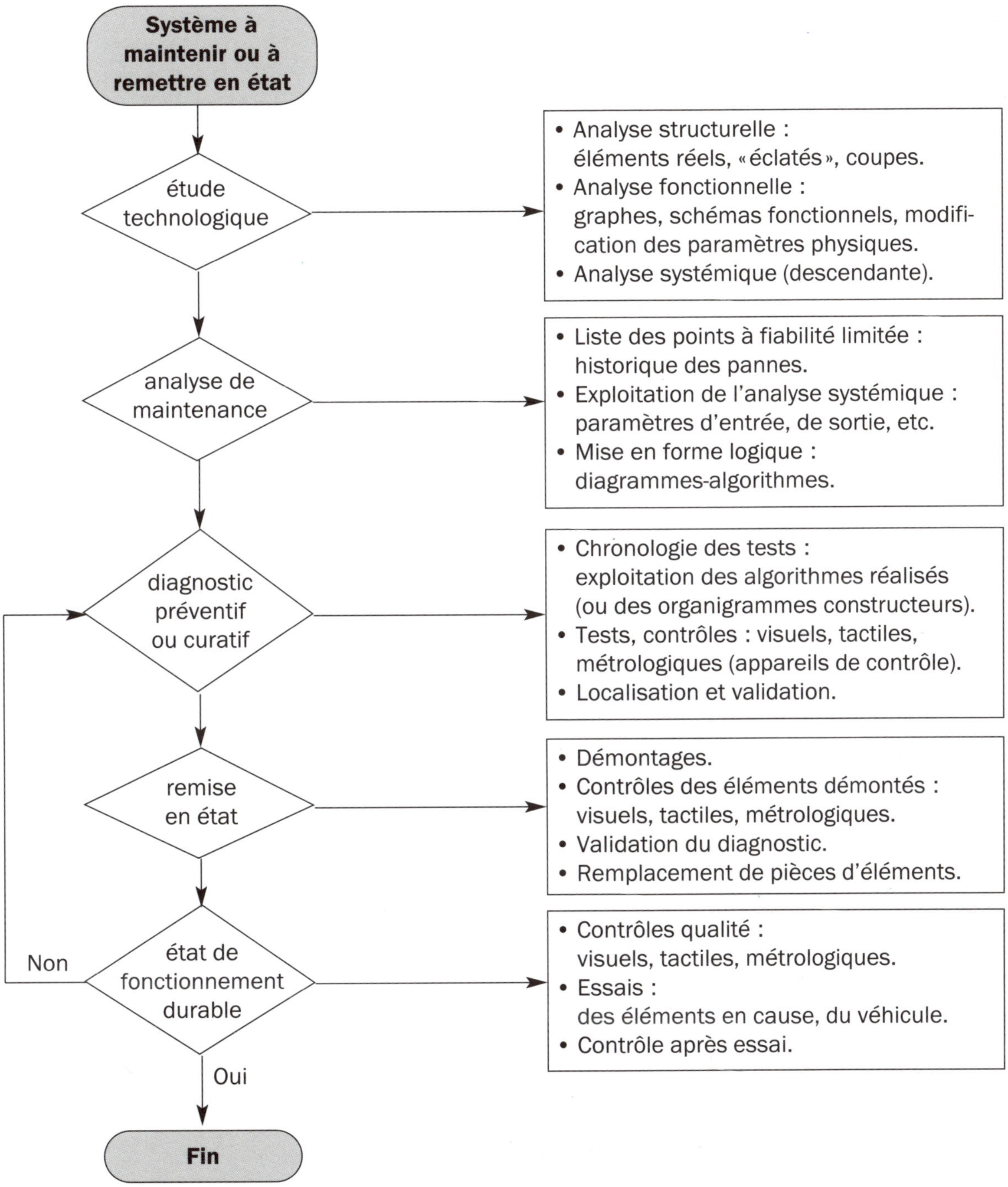

Approche de l'automobile

CHAPITRE 1

1 CONNAISSANCE DE L'AUTOMOBILE

Qu'appelle-t-on automobile ?

Le terme automobile qualifie tout engin capable de se **déplacer par ses propres moyens**, et qui transporte l'**énergie** nécessaire à son fonctionnement (figure 1.1).

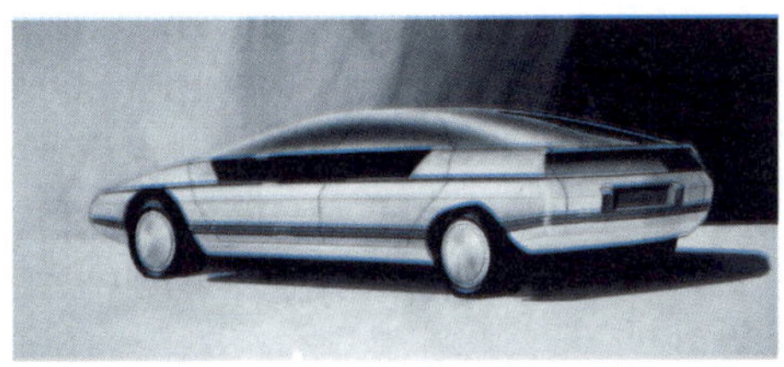

Fig. 1.1 – Automobile (Document Citroën).

Quelles sont les parties principales d'une automobile ?

Dans un ensemble appelé **châssis-carrosserie**, on trouve trois parties principales (figure 1.2) :

– un compartiment renfermant le **système de motorisation**, lié mécaniquement aux **roues motrices**,

– une cellule recevant le conducteur et les passagers, appelée **habitacle**,

– un **compartiment à bagages**.

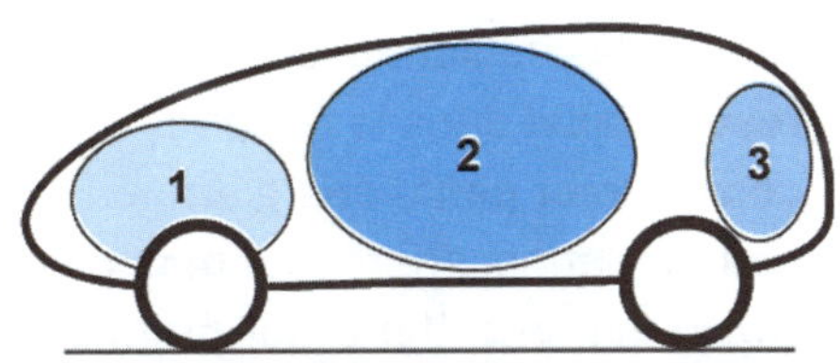

Fig. 1.2 – Véhicule de tourisme.

1. Compartiment motorisation.
2. Cellule passagers (habitacle).
3. Compartiment à bagages.

Quels sont les principaux types de véhicules routiers ?

1. Les **véhicules de tourisme** (figure 1.2) : voitures destinées au transport des passagers, qui seules ont conservé le nom usuel d'automobiles ;

2. Les **véhicules utilitaires** (figure 1.3) :

– transports en commun (autobus, autocars),

– transports de marchandises (camionnettes, camions porteurs, tracteurs et semi-remorques),

– véhicules spéciaux : engins de travaux, véhicules de pompiers, etc. ;

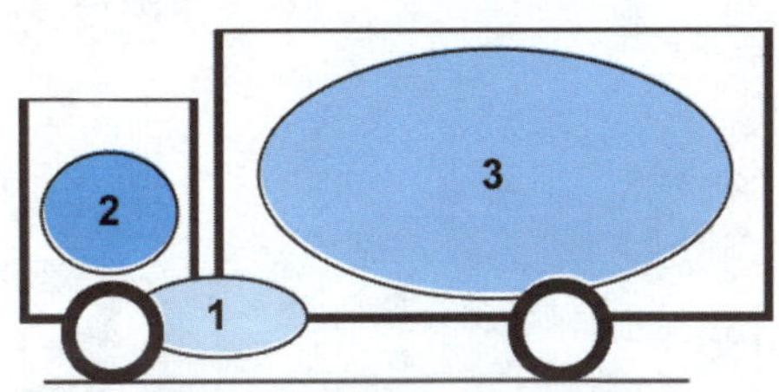

Fig. 1.3 – Véhicule utilitaire : camion porteur.

1. Motorisation.
2. Châssis-cabine.
3. Cellule spécifique au besoin d'usage : benne, bétaillère, frigorifique, citerne, etc.

3. Les **véhicules légers** (figure 1.4) :

– deux roues : cyclomoteurs, motocycles,

– trois roues : triporteurs, ATC,

– quatre roues : voiturettes, quads.

Nous constatons que ces trois catégories de véhicules sont constituées des trois mêmes sous-ensembles.

Seule change leur disposition en fonction de l'usage auquel ils sont destinés.

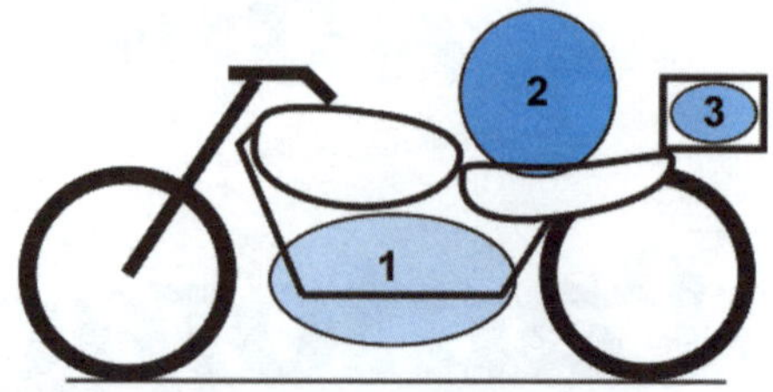

Fig. 1.4 – Véhicule léger : motocycle.

1. Motorisation.
2. Pilote et passager.
3. Bagages.

Remarque

Notre étude portera plus particulièrement sur la catégorie des **véhicules de tourisme**.

Quelles sont les conditions à remplir par l'automobile ?

Parmi les conditions à remplir, on peut citer :

– **transporter** les passagers et les marchandises avec un confort suffisant afin de limiter leur fatigue ;

– **protéger** au mieux les occupants en cas de choc ;

– atteindre des **vitesses** et **accélérations** suffisantes dans les limites du code de la route ;

– **s'arrêter** si besoin dans la distance la plus courte possible ;

– **conserver la trajectoire** désirée par le conducteur quelles que soient les conditions atmosphériques (pluie, vent, etc.), de roulage (revêtement, profil de route) et de circulation (dangers à éviter) ;

– **rester fiable** dans le temps ;

– **consommer peu** d'énergie ;

– **polluer** l'atmosphère **le moins possible** ;

– **posséder une ligne** qui prenne en compte l'**esthétique** contemporaine et les critères de **consommation**, **masse** et **puissance**.

Fig. 1.5 – Concept-car (Document Citroën).

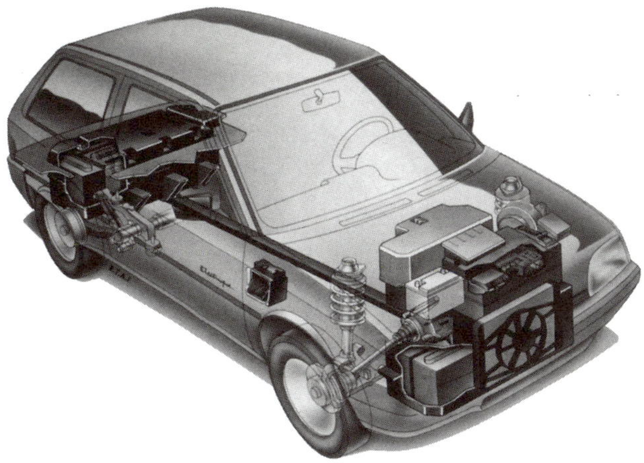

Fig. 1.6 – Automobile à moteur électrique (Document Citroën-E.T.A.I).

Quelle est la fonction globale de l'automobile ?

Du point de vue de l'utilisateur, sa **fonction d'usage** est de **transporter** le conducteur et ses passagers d'un point A à un point B dans les meilleures conditions de confort et de sécurité (figure 1.7).

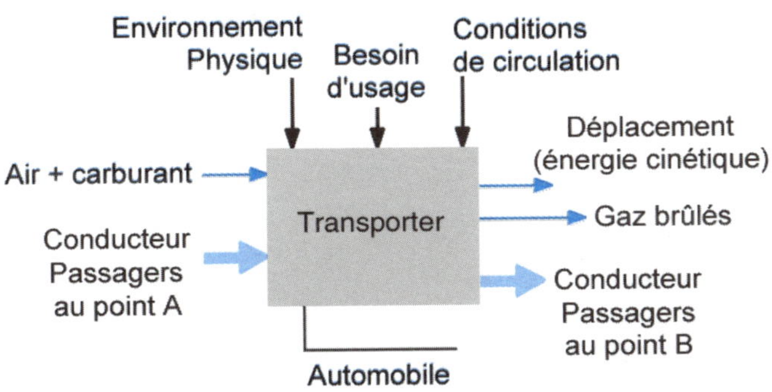

Fig. 1.7 – Fonction globale : point de vue de l'utilisateur.

Quelles sont les interactions de l'automobile avec ce qui lui est extérieur ?

La figure 1.8 décrit les différentes interactions entre le véhicule et l'extérieur.

• Le véhicule est en appui sur le sol par ses quatre roues sous l'action de la **pesanteur** (1).

• Le poids réel ou apparent de chaque roue sur le sol (1), donc son adhérence, est fonction de nombreux paramètres (voir 3 page 19).

• Les **roues motrices** transmettent leur **énergie** au sol grâce à leur adhérence avec celui-ci. Elles reçoivent leur énergie du moteur.

• Le moteur a besoin pour fonctionner de recevoir :
– une **énergie potentielle** (3),
– du **carburant** stocké dans le véhicule,
– de **l'air** (2), disponible dans son environnement.

Si le véhicule est équipé d'un **moteur thermique**, il rejette des **gaz brûlés** (6).

• Le conducteur communique ses intentions en agissant sur les **commandes** à sa disposition (4) : volant, levier, pédales, interrupteurs, etc.

Dès que le véhicule se déplace, il acquiert une **énergie cinétique** (5).

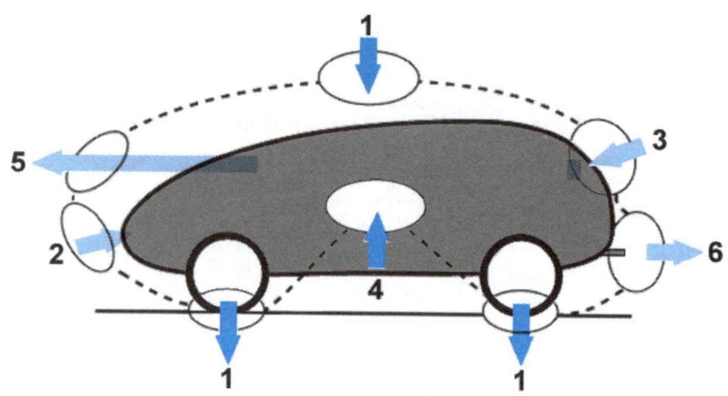

1. Action de la pesanteur.
2. Action de l'air.
3. Stockage de l'énergie potentielle.
4. Action du conducteur sur les commandes.
5. Énergie cinétique.
6. Gaz brûlés (chaleur perdue).

Fig. 1.8 – Frontière d'étude du système.

Quelle est la fonction globale de l'automobile du point de vue de la maintenance ?

Du point de vue de la maintenance, l'automobile a pour fonction globale de se **propulser**, en **transformant l'énergie** qu'elle reçoit sous forme latente (carburant), en **énergie mécanique**, transformée en **énergie cinétique** par les roues motrices (figure 1.9).

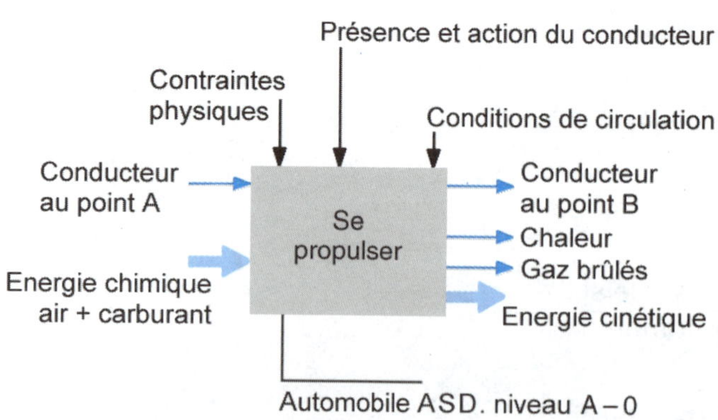

Point de vue de la maintenance.
ASD = Analyse systémique descendante.

Fig. 1.9 – Fonction globale.

Quelles sont les contraintes physiques reçues par le véhicule ?

Le **poids du véhicule** ($\vec{P} = M\vec{g}$) exerce une **force pressante** au sol, répartie sur les quatre roues.

Ces forces **ne sont pas uniformément réparties.**

- Statiquement, elles varient selon :
- la **position** des éléments mécaniques,
- la **répartition** des passagers et des marchandises (figures 1.10 et 1.11).

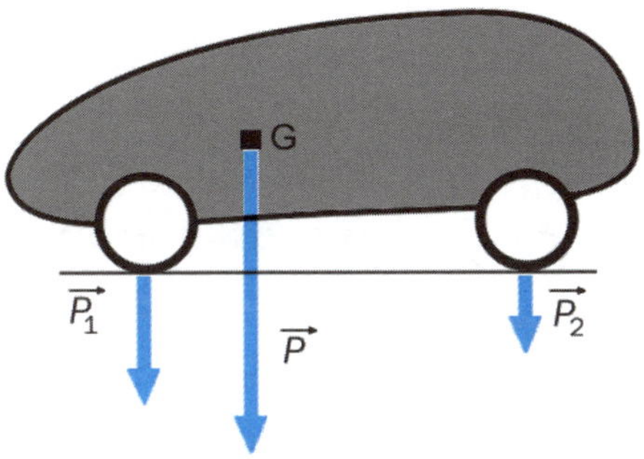

Fig. 1.10 – Surcharge de l'essieu avant.

$\vec{P}$ = Poids du véhicule.
G = Centre de gravité.

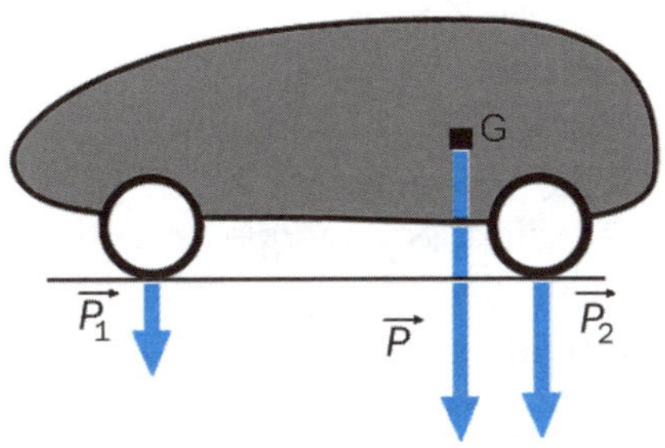

Fig. 1.11 – Surcharge de l'essieu arrière.

- Dynamiquement, elles varient :
- selon la **force** et la **direction** du **vent** réel ou apparent. Son action est proportionnelle à sa vitesse et à la surface soumise à son action (*C.x.S*) (figure 1.12) ;
- lors des **virages**, un phénomène de **force centrifuge** apparaît :

$$F_c = M\omega^2 r$$

qui exerce un effort latéral sur le véhicule (figure 1.13) ;
- au freinage ou en accélération.

Enfin, les **conditions climatiques** soumettent le véhicule à la chaleur, au froid, au gel, aux précipitations.

Remarque

Les dispositions technologiques des différents sous-ensembles de l'automobile devront tenir compte de ces phénomènes afin qu'ils affectent le moins possible son comportement routier.

Fig. 1.12 – Résistance et phénomènes dus au vent.

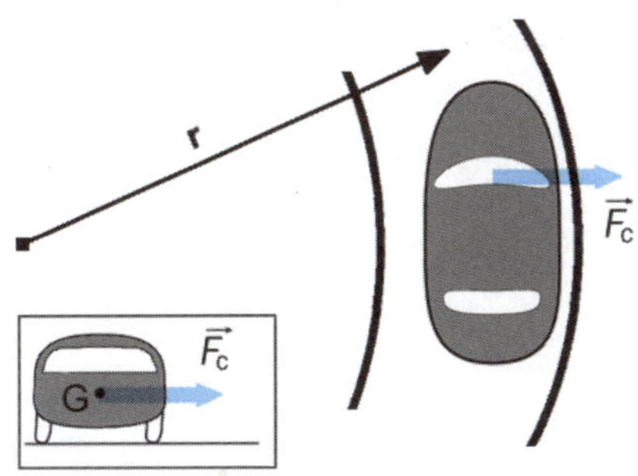

Fig. 1.13 – Action de la force centrifuge en virage.

$\vec{F_c}$ = Force centrifuge.
r = Rayon moyen du virage.

MÉMO

- **Définition**
  Une automobile est un véhicule qui progresse grâce à un moteur.
- **Parties principales**
  Les véhicules comportent trois parties :
  - l'habitacle qui protège les passagers,
  - le compartiment moteur qui reçoit le système de motorisation lié mécaniquement aux roues motrices,
  - le compartiment à bagages ou à marchandises.
- **Différents types de véhicules**
  - voitures de tourisme,
  - véhicules utilitaires,
  - véhicules légers.
- **Fonction d'usage**
  Transporter le conducteur et ses passagers d'un point à un autre.
- **Fonction globale**
  Transformer l'énergie potentielle du carburant en énergie cinétique, grâce au moteur et aux roues motrices.
- **Conditions à remplir**
  - offrir un confort suffisant pour limiter la fatigue,
  - protéger les occupants en cas de choc,
  - avoir une puissance adaptée à toutes les conditions de circulation,
  - s'arrêter dans la distance la plus courte possible,
  - conserver la trajectoire désirée.
- **Contraintes physiques**
  - répartition des masses statiquement et dynamiquement,
  - action des reports de charge en dynamique,
  - conditions climatiques : vent, froid, gel, pluie, etc.

POUR ALLER PLUS LOIN

1. *Recherchez trois véhicules dont la disposition des éléments principaux (moteur, boîte de vitesses et roues motrices) est différente.*
2. *Pour chacun d'eux, citez la marque et le type et effectuez un schéma représentant la disposition des éléments.*

2

LES SOUS-ENSEMBLES DE L'AUTOMOBILE

Quels sont les différents sous-ensembles d'une automobile ?

Les sous-ensembles d'une automobile, que l'on nomme également systèmes, sont (figure 2.1) :

1. la **motorisation** qui comprend :
   - le moteur thermique proprement dit,
   - la carburation (moteurs essence),
   - l'allumage (moteurs essence),
   - l'injection de gazole (moteurs diesel),
   - la charge (électrique),
   - le démarrage (électrique) ;
2. la **transmission** ;
3. le **freinage** ;
4. la **suspension** ;
5. la **direction** ;
6. l'**équipement électrique**.

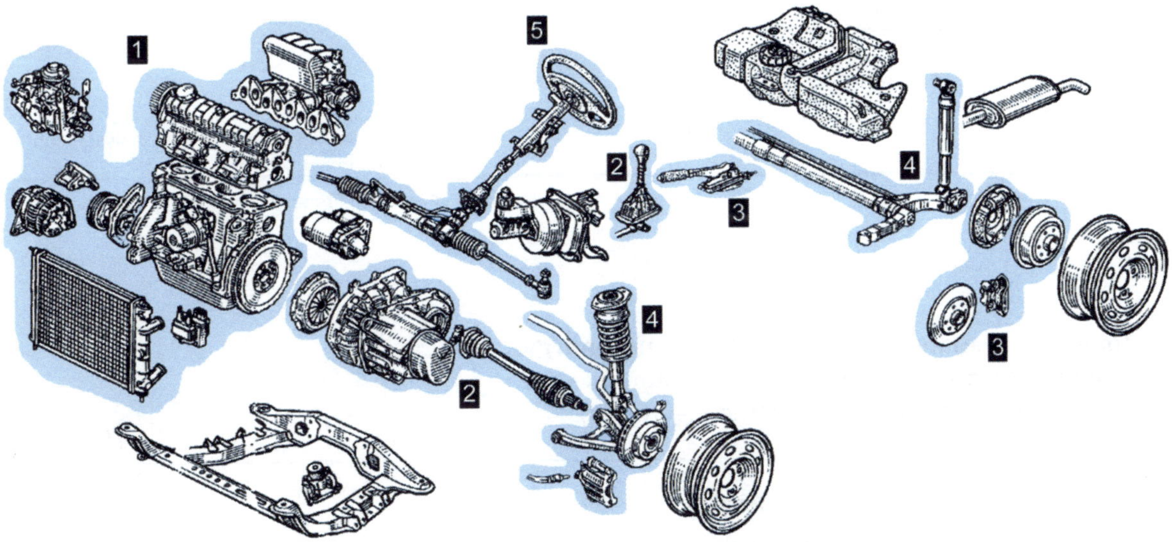

Fig. 2.1 – Les sous-ensembles de l'automobile (Document Renault).

Observons le moteur thermique (figures 2.2 et 2.3).

1. Le moteur thermique reçoit un **mélange préparé**, combustible du système d'alimentation-carburation. Il réalise une **combustion** grâce à une compression (voir 7 page 55). Cette combustion est déclenchée par le système d'allumage.

2. Il produit une **énergie mécanique** disponible au volant moteur.
3. Il rejette des **gaz brûlés** (perte d'énergie).
4. Il évacue les calories en excédent par son **système de refroidissement** (présence de liquide).
5. Il reçoit le **courant électrique haute tension** nécessaire à **l'allumage**.
6. Le conducteur a une action sur **l'accélérateur**.
7. Le moteur reçoit du **démarreur** l'**énergie mécanique** nécessaire à son lancement.
8. Il reçoit aussi le **lubrifiant** nécessaire au fonctionnement de son système de graissage.

Fig. 2.2 – Moteur thermique (Document Citroën-E.T.A.I).

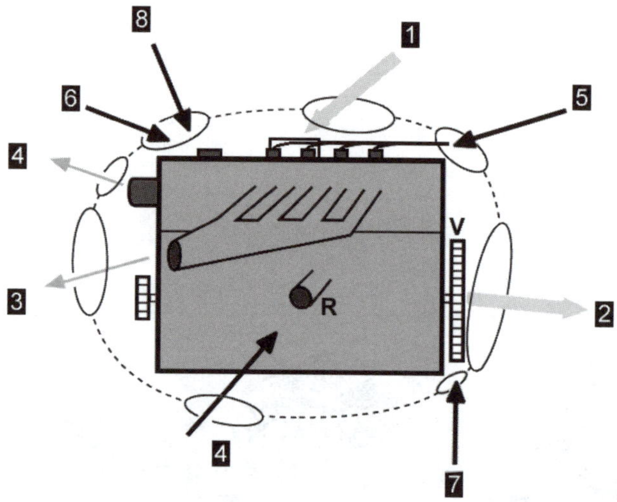

R. Canalisations internes de refroidissement.
V. Volant moteur.

Fig. 2.3 – Frontière d'étude du moteur.

Quelle est la fonction globale du moteur thermique ?

La fonction du moteur est de produire une **énergie mécanique**, en **transformant** l'**énergie chimique** préparée grâce à une **combustion** interne (figure 2.4).

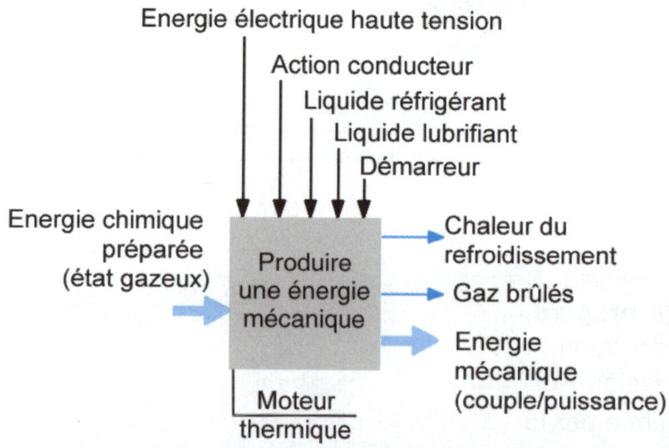

Fig. 2.4 – Fonction globale du moteur thermique.

Observons le système d'alimentation-carburation (figure 2.5).

1. Le **carburant** est **stocké** dans le **réservoir** (R), aspiré et mis sous pression par la **pompe d'alimentation** (P).
2. La pompe commandée mécaniquement ou électriquement **refoule** le carburant **sous pression** vers le système de carburation (carburateur ou injection).
3. **L'air ambiant** pénètre également dans **le système de carburation** : un mélange précis d'air et d'essence est réalisé.
4. Le moteur (M) admet le **mélange carburé**.
5. Le conducteur a une action sur **l'accélérateur** (volume de gaz admis).
6. Les données moteur (fréquence de rotation, charge, etc.) ont une action sur les dosages.

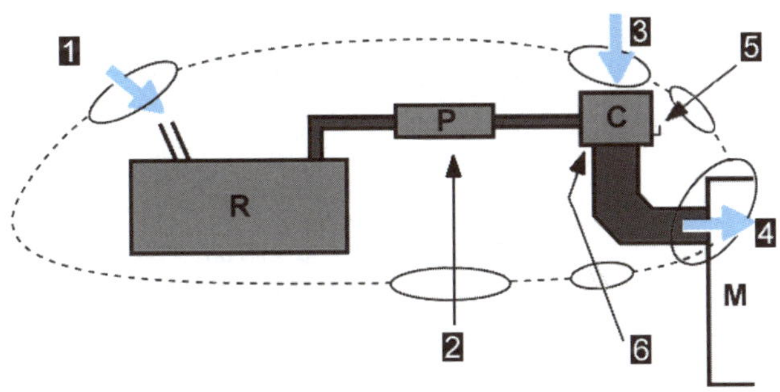

R. Réservoir à carburant.
P. Pompe d'alimentation.
C. Système de carburation :
– carburateur,
– injection.
M. Moteur : chapelle d'admission dans la culasse.

Fig. 2.5 – Frontière d'étude du système d'alimentation-carburation.

Quelle est la fonction globale du système ?

Le dispositif a pour fonction (figure 2.6) :
– de **stocker** le **carburant** (autonomie) ;
– de **préparer** un **mélange** air/essence qui permette une combustion la plus complète possible à tous les régimes du moteur.

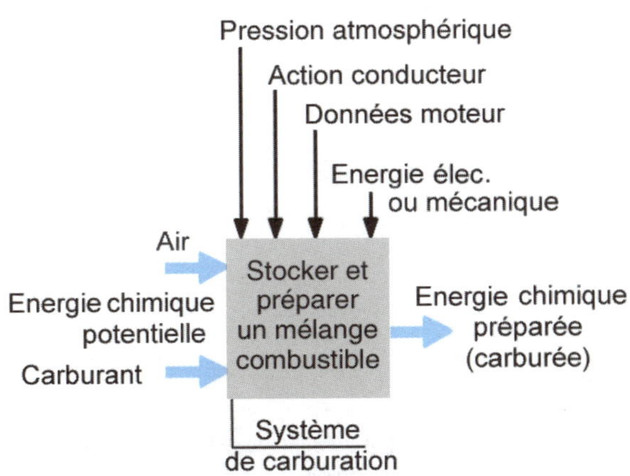

Fig. 2.6 – Fonction globale du système d'alimentation-carburation.

Observons le système d'allumage (figure 2.7).

1. Le système d'allumage reçoit un **courant** électrique **basse tension** (12 à 14 V) en (S).

2. Il produit des étincelles dont la **chaleur** permet le déclenchement de la combustion (E).

3. Le **système de commande** (S) de la bobine d'allumage (B) reçoit des informations :
– sur la **position du piston** (par la position du volant moteur),
– sur la **fréquence de rotation** du moteur,
– sur la pression dans la turbulence d'admission.

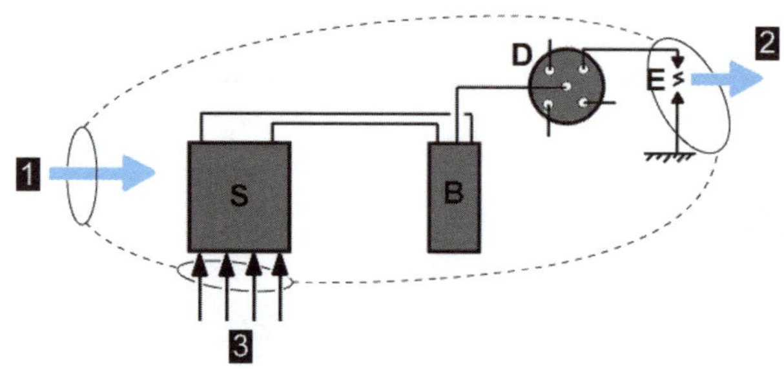

S. Système de commande de la bobine d'allumage, soit :
– rupture,
– impulseur + module et capteurs + calculateur.
B. Bobine d'allumage.
D. Distributeur haute tension.
E. Éclateurs : bougies d'allumage.

Fig. 2.7 – Frontière d'étude du système d'allumage.

Quelle est la fonction globale du système d'allumage ?

Le système d'allumage permet de produire **des arcs électriques** dont l'**énergie thermique** crée l'apport de **chaleur** nécessaire au déclenchement de la **combustion** (figure 2.8). Les arcs se produisent sous haute tension.

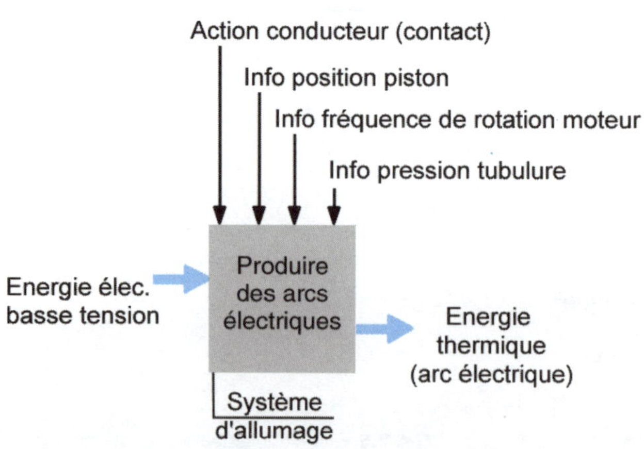

Fig. 2.8 – Fonction globale du système d'allumage.

Observons le système de charge (figure 2.9).

1. L'alternateur (A) reçoit l'**énergie mécanique** d'une des poulies du moteur.

2. Il restitue un **courant continu** de tension sensiblement constante permettant le fonctionnement :
– des circuits électriques du moteur (allumage),
– de l'équipement électrique du moteur tournant.

L'alternateur peut également débiter lorsque le moteur est arrêté, grâce à la batterie (B) maintenue chargée.

3. Contact (combiné de démarrage/allumage).

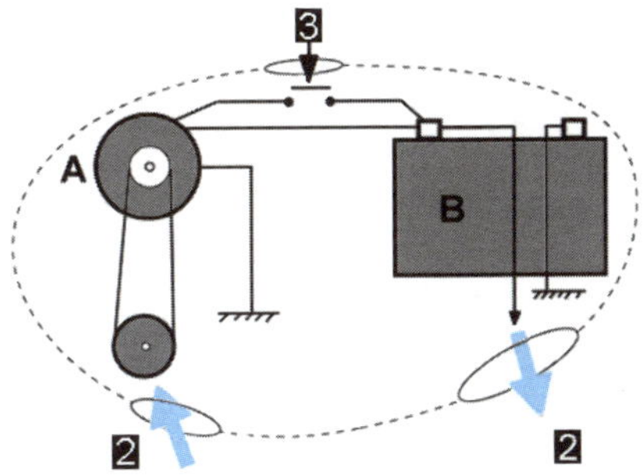

Fig. 2.9 – Frontières d'étude du système de charge.

A. Alternateur.
B. Batterie d'accumulateurs.

Quelle est la fonction globale du système de charge ?

Le système de charge permet de produire le **courant électrique** nécessaire au fonctionnement de tous les **circuits électriques** du véhicule, lorsque le moteur tourne, comme lorsqu'il est arrêté (figure 2.10).

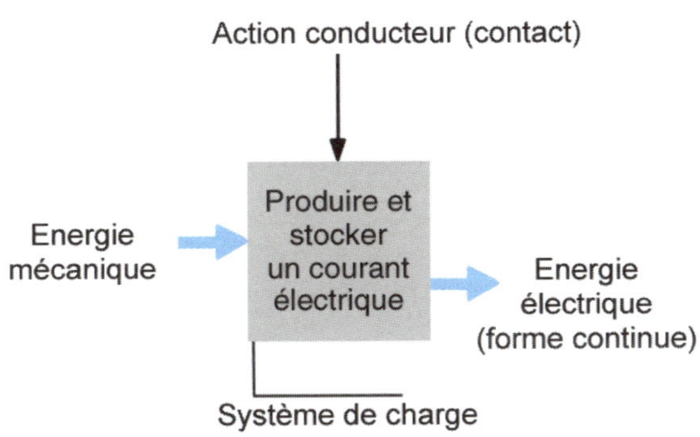

Fig. 2.10 – Fonction globale du système de charge ASD niveau A – 0.

Observons le système de démarrage (figure 2.11).

1. L'énergie électrique qui provient du circuit de charge est stockée dans la **batterie** (B).

2. Au moment du démarrage, le conducteur tourne la clé du **combiné** (C) et commande :
– les circuits électriques du moteur,
– le démarreur (D).

3. Le moteur électrique du **démarreur** tourne, son pignon entraîne en rotation la couronne du volant moteur (V).

Lorsque le conducteur relâche la clé, le pignon est désengrené et le moteur électrique s'arrête.

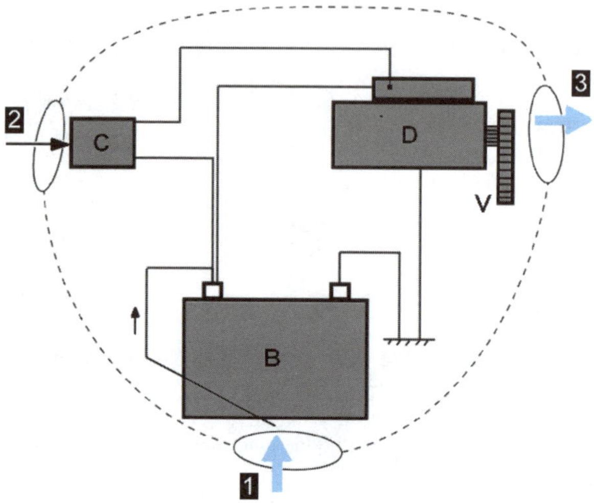

B. Batterie d'accumulateurs.
C. Combiné de démarrage.
D. Démarreur.
V. Volant moteur.

Fig. 2.11 – Frontière d'étude du système de démarrage.

Quelle est la fonction globale du système de démarrage ?

Le système de démarrage entraîne le moteur en rotation afin de réaliser les premières compressions du moteur, en **transformant l'énergie électrique**, stockée dans la batterie, en **énergie mécanique** (figure 2.12).

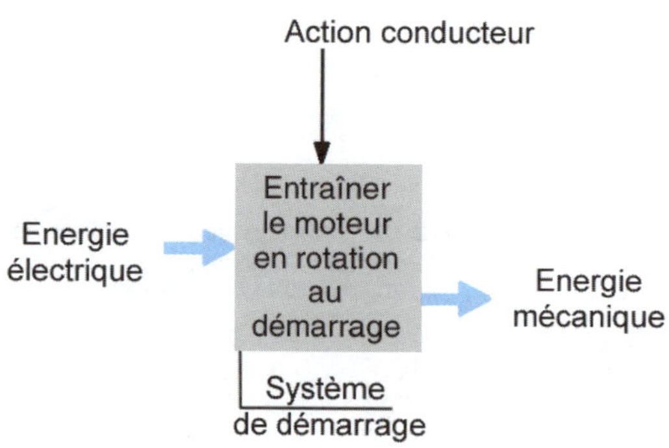

Fig. 2.12 – Fonction globale simplifiée du système de démarrage.

Observons le système de motorisation dans son ensemble (figures 2.13 et 2.14).

1. Admission d'air.
2. Admission de carburant (énergie chimique).
3. Production d'énergie mécanique.
4. Évacuation des gaz brûlés (énergie thermique perdue).
5. Passage d'air frais dans un échangeur (radiateur).
6. Évacuation de chaleur (énergie thermique perdue).
7. Présence d'un liquide réfrigérant.

8. Présence d'un lubrifiant.
9. Production d'énergie électrique.
10. Action du conducteur sur un combiné allumage/démarrage.
11. Action du conducteur sur l'accélérateur.

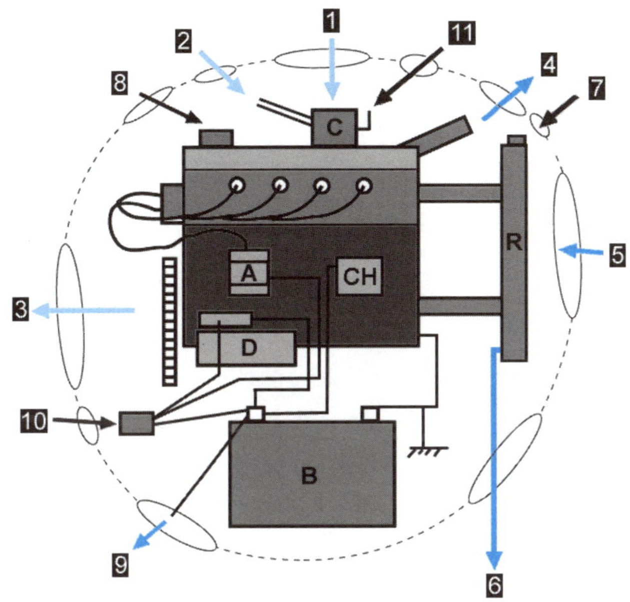

A. Système d'allumage.
C. Système de carburation.
Ch. Système de charge.
D. Système de démarrage.
R. Système de refroidissement.

Fig. 2.13 – Frontière d'étude du système de motorisation.

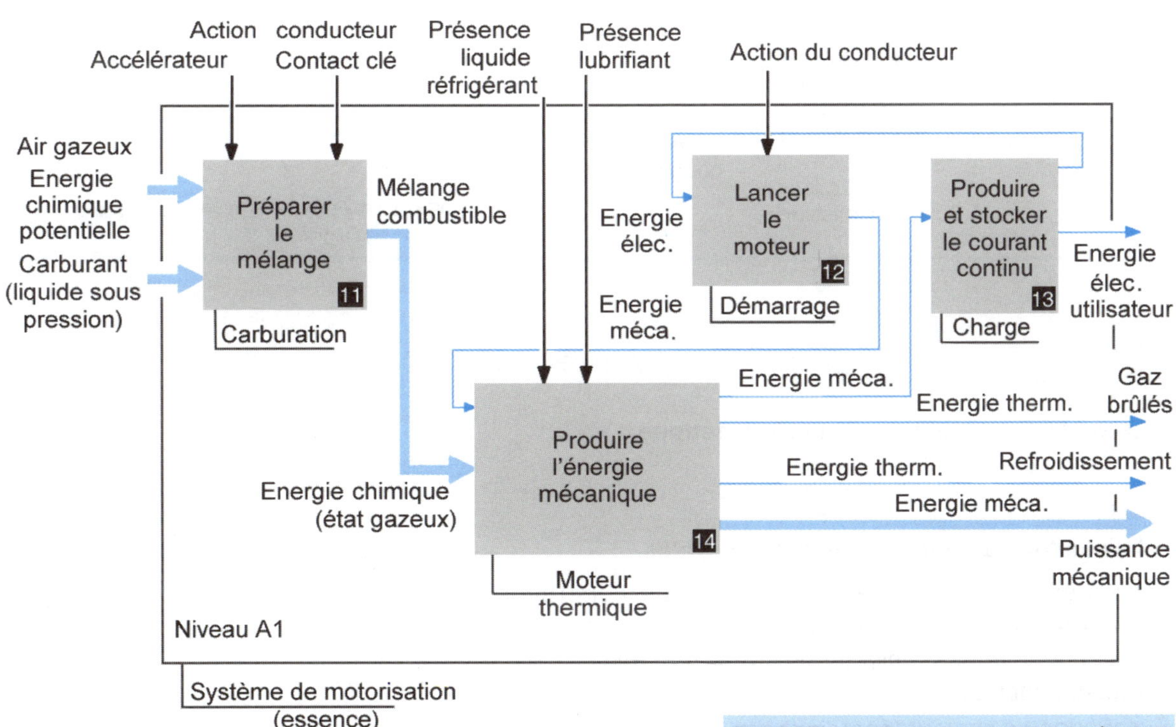

Fig. 2.14 – Analyse descendante du système de motorisation.

Observons le système de transmission (figure 2.15).

1. Le système de transmission reçoit l'**énergie mécanique** du moteur (M) par le **volant moteur**.

2. Il la **transmet** aux **roues motrices**.

3. Le conducteur peut **agir** sur la pédale d'embrayage pour **accoupler** ou **désaccoupler** (E) la transmission.

4. Le conducteur **agit** également sur le **levier de vitesses** qui commande les changements de **rapports de démultiplication** (BV).

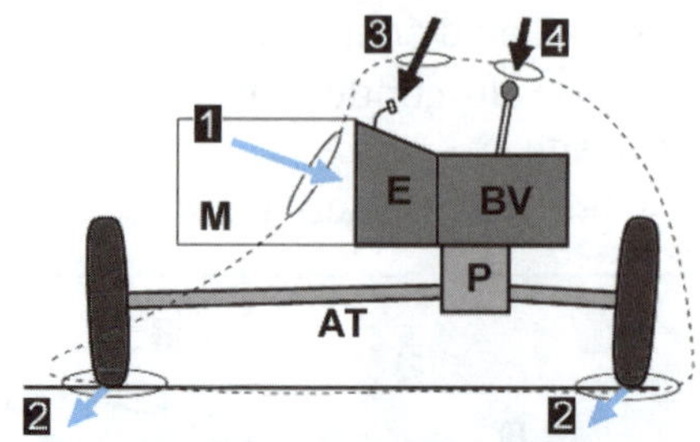

Fig. 2.15 – Frontière d'étude du système de transmission

M. Moteur.
E. Embrayage.
BV. Boîte de vitesses.
P. Pont.
AT. Arbres de transmission.

Quelle est la fonction globale simplifiée du système de transmission ?

Le système de transmission (figure 2.16) peut :

– **acheminer** ou non l'énergie motrice du moteur jusqu'aux roues motrices (couple, puissance) (voir 6 page 46),

– **adapter** cette énergie selon les **efforts résistants** rencontrés par le véhicule (démarrage, accélération, côtes, descentes, etc.).

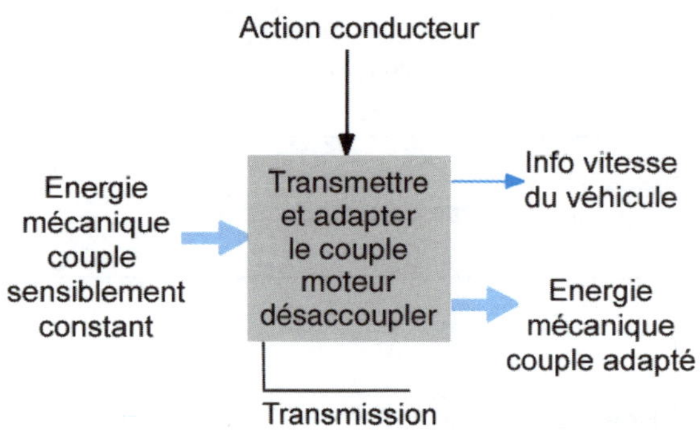

Fig. 2.16 – Fonction globale du système de transmission.

Observons le système de freinage (figure 2.17).

1. Le véhicule possède une énergie **cinétique** :

$$E_c = \frac{Mv^2}{2}$$

2. Le **conducteur** agit sur la **pédale de freins**.

3. Le système de commande (C) reçoit de l'énergie sous diverses formes (assistance) mécaniques, hydrauliques, pneumatiques, électriques, afin d'amplifier l'effort du conducteur.

4. Chaque **élément de frein** (F) transforme cette **énergie** en **chaleur** (énergie thermique) par **frottement**.

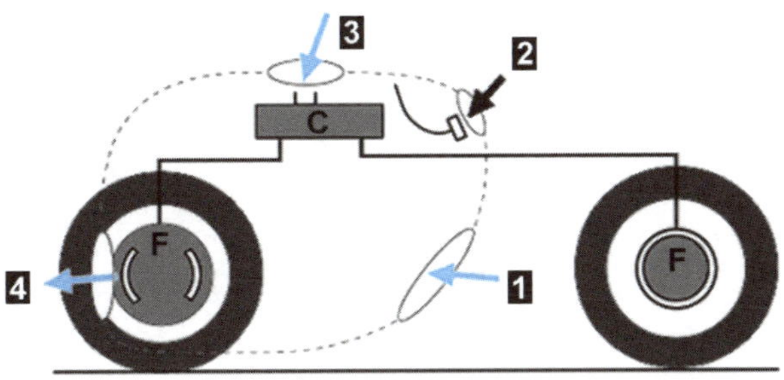

Fig. 2.17 – Frontière d'étude du système de freinage.

Quelle est la fonction globale simplifiée du système de freinage ?

Le système de freinage **ralentit** ou **arrête** le véhicule en diminuant ou annulant, par **frottement** (énergie thermique), l'énergie cinétique acquise par le véhicule (figure 2.18).

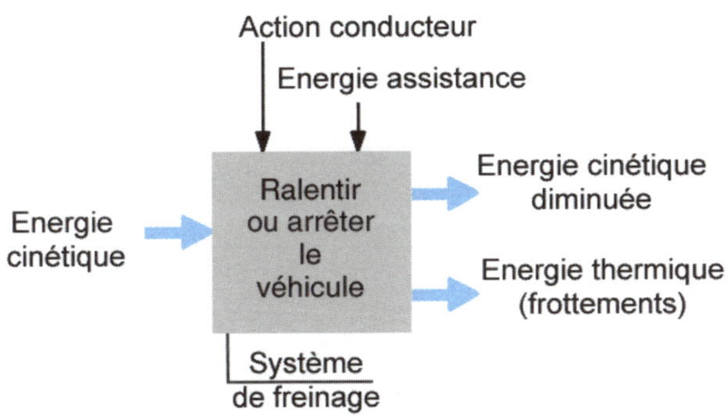

Fig. 2.18 – Fonction globale du système de freinage.

Observons le système de suspension (figure 2.19).

1. Le **poids** du véhicule crée une force verticale de haut en bas qui s'appuie sur la tête du ressort (R).

Le **ressort** est **interposé** entre un point de la **caisse** et le bras de suspension lié à la **roue**.

2. Le **pneumatique** réalise le **contact au sol**.

3. Le profil irrégulier de la route communique à la roue un mouvement oscillatoire. Les **chocs reçus** par la roue lui communiquent une énergie cinétique ($Mv^2/2$).

4. L'**énergie cinétique** reçue par la caisse est diminuée, **transformée en chaleur** par **torsion** ou **flexion** du ressort et **frottement** de l'**amortisseur** (A).

L'**adhérence** des pneumatiques est assurée par l'**action** vers le bas des **ressorts**.

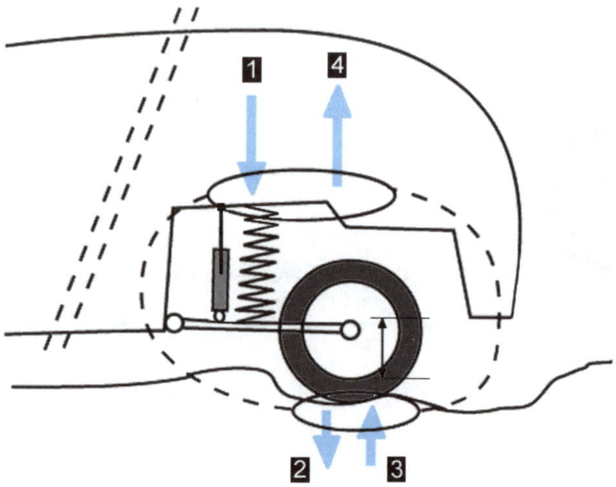

Fig. 2.19 – Frontière du système de suspension.

Quelle est la fonction globale de la suspension ?

Elle est de conserver le **confort** des passagers en **absorbant** une partie de l'énergie cinétique acquise par les roues lors des chocs dus à la route.

Elle maintient les **pneumatiques** en **contact avec le sol** (figure 2.20).

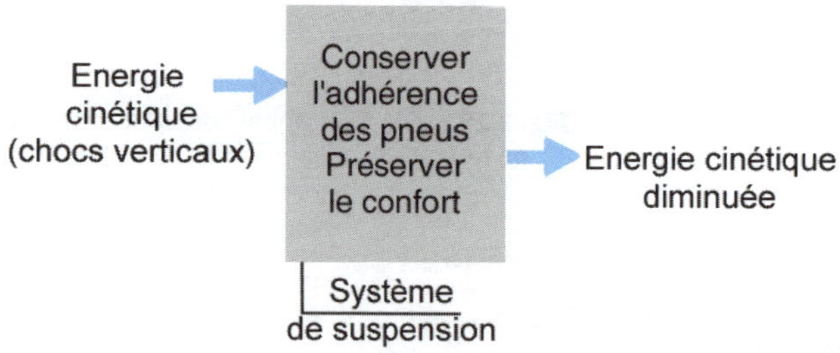

Fig. 2.20 – Fonction globale simplifiée du système de suspension.

Observons le système de direction (figure 2.21).

1. Le conducteur agit sur le volant.

2. Les roues avant pivotent ensemble sur un axe fictif appelé axe de pivot (P) (en restant sensiblement parallèles) grâce à un mécanisme : crémaillère (C) ou boîtier.

Remarque

Les roues **directrices** peuvent également être **motrices**. Elles participent également à la **suspension**. Ceci nécessite une disposition particulière des **axes de pivot** appelée **géométrie du train avant**.

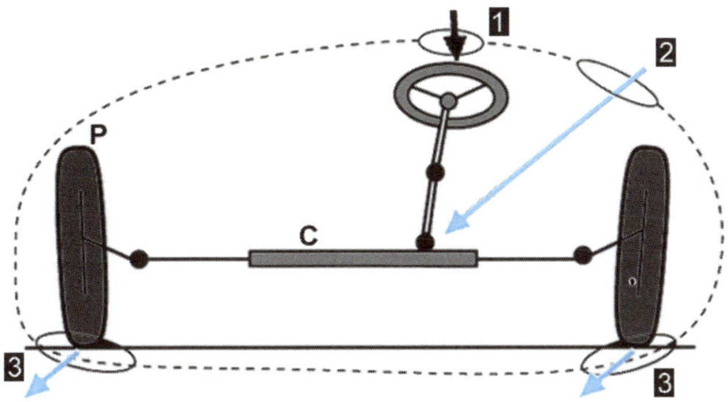

1. Action du conducteur.
2. Action de l'assistance.
3. Roues orientées ou non.

Fig. 2.21 – Frontière du système de direction.

Quelle est la fonction globale du système de direction ?

Le système permet de maintenir ou de **modifier** la **trajectoire** du véhicule, en **orientant les roues** avec précision, sans effort important du conducteur et en conservant une **tenue de route** satisfaisante (figures 2.22 et 2.23).

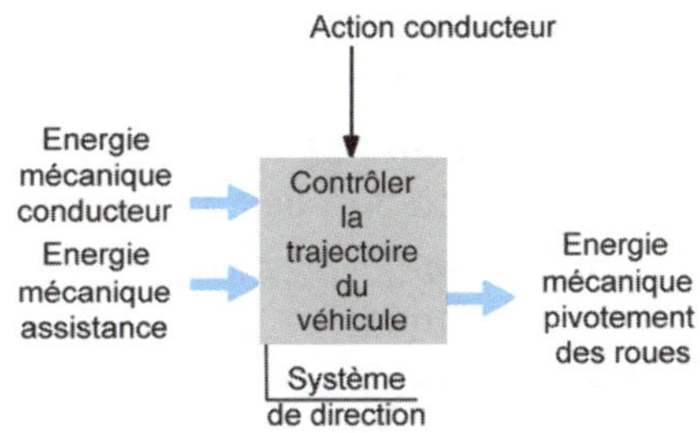

Fig. 2.22 – Fonction globale du système de direction.

Remarque

Pour ne pas alourdir l'analyse, certains sous-ensembles n'ont pas été représentés : système de suspension, d'éclairage, etc. Nous admettons ici que le système de motorisation comprend ses systèmes de charge et de démarrage.

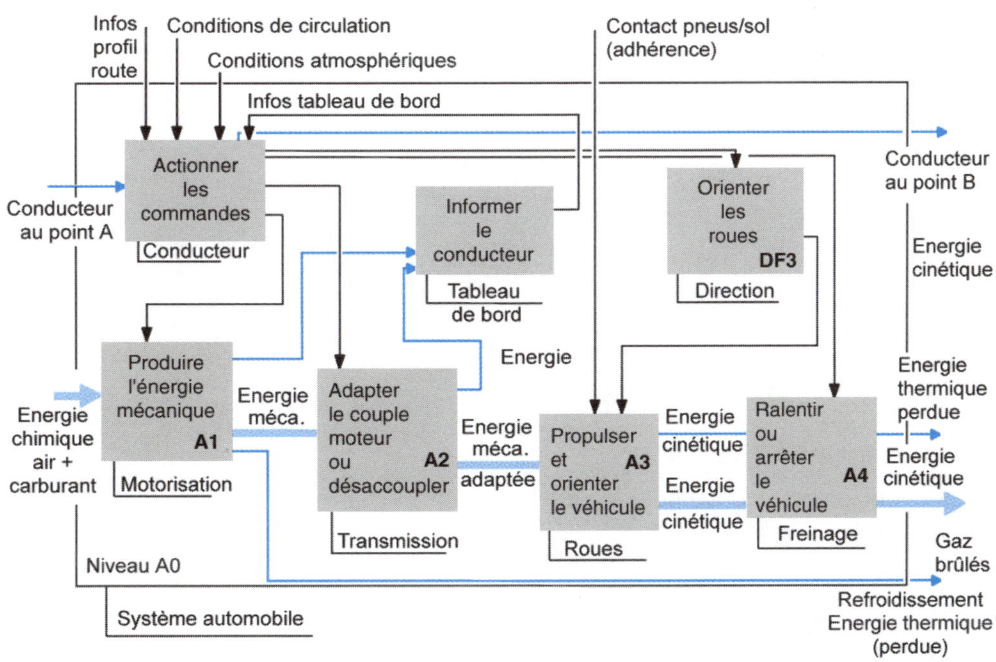

Fig. 2.23 – Analyse systémique descendante simplifiée du système automobile. Niveau A0 = 2ᵉ niveau d'analyse du système. Point de vue de la maintenance.

MÉMO

Les différents sous-ensembles de l'automobile sont :

- **La motorisation,** qui comprend :
  - le moteur thermique qui transforme l'énergie chimique d'un mélange carburé en énergie mécanique,
  - le système d'alimentation-carburation qui stocke le carburant et prépare le mélange air/essence pour le rendre combustible,
  - le système d'allumage qui produit des arcs électriques à haute tension et dont l'énergie thermique permet le déclenchement de la combustion,
  - le système de charge qui produit et stocke l'énergie électrique nécessaire au fonctionnement de tous les circuits du véhicule,
  - le système de démarrage dont le moteur électrique permet le lancement du moteur thermique.
- **La transmission** qui achemine l'énergie mécanique du moteur aux roues motrices et adapte le couple moteur au couple résistant.
- **Le freinage** qui ralentit ou arrête le véhicule en dissipant, par frottement, l'énergie cinétique acquise par le véhicule.
- **La suspension** qui absorbe une partie des chocs reçus par les roues et améliore la tenue de route et le confort des passagers.
- **La direction** qui permet de maintenir ou de modifier la trajectoire du véhicule en orientant les roues directrices.
- **L'équipement électrique** qui comprend un grand nombre de dispositifs, facteurs de confort et de sécurité.

POUR ALLER PLUS LOIN

1. *Sur le véhicule de votre choix, recherchez les caractéristiques principales des différents sous-ensembles qui le composent.*

3

LE CHÂSSIS CARROSSERIE

Qu'entend-on par le châssis carrosserie ?

Le chassis carrosserie est **l'ossature** du véhicule, le bâti sur lequel sont fixés tous les éléments mécaniques (figure 3.1).

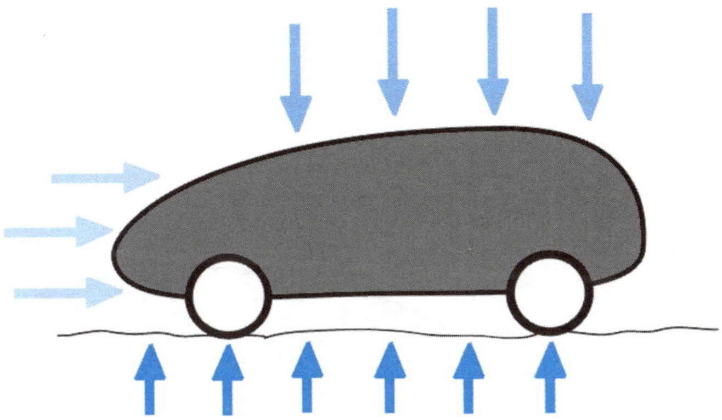

Actions de sol : résistance aux flexions, torsions et chocs,
Action du vent : profil adapté,
Action des intempéries : étanchéité.

Fig. 3.1 – Conditions à remplir pour le véhicule.

Quelles sont les fonctions à remplir par le châssis carrosserie ?

Cet ensemble doit :

– **supporter** tous les **éléments mécaniques**,

– **protéger** des **intempéries** les éléments mécaniques et les passagers (étanchéité),

– **nécessiter le minimum d'énergie** pour son déplacement,

– **préserver les passagers** en cas d'accident,

– conférer à l'ensemble un **aspect esthétique** agréable.

Quels sont les éléments constituant le châssis ?

Aux débuts de l'automobile, les véhicules comprenaient :

– un **châssis** en profilé d'acier en « U » ou en « I », supportant tous les éléments mécaniques (figure 3.2),

– une **carrosserie rapportée** fixée sur le châssis.

Cette conception est toujours utilisée pour les véhicules industriels pour lesquels elle présente plusieurs avantages :

– **grande résistance** à la charge, aux flexions et aux torsions en **châssis nu** (ou châssis cabine),

– possibilité de monter à partir du même châssis **différents types de cellules** adaptées aux besoins d'usage (plateau bâché, fourgon, benne basculante, toupie à béton, etc.) (figure 3.3).

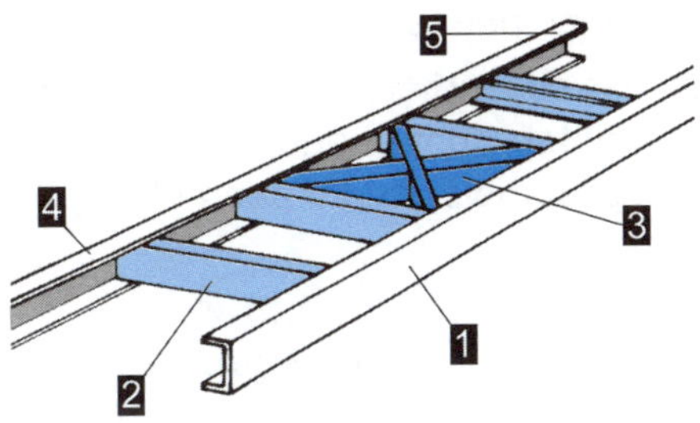

Fig. 3.2 – Principe du châssis classique.

1. Longeron.
2. Traverse.
3. Croisillon.
4. Brancard avant.
5. Brancard arrière.

Pourquoi ce type de châssis ne peut-il pas être utilisé en automobile ?

Cette conception présente de nombreux inconvénients en automobile :

• sa **masse** nécessite **trop d'énergie** pour son déplacement,

• sa structure permet difficilement l'**abaissement du centre de gravité** du véhicule (G) (figures 3.3 et 3.4),

• sa **rigidité** est un **inconvénient** en cas de collision (voir figures 3.21 et 3.22 page 28).

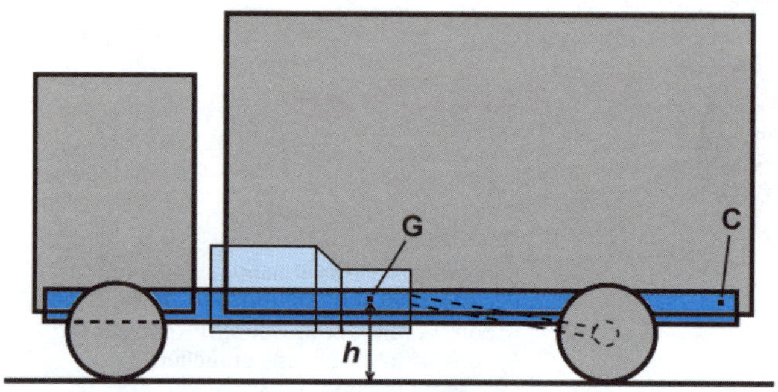

C. Châssis.
G. Centre de gravité.
h = hauteur au sol du centre de gravité.

Fig. 3.3 – Châssis classique.

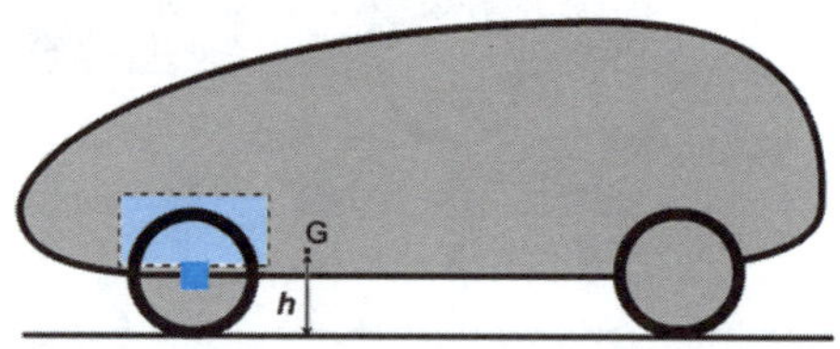

h = hauteur au sol du centre de gravité.

Fig. 3.4 – Coque autoporteuse.

Quelle est la structure d'un ensemble châssis carrosserie automobile ?

La figure 3.5 décrit les principaux éléments d'un ensemble châssis carrosserie.

Les **longerons** et **traverses** sont constitués de **tôles embouties** formant les corps creux. Mais ce châssis allégé ne peut assurer la rigidité désirée.

La carrosserie et le châssis font partie d'un **ensemble monobloc** dont chaque élément participe à la rigidité de l'ensemble. On lui donne le nom de **coque autoporteuse**.

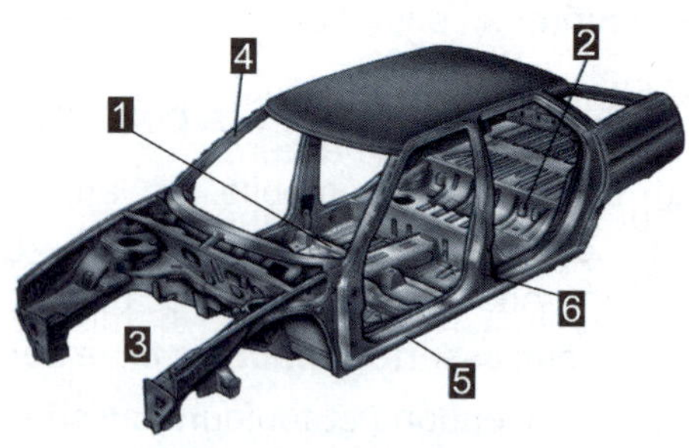

Fig. 3.5 – Éléments constitutifs principaux (Document Citroën).

1. Longerons.
2. Traverses.
3. Berceau moteur support train roulant (voie avant)
4. Montants.
5. Bas de caisse.
6. Pied milieu.

Quels sont les matériaux et les moyens de fabrication utilisés pour la réalisation des châssis carrosseries ?

Le châssis carrosserie est constitué d'un grand nombre d'éléments en **tôle d'acier emboutie**, assemblés entre eux le plus souvent par **soudage**. On utilise des tôles minces de 0,4 à 1 mm d'épaisseur.

Certaines parties sont **renforcées** afin de résister aux contraintes subies : **points d'ancrage** des éléments mécaniques, **structure** de l'**habitacle**.

Certains **points** appelés « **fusibles** » sont affaiblis volontairement afin de prévoir avec précision les **points de pliage** en cas de collision.

L'**emboutissage** réalisé **à froid** par des presses de force élevée permet :

– d'obtenir les formes désirées,

– de réaliser des **plis et nervures** nécessaires à la **rigidité**.

Après assemblage, la coque et les éléments démontables subissent des traitements destinés à leur protection contre la corrosion (figure 3.6).

Quels sont les critères qui déterminent la forme d'un véhicule ?

La forme d'un véhicule est conditionnée par plusieurs impératifs, notamment :

– ses **volumes intérieurs** utiles aux éléments mécaniques et aux occupants,

– sa **stabilité** (tenue de route) améliorée par la position basse du centre de gravité,

– son **aérodynamisme** qui détermine l'énergie nécessaire à son déplacement.

Quelles sont les principales caractéristiques dimensionnelles d'une automobile ?

– La **longueur hors tout** ou totale.

– La **largeur** et sa **hauteur**.

– La **voie** : distance entre les plans moyens des roues d'un même essieu (elle n'est pas obligatoirement identique à l'avant et à l'arrière).

– L'**empattement** : distance entre l'axe de la roue avant et de la roue arrière d'un même côté.

Toutes les caractéristiques dimensionnelles découlent des contraintes énumérées au paragraphe ci-dessus : habitabilité, stabilité, aérodynamisme.

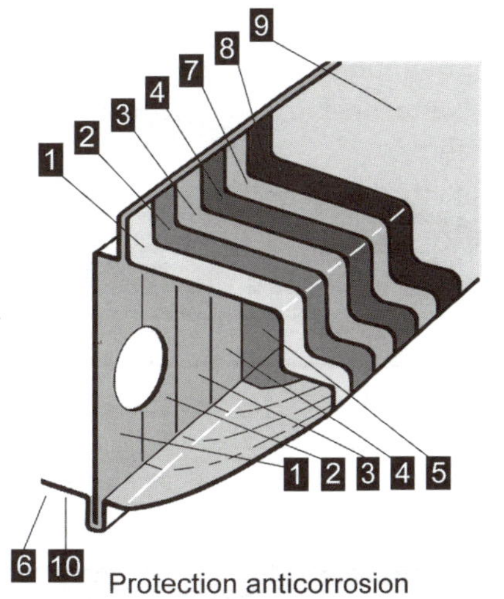

1. **Tôle :** certains éléments de la caisse sont réalisés en tôle préprotégée au zinc. Les graisses d'emboutissage préjudiciables à l'accrochage des revêtements de protection sont sélectionnées ou éliminées.
2. **Phosphatation :** protection contre les chocs et l'écaillage, amélioration de l'accrochage des revêtements anticorrosion.
3. **Passivation au chrome :** élimination des sels calcaires, amélioration de l'accrochage de la peinture et protection de la tôle en cas de blessure.
4. **Cataphorèse :** immersion de l'ensemble de la caisse dans bain électrophorétique : protection de toutes les surfaces, y compris les corps creux (ces derniers sont ajoutés pour permettre la protection des surfaces internes).
5. **Injection de cire** sous pression dans corps creux : protection des parois intérieures, élimination des infiltrations d'eau entre les tôles.
6. **Revêtement souple avant peinture :** protection antigravillonnage du dessous de caisse, des bas de marche et des jupes avant et arrière.
7. **Apprêt :** support de la laque, protection antigravillonnage et protection anticorrosion (pigments inhibiteurs de rouille au chromate de zinc).
8. **Laque acrylique NAD** (*Non Aqueous Dispersion*) à cuisson au four et pouvoir garnissant élevé grâce à une évaporation rapide des solvants.
9. **Vernis incolore** (pour laques vernissées) : amélioration de la protection de la pigmentation de la teinte de fond contre les agents corrosifs atmosphériques.
10. **Composite cire épaisse et bitume :** application au pistolet sur tout le dessous de la caisse (y compris passages de roue et suspensions) : évite les infiltrations d'eau et d'humidité.

Fig. 3.6 – Protection anticorrosion et antigravillonnage de la coque (Document Peugeot).

La figure 3.7 donne un exemple des caractéristiques dimensionnelles d'une automobile.

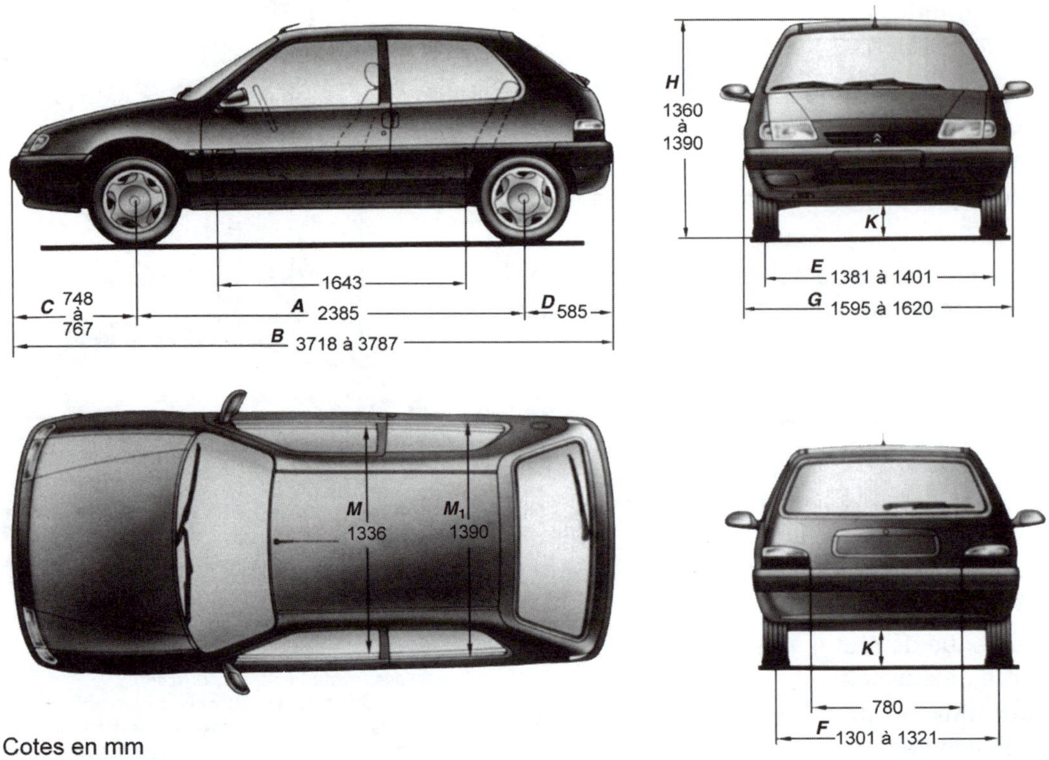

Cotes en mm

Fig. 3.7 – Caractéristiques dimensionnelles d'une automobile (Document Citroën).

A : empattement ; *B* : longueur hors tout ou empattement total ; C : porte-à-faux avant ; *D* : porte-à-faux arrière ; *E* : voie avant ; *F* : voie arrière ; *G* : largeur hors tout ; *H* : hauteur totale ; *K* : garde au sol ; *M* : largeur disponible pour passagers avant ; M_1 : largeur disponible pour passagers arrière.

Quels sont les différents types de carrosseries automobiles ?

Il existe plusieurs **versions** de carrosseries automobiles (figures 3.8 à 3.13).

On peut distinguer entre autres :

- la **berline**,
- le **break**,
- le **coupé**,
- le **cabriolet**,
- le **monospace**,
- le **pick-up**.

Remarque

On trouve également la limousine (berline rallongée), le 4 × 4, le spider, etc.

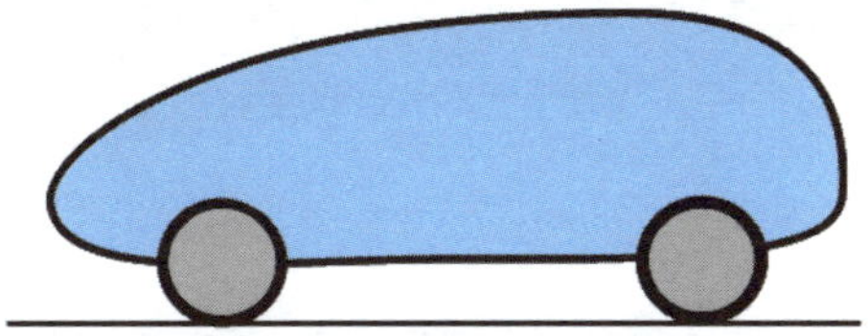

Fig. 3.8 – Berline.

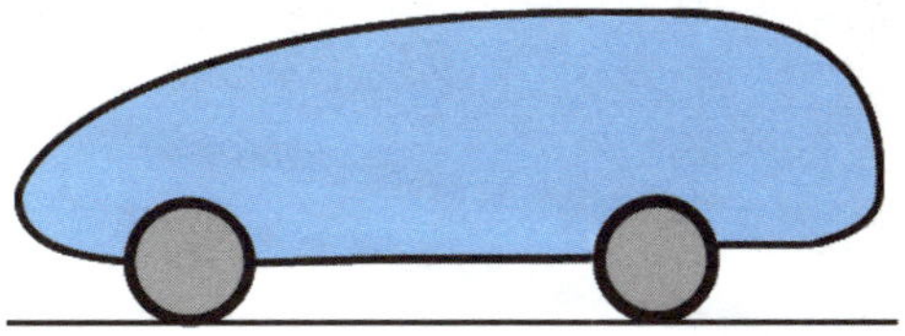

Fig. 3.9 – Break.

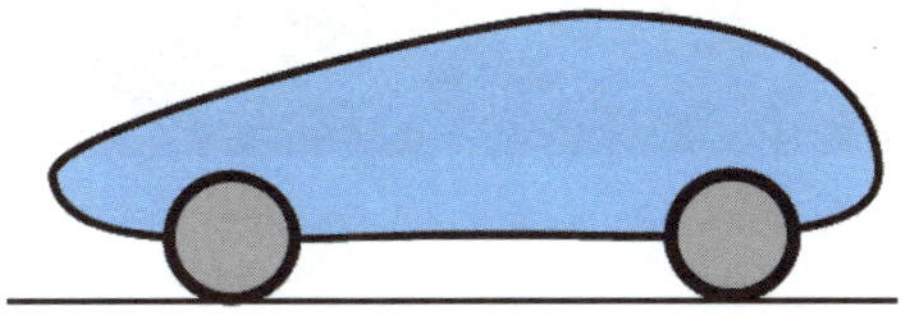

Fig. 3.10 – Coupé.

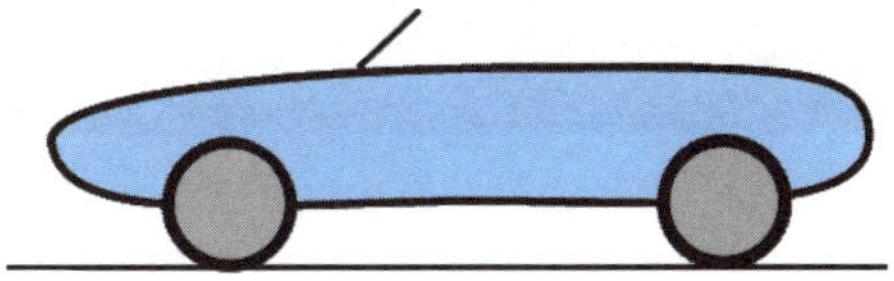

Fig. 3.11 – Cabriolet.

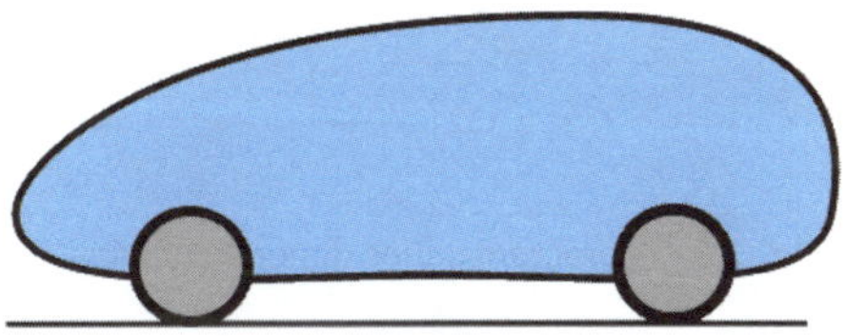

Fig. 3.12 – Monospace.

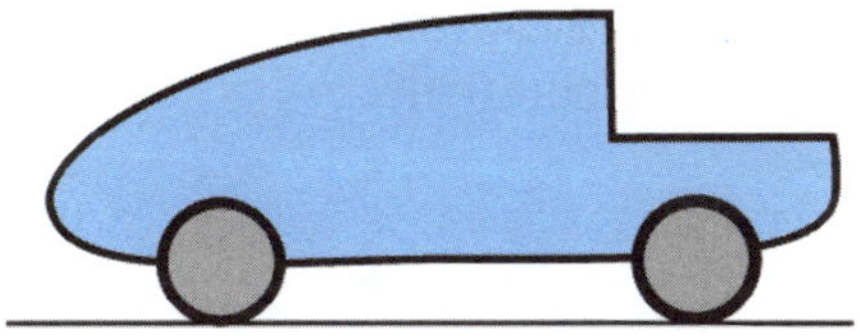

Fig. 3.13 – Pick-up.

Qu'entend-on par aérodynamique ?

L'**aérodynamique** est une science expérimentale qui a pour objet l'**étude** des **mouvements** relatifs d'un **solide** avec l'**air**. Pour se déplacer sur le sol, un véhicule doit vaincre deux forces :

- la **résistance au roulement** qui varie suivant :

– la masse du véhicule,
– la nature du contact pneu-sol.

- la **résistance à l'avancement** qui varie suivant :

– la forme du véhicule (profil),
– sa surface frontale,
– le carré de la vitesse.

Fig. 3.14 – Passage d'une maquette en soufflerie (Document Citroën).

Une carrosserie aérodynamique permet, soit, à consommation égale d'**augmenter la vitesse**, soit, à vitesse égale de **consommer moins**.

Sur la figure 3.14, on peut observer le passage d'une maquette en soufflerie.

Par quels moyens définit-on la forme d'un véhicule ?

La forme d'un véhicule est conçue à partir :

– des données des véhicules déjà conçus et commercialisés,

– des mesures relevées en soufflerie lors des essais antérieurs,

– du style désiré pour le véhicule (design).

Comment la forme est-elle réalisée ?

• L'ensemble des données sont traitées en informatique par des logiciels de CAO-DAO (conception et dessin assistés par ordinateur) (figure 3.15).

• Une maquette est réalisée, d'abord à échelle réduite, puis en grandeur réelle ; elle est ensuite passée en soufflerie afin de :

– matérialiser l'écoulement des filets d'air (turbulences),

– mesurer les forces aérodynamiques qui agissent sur le véhicule en mouvement.

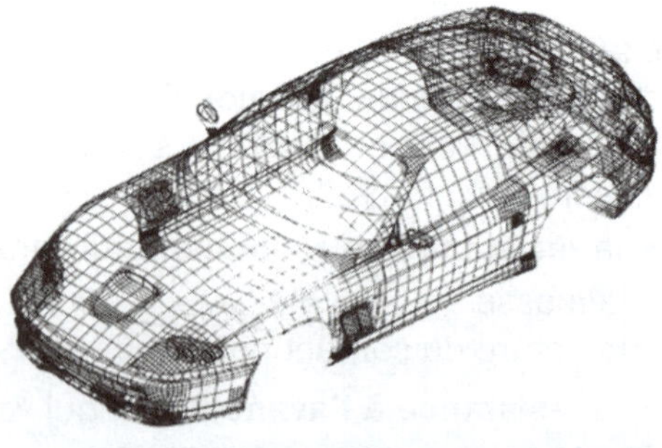

Fig. 3.15 – Conception et dessin assistés par ordinateur (image 3 D) (Document Citroën).

Quelles sont les forces agissant sur le véhicule ?

Un véhicule se déplaçant est soumis à l'action de trois forces (figures 3.16 a) qui sont :

- la **traînée** (Fx),
- la **dérive** (Fy),
- la **portance** (Fz).

On en calcule les moments par rapport aux axes ***X***, ***Y*** et ***Z***. Les moments produisent (figure 3.16 b) :

- pour la traînée, le **roulis** et la résistance à l'avancement,
- pour la dérive, le **tangage**,
- pour la portance, le **lacet**.

Pour la résistance à l'avancement, hormis la résistance au sol, seule la force de traînée est prise en compte. Pour la tenue de route, tous les paramètres interviennent.

La **stabilité** du véhicule est **inversement proportionnelle aux moments de forces**.

Remarque

Il faut distinguer :

- le C_X, **coefficient de traînée**,
- le C_{XS}, **coefficient aérodynamique**, qui est le produit du coefficient de traînée (C_X) par la surface (S), projection frontale du véhicule.

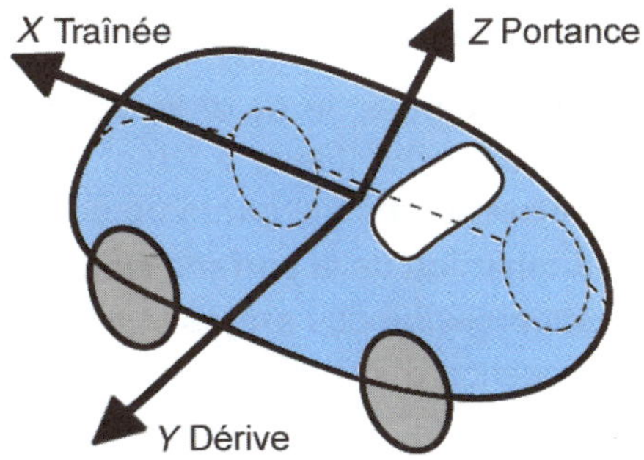

Fig. 3.16 a – Axe de mesure des forces aérodynamiques (Document Citroën).

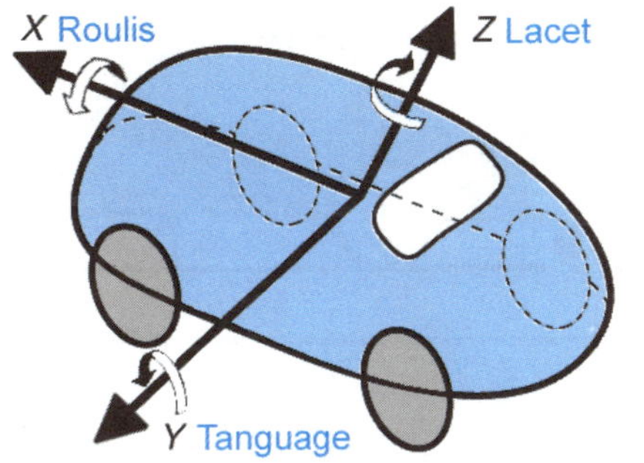

Fig. 3.16 b – Axes de mesure des moments (Document Citroën).

Quels sont les autres phénomènes constatés en soufflerie ?

On met en évidence :

- l'écoulement des filets d'air, par la méthode des fumées ou des brins de laine collés à la carrosserie,
- l'existence de zones de pression ou de dépression sur la carrosserie (figure 3.17).

Ces constatations permettent :

- de mieux placer les entrées (zones de pression) et sorties (dépression) de l'air de refroidissement, du moteur, des freins et de la climatisation (habitacle),
- de diminuer la portance.

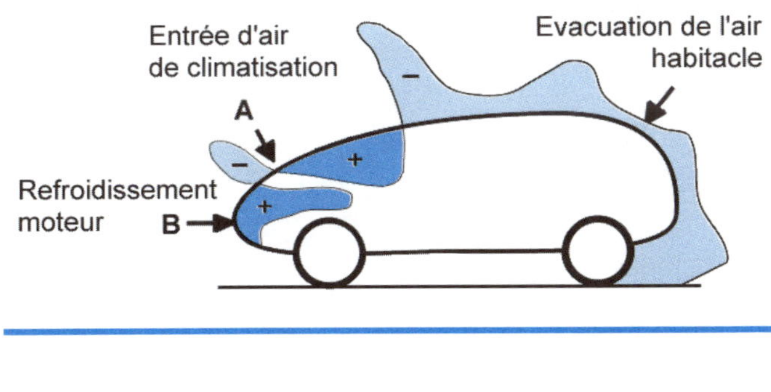

Fig. 3.17 – Répartition figurée des zones de pression et de dépression de l'air dans l'axe longitudinal d'un véhicule (Document Citroën).

Comment le coefficient aérodynamique des véhicules est-il amélioré ?

Au fil des années, le C_x et le C_{xS} des automobiles ont été améliorés par (figure 3.18) :

- l'**abaissement** de la **garde au sol**,
- la **diminution** de la **surface frontale**,
- la **suppression** des **arêtes** et **angles vifs**,
- l'adjonction d'éléments correctifs :
  - **spoiler** : déflecteur placé à l'avant du véhicule qui réduit le débit d'air passant sous la caisse (diminution de la portance) ;
  - **becquet** : placé à l'arrière, ce déflecteur diminue la traînée.

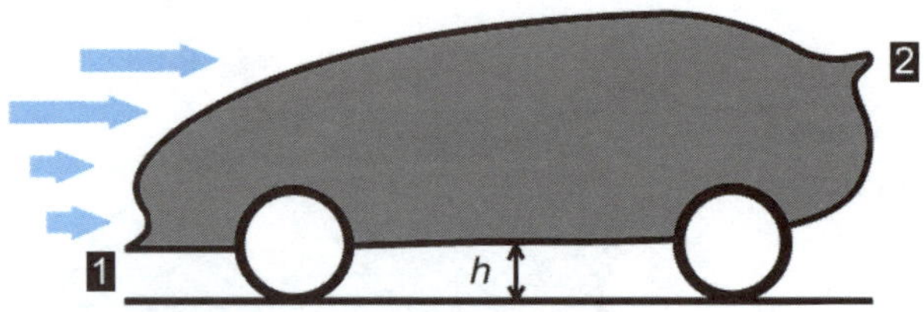

1. Spoiler.
2. Becquet.
h. Garde au sol.

Fig. 3.18 – Amélioration du coefficient aérodynamique.

Comment la sécurité des automobiles est-elle améliorée ?

Il faut distinguer :

• la **sécurité primaire** (ou active) dont le but est de **limiter** les **risques d'accident**,

• la **sécurité secondaire** ou passive dont le but est de **protéger** les passagers **en cas d'accident**.

Comment la sécurité primaire est-elle réalisée ?

• On peut intervenir auprès du conducteur :
- en lui conseillant de ne pas prendre la route fatigué,
- en lui interdisant la conduite en état d'ivresse,
- en limitant la vitesse.

• On réalise des **équipements de sécurité** :
- le **freinage assisté** qui procure plus de précision tout en demandant moins d'effort de la part du conducteur,
- le **double circuit** qui permet de conserver toujours un freinage, même en cas d'avarie sur un circuit,
- l'**anti-blocage** qui permet un freinage sur une distance plus courte et en ligne (voir 7 à 12, Tome II),
- les **pneumatiques sans chambre**, grâce auxquels le risque d'éclatement est presque nul.

On pourrait aussi citer : la direction assistée, les sièges ergonomiques, etc.

Comment la sécurité secondaire est-elle réalisée ?

Les dispositifs technologiques qui améliorent la sécurité passive (figure 3.19) sont de plus en plus nombreux :
- carrosserie à déformation contrôlée,
- direction escamotable à colonne décalée,
- Air Bag,
- pare-brise feuilleté,
- ceinture de sécurité, etc.

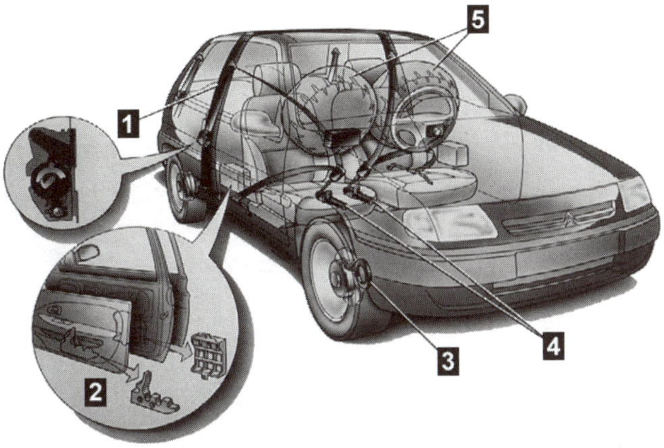

1. Arceau de sécurité.
2. Renforts latéraux.
3. ABS.
4. Ceintures à allongement contrôlé.
5. Air Bag.

Fig. 3.19 – Exemples de dispositifs de sécurité (Document Citroën).

Quels sont les effets mécaniques d'un choc ?

(Voir les figures 3.20 et 3.21)

Un véhicule de masse *M* se déplaçant à une vitesse *v* possède une énergie cinétique E_c exprimée en joules :

$$E_c = \frac{Mv^2}{2}$$

Exemple

Un véhicule pesant 900 kg et roulant en ville à une vitesse d'environ 50 km/h (14 mètres par seconde) possède l'énergie cinétique suivante :

$$E_c = \frac{900 \times 14 \times 14}{2} = 88\,200 \text{ J.}$$

Reprenons notre exemple et supposons, qu'en cas de choc frontal, la distance d'arrêt soit quasiment nulle (0,05 m).
On sait que E_c est une énergie et qu'elle équivaut à un travail *W*, or :

$$\boxed{W = F \cdot L}$$

travail = force × distance

$$\boxed{F = \frac{W}{L}} = \frac{88\,200}{0{,}05} = \mathbf{1\,764\,000\ N}$$

soit 176 000 daN, soit l'équivalent en masse d'environ **170 tonnes.**

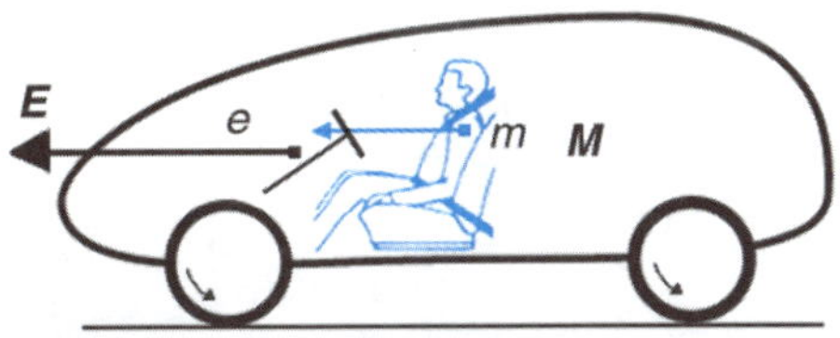

Fig. 3.20 – Éléments cinétiques accumulées par le véhicule

Véhicule : $E_c = \frac{Mv^2}{2}$

Conducteur : $e_c = \frac{mv^2}{2}$

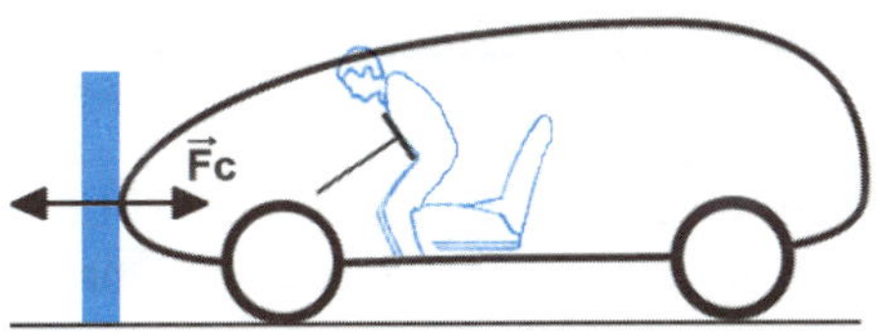

Fig. 3.21 – Effet mécanique en cas de véhicule indéformable.

Pour quelle raison l'avant et l'arrière du véhicule doivent-ils être déformables ?

Exemple (suite)

Poursuivons l'exemple et imaginons maintenant qu'il est possible d'augmenter L par déformation de l'avant du véhicule (L = 0,5 m par exemple), nous aurons

$\frac{88\,200}{0{,}5}$ = **1 764 000** N, soit l'équivalent en masse de 17 tonnes, soit **10 fois moins** grâce à une distance d'arrêt 10 fois plus grande.

L'avant et l'arrière du véhicule vont donc avoir pour rôle d'amortir les chocs par leur **déformation** (figure 3.22).

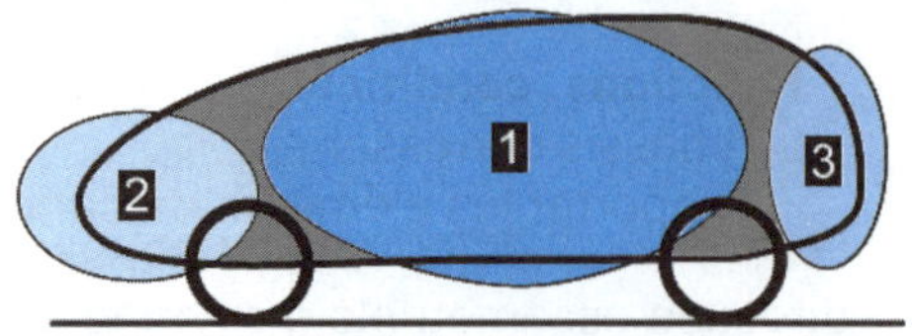

Fig. 3.22 – Véhicule déformable.

1. Habitacle renforcé.
2 et 3. Parties déformables.

Qu'entend-on par déformation contrôlée ?

Lors d'un **choc frontal**, il faut **protéger l'habitacle** (figure 3.23).

Les éléments doivent donc se plier de telle manière que des éléments coupants ne viennent pas blesser les passagers à l'avant du véhicule. Il en est de même du système de motorisation qui bascule sur ses supports et vient se loger sous l'habitacle (figure 3.24).

Fig. 3.23 – Choc frontal à 50 km/h.

Remarque

L'énergie cinétique étant proportionnelle au carré de la vitesse, il n'est pas possible de protéger les passagers d'une manière absolue lorsque la vitesse est plus élevée.

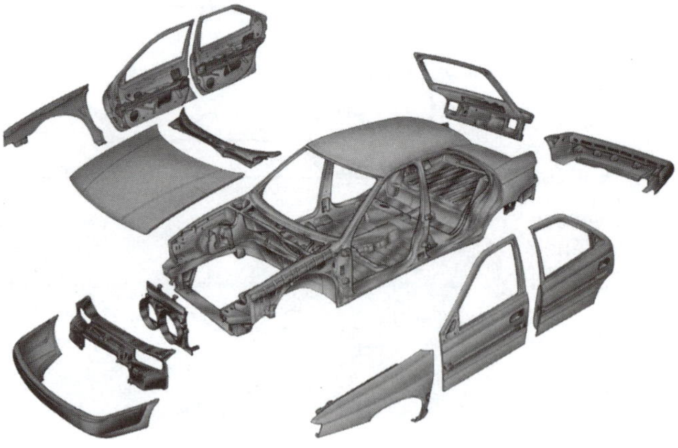

Fig. 3.24 – Éléments du châssis carrosserie (Document Citroën).

MÉMO

- **Fonctions, conditions**

  Le châssis carrosserie doit :
  - supporter les éléments mécaniques (rigidité),
  - protéger la mécanique et les passagers des intempéries (étanchéité),
  - nécessiter le minimum d'énergie pour son déplacement (aérodynamisme),
  - installer confortablement les passagers (ergonomie),
  - faciliter la maîtrise du véhicule (sécurité primaire ou active),
  - préserver les passagers en cas d'accident (sécurité secondaire ou passive),
  - conférer à l'ensemble un aspect esthétique (style).

- **Constitution**

  Les véhicules particuliers sont constitués d'un ensemble dans lequel le châssis et la carrosserie sont confondus. Cet ensemble, appelé monocoque ou coque autoporteuse, concilie la légèreté et la rigidité.

  Il comprend un grand nombre d'éléments de tôles d'acier embouti, assemblés le plus souvent par soudage. Des renforts sont prévus pour la fixation des éléments mécaniques. Après assemblage, la coque reçoit des traitements destinés à la protéger de la corrosion.

- **Caractéristiques dimensionnelles principales**
  - Longueur, largeur, hauteur hors tout,
  - Voie, empattement, porte-à-faux avant et arrière, etc.,
  - aérodynamisme.

- **Une carrosserie aérodynamique permet :**
  - à vitesse égale de consommer moins,
  - à consommation égale de rouler plus vite.

  Les recherches s'effectuent en soufflerie sur des maquettes. On étudie les forces agissant sur le véhicule qui sont la traînée, la dérive et la portance.

  Le coefficient de traînée (C_x) et le coefficient aérodynamique (C_{xS}) peuvent être diminués par :
  - un abaissement de la garde au sol,
  - une diminution de la surface frontale,
  - un adoucissement des arêtes vives,
  - l'adjonction d'éléments correctifs (spoilers, becquets).

- **Sécurité primaire**

  Systèmes destinés à éviter l'accident (tenue de route, freinage, etc.)

- **Sécurité secondaire**

  Destinée à diminuer la gravité des accidents :
  - habitacle indéformable,
  - parties avant et arrière à déformation contrôlée,
  - colonne de direction escamotable, Air Bag,
  - ceintures de sécurité à allongement contrôlé.

POUR ALLER PLUS LOIN

1. *Recherchez les caractéristiques dimensionnelles du véhicule de votre choix.*
2. *Énumérez les dispositifs de sécurité passive qui l'équipent.*

TESTS

1. Quelles sont les principales parties d'un véhicule automobile ?

   1. ....
   2. ....
   3. ....

2. Complétez la fonction globale de l'automobile du point de vue de la maintenance.

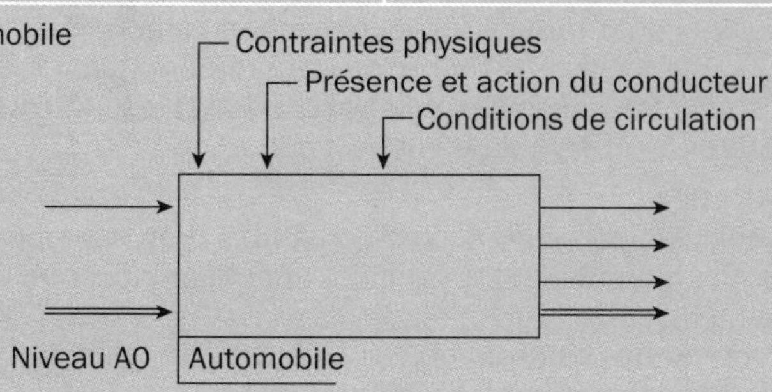

3. Nommez les principaux sous-ensembles de l'automobile :

   1. ....
   2. ....
   3. ....
   4. ....
   5. ....
   6. ....

4. Quels sont les éléments compris dans le système de motorisation ?

   1. ....
   2. ....
   3. ....
   4. ....

5. L'empattement d'un véhicule est :

   a. la distance entre les axes des deux roues d'un même essieu ☐

   b. la distance entre l'axe de la roue avant et celui de la roue arrière ☐

   c. la distance entre l'axe des roues et le sol ☐

6. La force de traînée d'un véhicule provoque :

   a. le roulis ☐

   b. le tangage ☐

   c. le lacet ☐

Le système de motorisation

CHAPITRE 2

4

CLASSIFICATION DES MOTEURS

Quels sont les types de moteurs utilisés en automobile ?

L'automobile peut être équipée de deux types de motorisation :
- les **moteurs électriques** (figure 4.1),
- les **moteurs thermiques** (figure 4.2).

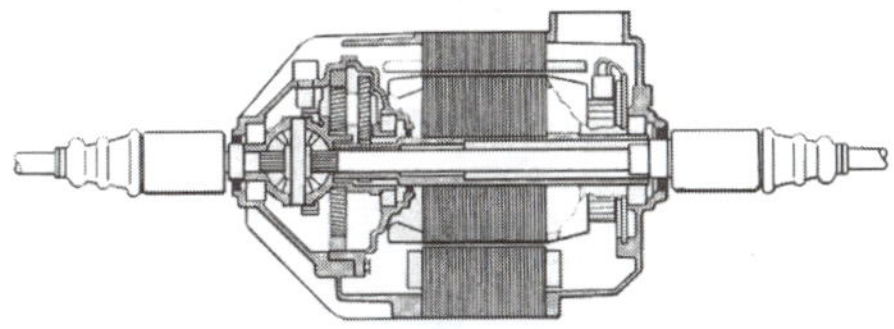

Fig. 4.1 – Moteur électrique.

Quels sont les avantages des véhicules à moteur électrique ?

Les moteurs électriques présentent certains avantages :
- une pollution quasiment nulle,
- un silence de fonctionnement,
- une simplicité de conduite.

Leur utilisation est bien adaptée aux grandes agglomérations dans lesquelles :
- les problèmes de nuisances dus à l'automobile sont plus importants,
- le réseau de bornes de recharge rapide est plus dense.

(Voir 24 Tome II)

Quels sont les avantages des véhicules à moteur thermique ?

Bien que le rendement (26 page 205) des moteurs thermiques soit inférieur à celui des moteurs électriques, le rapport masse/puissance reste favorable au moteur thermique.

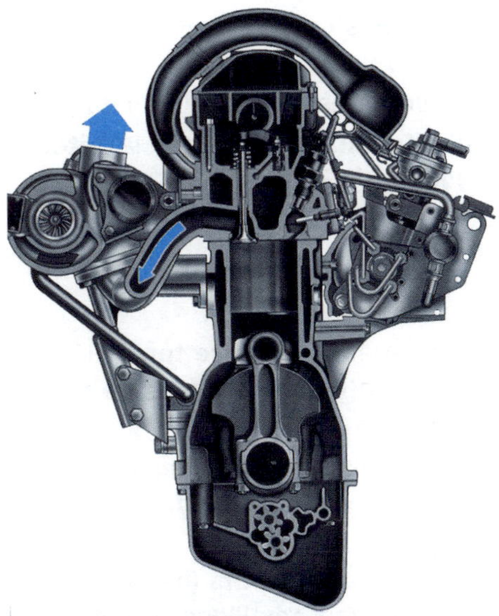

Fig. 4.2 – Moteur thermique (Document Citroën).

Leur autonomie importante les destine aux longues distances.

Leur adaptation à l'automobile est le fruit d'un siècle d'évolution.

Remarque

Le système « hybride » comporte un ou plusieurs moteurs électriques alimentés par un groupe électrogène à moteur thermique.

(Voir 24 Tome II)

Fig. 4.3 – Moteur à explosion (Document Citroën).

Fig. 4.4 – Moteur à combustion (Diesel) (Document Citroën).

Quelles sont les deux grandes familles de moteurs thermiques ?

On distingue :

• les moteurs **à explosion** (à essence) (figure 4.3) dans lesquels la **combustion du mélange** air/essence est amorcée par l'**étincelle** d'une **bougie d'allumage**. Ils possèdent donc un système d'allumage commandé. Le mélange air/essence peut s'effectuer par :
– **carburateur**,
– **injection d'essence**.

• les moteurs **à combustion** (Diesel) (figure 4.4) dont la combustion est déclenchée par l'**injection de gazole** sous pression dans de l'**air fortement comprimé**. Il se produit une **auto-inflammation**, ce qui signifie que le mélange s'enflamme spontanément.

Quelles sont les phases du cycle de fonctionnement des moteurs thermiques ?

L'ingénieur français **Beau de Rochas** a défini, en 1862, le principe du **cycle de fonctionnement** des moteurs à **combustion interne** dont les phases sont :

1. l'**admission :** aspiration d'air ou de mélange air/essence ;
2. la **compression** de l'air ou du mélange ;
3. l'**inflammation** rapide et la **détente** du piston ;
4. l'**échappement** des gaz brûlés.

Quelles sont les applications de ce cycle ?

Il en existe trois types :

– les moteurs **à quatre temps** (figure 4.5) qui réalisent le cycle en **quatre courses de piston** et deux tours de vilebrequin ;

– les moteurs **à deux temps** (figure 4.6) qui réalisent le cycle en **deux courses de piston** et un tour de vilebrequin ;

– les moteurs **rotatifs** (peu répandus) (figure 4.7) dont le mouvement rectiligne alternatif du piston classique est remplacé par la **rotation d'un rotor** qui réalise le cycle trois fois par tour.

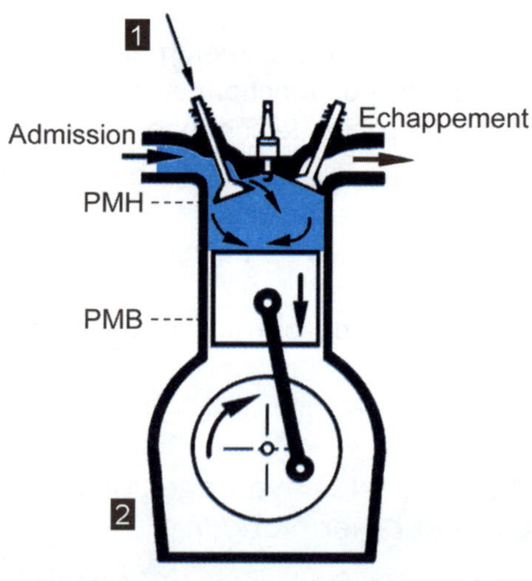

Fig. 4.5 – Moteur quatre temps.

1. Soupapes.
2. Carter non étanche.

Remarque

Ces moteurs peuvent être dits «atmosphériques» ou «turbo-compressés».

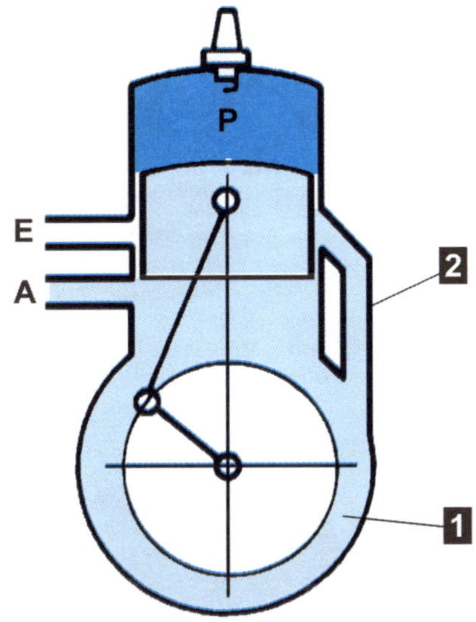

Fig. 4.6 – Moteur deux temps.

1. Carter étanche.
2. Transfert.

A et E. Lumières d'admission et d'échappement.

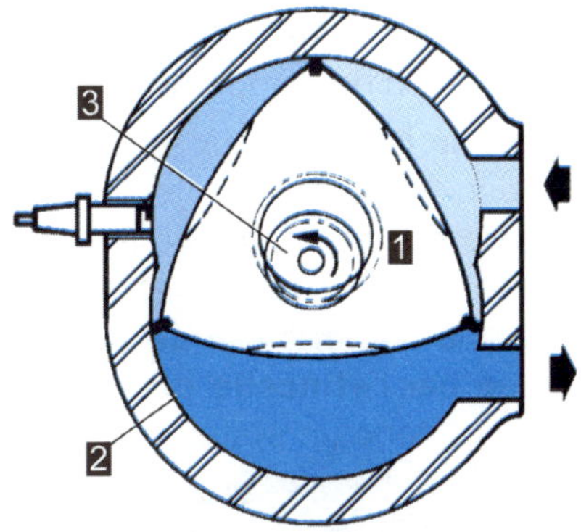

Fig. 4.7 – Moteur à piston rotatif.

1. Piston ou rotor.
2. Stator ou épitrochoïde.
3. Piston guide.

Fig. 4.8 – Moteur à essence quatre temps à injection (Document Citroën).

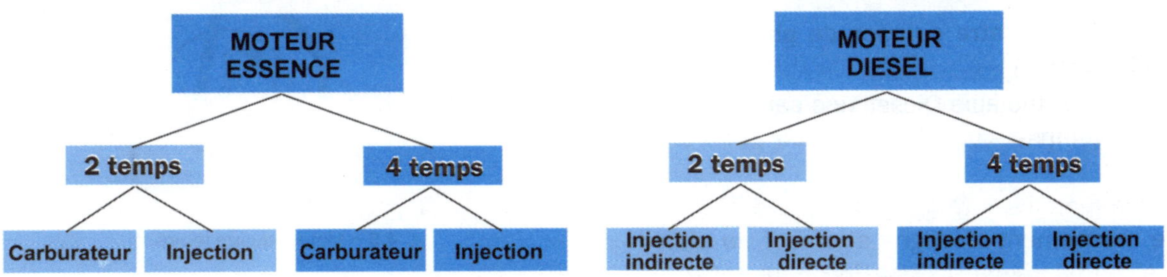

Fig. 4.9 – Récapitulation des différents types de moteurs thermiques.

Ne pas confondre :

• **Injection indirecte d'essence** : injection d'essence à basse pression en amont de la soupape d'admission (partie 18) au temps admission ;

• **Injection indirecte Diesel** : injection de gazole à haute pression dans une chambre de précombustion en fin de compression ;

• **Injection directe Diesel** (figure 4.10) : injection de gazole à très haute pression directement dans le cylindre en fin de compression (voir 24 page 189) ;

• **Injection d'huile** (deux temps) : le mélange essence/huile est effectué par injection d'huile spéciale deux temps dans le carburant au temps d'**admission**.

Fig. 4.10 – Moteur Diesel à injection directe (Document Renault).

Quels seront les types de moteurs étudiés ?

Nous étudierons particulièrement les moteurs à quatre temps à injection d'essence

Trois parties (23, 24 et 25) sont toutefois consacrées aux moteurs Diesel, une partie (11) aux moteurs deux temps.

MÉMO

- **Types de moteurs**
  - moteurs électriques,
  - moteurs thermiques.
- **Familles de moteurs thermiques**
  - à explosion : carburant essence,
    allumage commandé.
  - à combustion : carburant gazole,
    auto-inflammation sous haute pression.
- **Cycles de fonctionnement**
  Les phases du cycle Beau de Rochas sont :
  l'admission, la compression, l'explosion détente et l'échappement.
- **Différents types de cycles**
  Deux temps, quatre temps, rotatif.
- **Moteur quatre temps à injection d'essence**
  Le carburant est injecté au temps admission derrière la soupape d'admission. La combustion est déclenchée par un système d'allumage.
- **Moteur quatre temps à injection Diesel**
  Le carburant est injecté en fin de compression dans une préchambre ou directement dans le cylindre. La combustion s'effectue par auto-inflammation du carburant dans l'air surchauffé.

  Ces moteurs peuvent être dits «atmosphériques» ou «turbocompressés».

POUR ALLER PLUS LOIN

1. *Recherchez les différences de conception entre un moteur à injection d'essence et un moteur à injection Diesel.*
2. *Précisez les différences entre les bougies d'allumage et les bougies de préchauffage.*
3. *Recherchez les différences essentielles entre un moteur Diesel à injection indirecte et un moteur à injection directe à rampe commune.*

5

LES ÉLÉMENTS CONSTITUTIFS DU MOTEUR

Quelles sont les différentes parties d'un moteur ?

On distingue dans un moteur (figure 5.1) :
– les parties **fixes**,
– les parties **mobiles**.

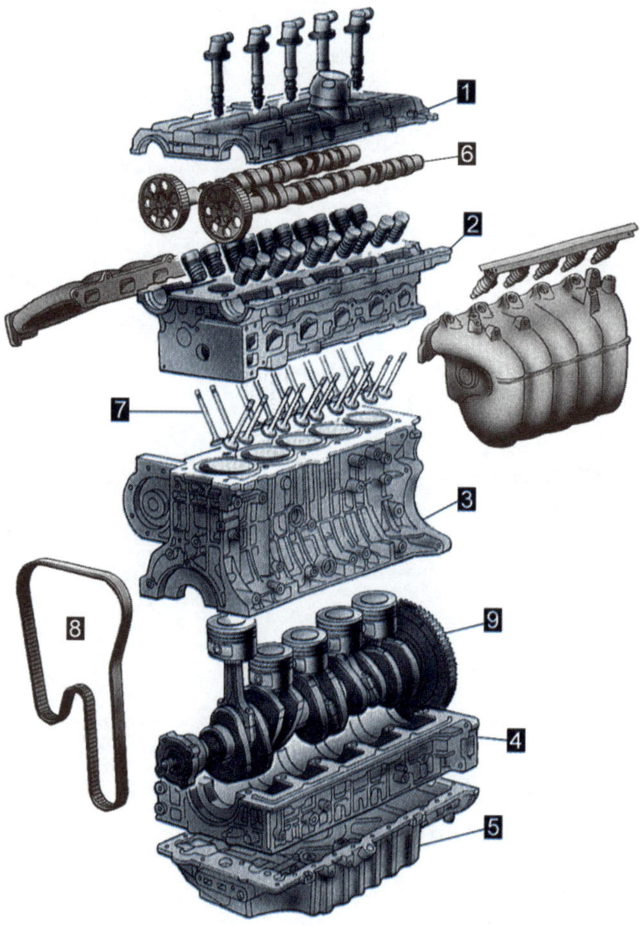

Parties fixes :
1. Couvre-culasse.
2. Culasse.
3. Bloc-moteur ou bloc-cylindres.
4. Carter chapeaux de paliers.
5. Carter inférieur.

Parties mobiles :
Distribution :
6. Arbres à cames.
7. Soupapes.
8. Courroie ou chaîne de distribution.
9. Équipage mobile comprenant : le volant moteur, les bielles et les pistons.

Fig. 5.1 – Les parties d'un moteur.

Que comprennent les parties fixes ?

Les parties fixes comprennent principalement :

– le **bloc-moteur** ou **bloc-cylindres**, dans lequel sont pratiqués un ou plusieurs évidements cylindriques,

– la **culasse** qui sert de couvercle hermétique à la partie supérieure des cylindres.

Que comprennent les parties mobiles ?

Les parties mobiles comprennent deux parties principales :

– l'**équipage mobile** qui inclut : le **vilebrequin** et son **volant moteur**, les **bielles**, les **pistons** munis de leurs **segments** ;

– la **distribution** qui inclut : les **arbres à cames**, **soupapes** et **ressorts** de rappel, un système de **liaison** entre le ou les arbres à cames et le vilebrequin constitué d'une ou plusieurs **chaînes** ou **courroies crantées**.

Fig. 5.2 – Bloc moteur fonte, alésage direct des cylindres.

Les éléments fixes

Quelles sont les fonctions du bloc moteur ?

Le **bloc-moteur** ou **bloc-cylindres** (figure 5.2) :
- **supporte** le **vilebrequin**,
- permet le **guidage** des **pistons**,
- assure avec la culasse l'**étanchéité** des **cylindres**,
- permet le passage des canalisations de graissage et de refroidissement.

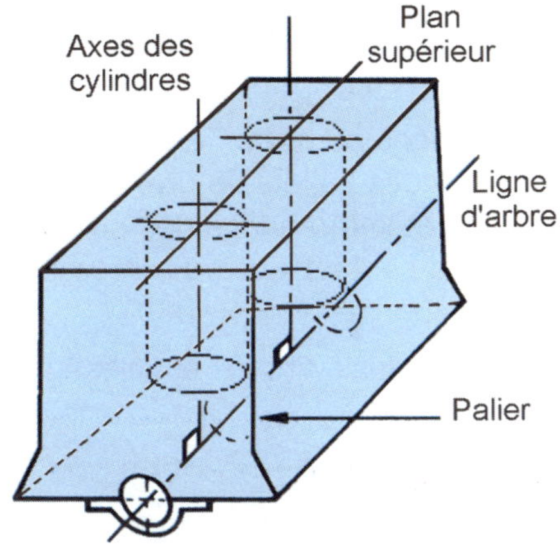

Fig. 5.3 – Géométrie du bloc-cylindres.

Quelles sont les conditions à remplir par le bloc-moteur ?

Le bloc-moteur doit :

– être **indéformable** et répondre à des dispositions géométriques précises,

– **résister** aux **pressions**, **torsions**, **frottements**, **variations de température**,

– être d'une **bonne conductibilité thermique** (évacuation rapide des calories en excédent),

– posséder la masse la moins élevée possible.

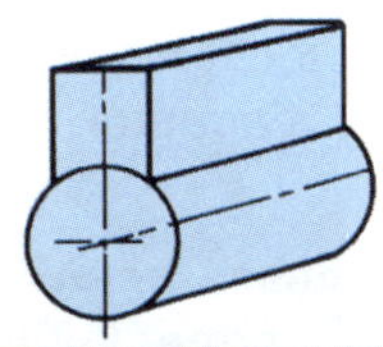

Fig. 5.4 – Cylindres en ligne.

Quelles sont les qualités géométriques du bloc-cylindre ?

Les **paliers** dans lesquels tourbillonne le vilebrequin doivent être **concentriques**. On nomme cette ligne invisible **ligne d'arbre**. La ligne d'arbre doit être **parallèle** au **plan de joint supérieur**.

L'axe de chaque **cylindre** doit être **perpendiculaire** au plan de joint et à la ligne d'arbre (figure 5.3).

Ces qualités s'appliquent aux moteurs monocylindre comme à ceux comportant plusieurs cylindres, les différences résidant essentiellement dans leur disposition.

À partir de deux cylindres, il est possible d'adopter les dispositions suivantes : en **ligne** (figure 5.4), en **V** (figure 5.5), **à plats opposés** (figure 5.6) (parfois en V, en W ou en étoile).

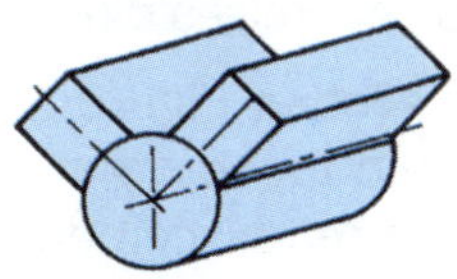

Fig. 5.5 – Cylindres en V.

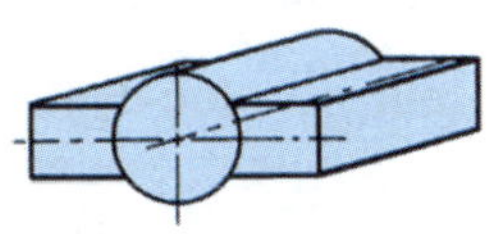

Fig. 5.6 – Cylindres à plats opposés.

Quels sont les moyens de fabrication utilisés ?

Nous avons vu que le bloc doit résister aux efforts mécaniques mais également évacuer la chaleur excédentaire : risques de dilatation, déformation et fusion des matériaux, défauts graves de fonctionnement en découlent.

Le matériau qui présente la double qualité de dureté et de bonne conductibilité thermique est la **fonte**. Ses qualités sont améliorées par divers procédés : nitruration, adjonction de silicium, manganèse, etc. De plus, elle est facilement moulable.

On utilise également des **alliages d'aluminium** (alpax), matériaux légers et bons conducteurs de la chaleur. Le moulage est effectué sous pression et les parois du bloc comportent des nervures de renforcement.

Lorsque le bloc est en alliage léger, des **cylindres** en **fonte** sont en général **rapportés**.

Les finitions comprennent : le perçage des conduits, l'alésage des paliers, le dressage des faces d'appui, le perçage et le taraudage des points de fixation. Les surfaces de contact avec d'autres pièces recevront des joints.

L'intérieur des cylindres est alésé, rectifié, puis rodé.

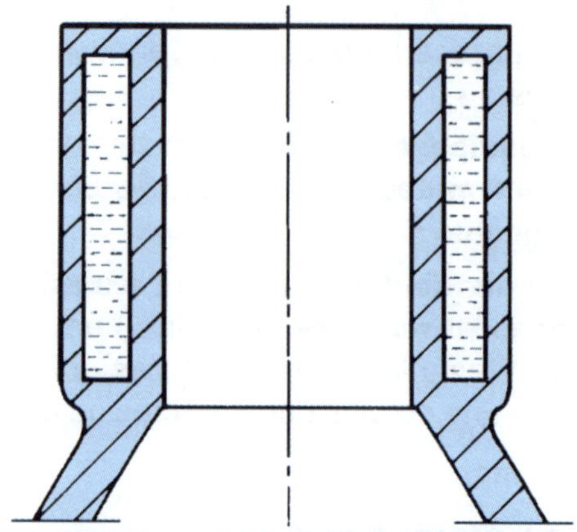

Fig. 5.7 – Bloc-cylindre à alésage direct.

Quels sont les différents types de blocs-cylindres ?

• Bloc à **alésage direct** (figures 5.2 et 5.7) : certains blocs en fonte sont directement alésés, les cylindres et le bloc ne faisant qu'une seule pièce. En cas d'usure des cylindres, il est nécessaire de **réaléser** à une cote supérieure et d'adapter des pistons de plus fort diamètre.

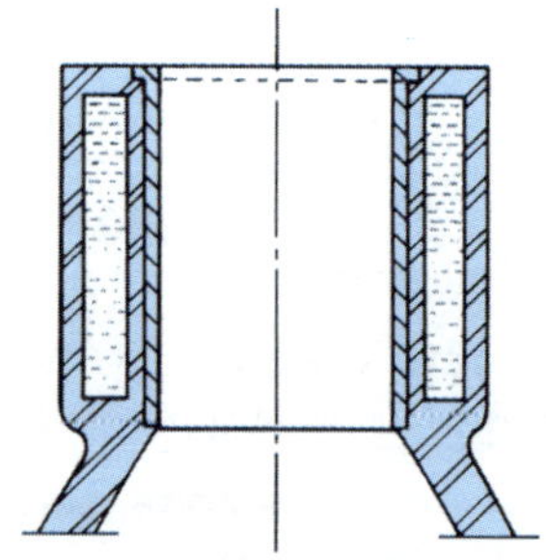

Fig. 5.8 – Chemise sèche
(Cas du refroidissement à eau.)

• Bloc à **chemises amovibles** : ce système facilite la fabrication ; il permet l'utilisation de **matériaux différents** pour le bloc et pour les cylindres (cylindres en fonte, bloc en alliage léger). La réparation est facilitée (remontage de chemises d'origine).

• **Chemises sèches** (figure 5.8) : **fourreau de faible épaisseur** emmanché dans un bloc en fonte ou en alliage léger ; le remplacement est possible mais l'ajustement est serré ; il n'y a aucune communication avec l'eau de refroidissement.

• **Chemises humides** (figure 5.9) : la chemise sert en même temps de paroi pour les conduits de refroidissement ; leur remplacement est aisé, mais l'étanchéité doit être particulièrement soignée. Les chemises sont en fonte centrifugée, elles sont également alésées, rectifiées et rodées.

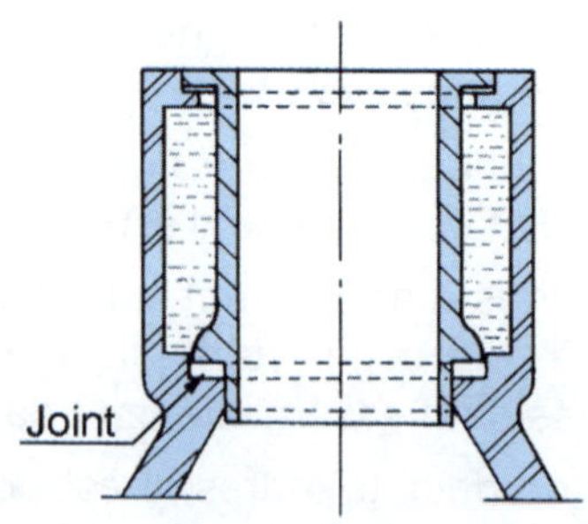

Fig. 5.9 – Chemise humide
(Cas du refroidissement à eau.)

Cas des moteurs à refroidissement par air.

Le **bloc** est **indépendant des cylindres**, ce qui facilite la fabrication et l'emploi de matériaux différents. Leur masse est inférieure à celle des blocs-cylindres à refroidissement par eau (figure 5.10).

Les cylindres peuvent être en fonte ou en alliage léger. Dans ce dernier cas, ils sont munis de chemises sèches rapportées (figure 5.11).

Les éléments mobiles – piston, bielle, vilebrequin – ne peuvent fonctionner sans leur liaison avec un **ensemble monobloc indéformable**.

La pression des gaz ne peut agir sur le piston que grâce à la présence d'une chambre étanche fermée par le **haut des cylindres et la culasse** (figure 5.12).

Chaque force engendrée par les éléments mobiles ne peut s'exercer que par l'action des **éléments fixes** qui opposent une force égale de sens opposé.

L'ensemble **bloc-cylindre-culasse** est le **point d'appui** des éléments mobiles sans lequel il ne peut exister de couple moteur.

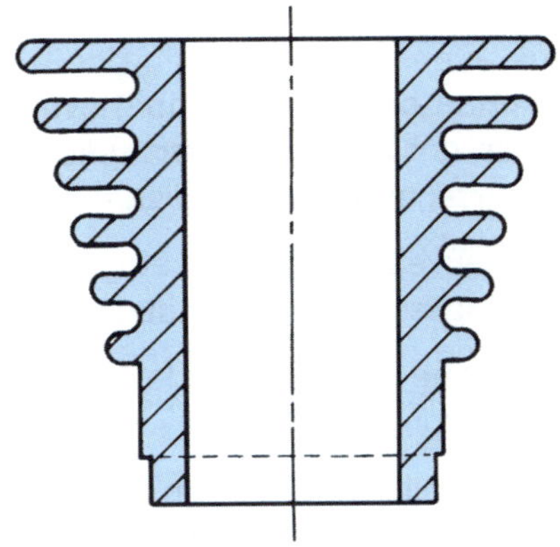

Fig. 5.10 – Alésage direct.

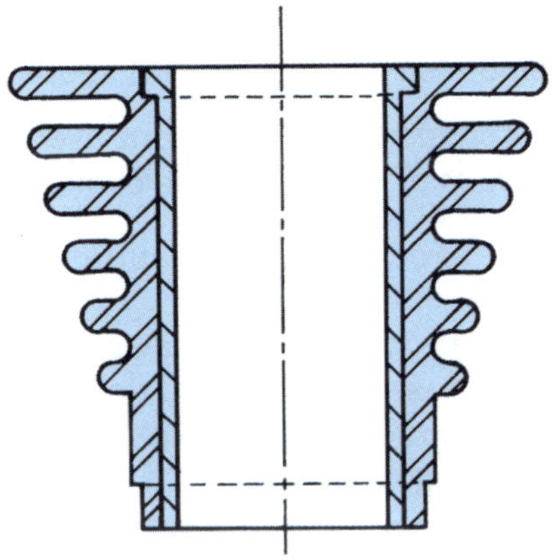

Fig. 5.11 – Chemise rapportée (Cas du refroidissement par air.)

Quels sont les rôles de la culasse ?

La culasse assure la **fermeture des cylindres** dans leur partie supérieure, constituant ainsi la **chambre de combustion**.

Elle permet :

– l'arrivée et l'évacuation des gaz,

– la mise en position des éléments de la distribution et d'une partie de l'allumage,

– l'évacuation rapide des calories, le point le plus chaud du moteur étant précisément la chambre de combustion.

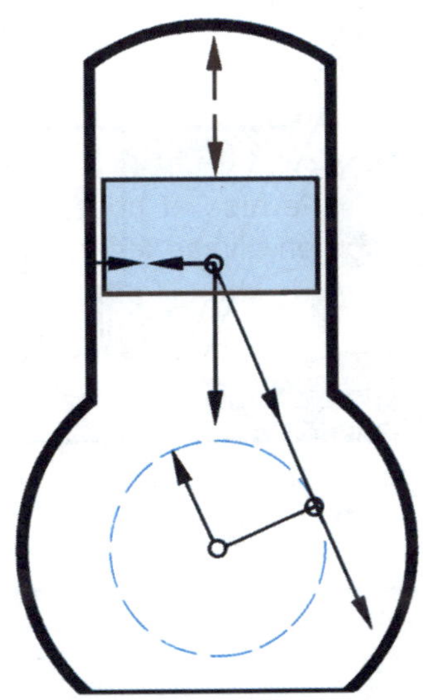

Fig. 5.12 – Actions mutuelles des éléments mobiles sur les éléments fixes.

Quels sont les matériaux utilisés pour la culasse ?

On utilise la **fonte** ou l'**alliage d'aluminium moulé**. Les contraintes mécaniques étant moins importantes que pour le bloc-moteur, les constructeurs ont quasiment abandonné la fonte au profit des alliages d'aluminium (alpax), en raison de sa légèreté et de sa très bonne conductibilité thermique.

Les procédés de fabrication sont les mêmes que pour le bloc-moteur.

Quels sont les points particuliers de constitution de la culasse ?

Les chambres de combustion pratiquées dans la culasse ont une forme particulièrement étudiée (hémisphérique, bi-sphérique) (figure 5.13).

Elles peuvent également être totalement, ou partiellement, logées dans la tête du piston.

Leur forme doit faciliter le brassage des gaz frais et l'évacuation des gaz brûlés.

Les conduits d'admission et d'échappement dans la culasse portent le nom de **chapelles**.

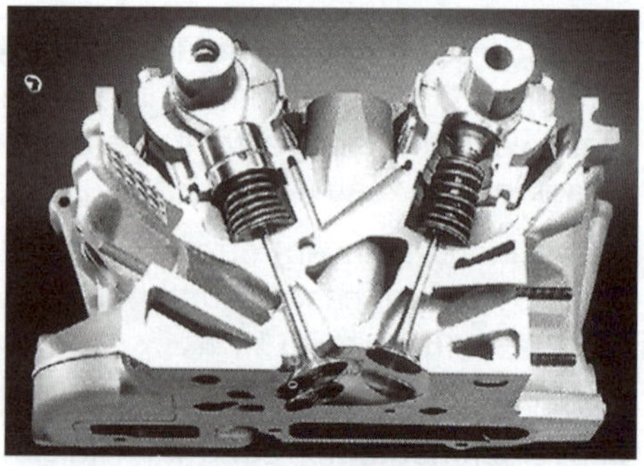

Fig. 5.13 – Coupe d'une culasse en alliage léger.

Comment le refroidissement est-il assuré ?

Un **réseau de conduits** de refroidissement est pratiqué dans toute la culasse, en particulier à proximité de la chambre de combustion, des soupapes et des bougies.

Ces conduits **communiquent** avec le **bloc-cylindre** par des trous pratiqués dans le plan de joint (figure 5.14).

Assemblage entre la culasse et le bloc-cylindre.

Le plan de joint entre la culasse et le bloc-cylindre permet le passage de l'**eau**, des **gaz comprimés** et de l'**huile sous pression** vers la partie inférieure du moteur (figure 5.14).

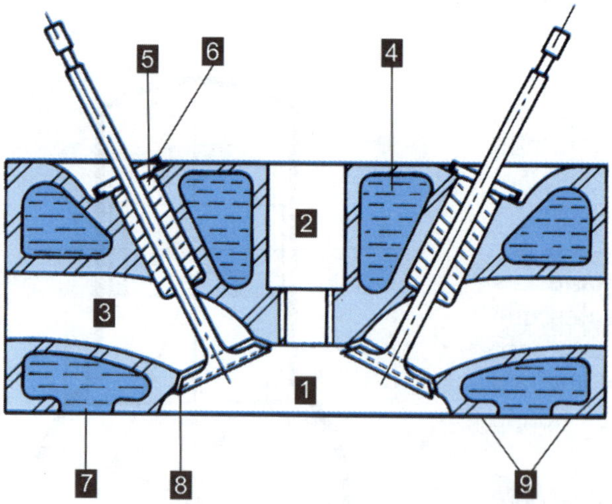

1. Chambre de combustion.
2. Cheminée de bougie.
3. Chapelle.
4. Canalisation de refroidissement.
5. Guide soupape.
6. Rondelle d'appui du ressort.
7. Communication avec le bloc.
8. Siège de soupape.
9. Plan de joint de culasse.

Fig. 5.14 – Composantes d'une culasse.

Les éléments mobiles

Quel est le rôle du piston ?

Le piston est la paroi mobile du cylindre. Il permet :

– la **compression** des gaz frais grâce à la **force** qui lui est communiquée par la bielle $\left(p = \dfrac{F}{S}\right)$,

– la **transformation** au temps détente de la **pression** des gaz enflammés en une force ($F = pS$),

– le **déplacement** de la force permet au moteur d'accomplir un travail ($W = F\ell$) (figure 5.15).

Quelles sont les contraintes subies par le piston ?

Les **variations de températures** qu'il subit sont très importantes. Son refroidissement est difficile à réaliser.

Les efforts mécaniques sont nombreux (figure 5.16) :

– **action des gaz** sous pression ($\vec{F_1}$),

– **action de la bielle** (force résistante) ($\vec{F_2}$),

– **action des parois du cylindre** ($\vec{F_3}$),

– **forces d'inertie** alternatives dues aux accélérations et décélérations du piston.

Quelle est la constitution du piston ?

Il est en général **moulé** dans un matériau léger et d'une bonne conductibilité thermique comme les **alliages d'aluminium**.

La tête et le support d'axe, devant transmettre l'énergie mécanique, sont particulièrement renforcés (figure 5.17).

Il se compose :

– d'une **tête ou culot** dont le diamètre doit être inférieur à l'alésage du cylindre quelles que soient les dilatations,

– de **segments** situés dans des **gorges** pratiquées sur le pourtour du piston et qui assurent l'étanchéité,

– d'une **jupe** qui doit assurer le guidage à froid comme à chaud avec un minimum de frottement.

Comment contrôler les dilatations du piston ?

L'**alliage léger** qui constitue le piston possède un **coefficient de dilatation** très supérieur à celui du cylindre.

Le **diamètre de tête** est calculé pour rester **inférieur à l'alésage du cylindre** à toutes les températures. Il n'en est pas de même pour la jupe qui doit posséder un jeu diamétral faible à froid et un frottement peu important à chaud malgré les dilatations (figure 5.19).

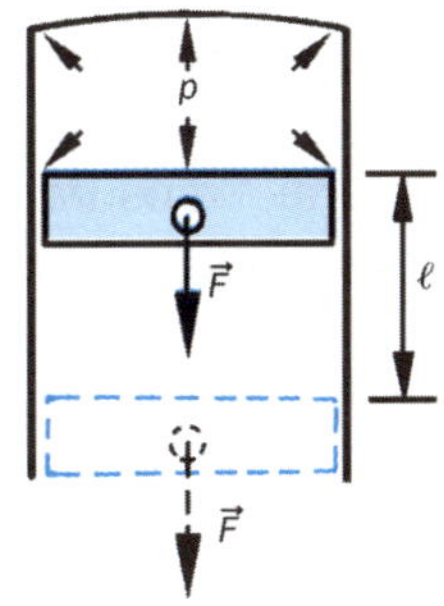

Fig. 5.15 – Force : $F = pS$.
Travail : $W = F\ell$.

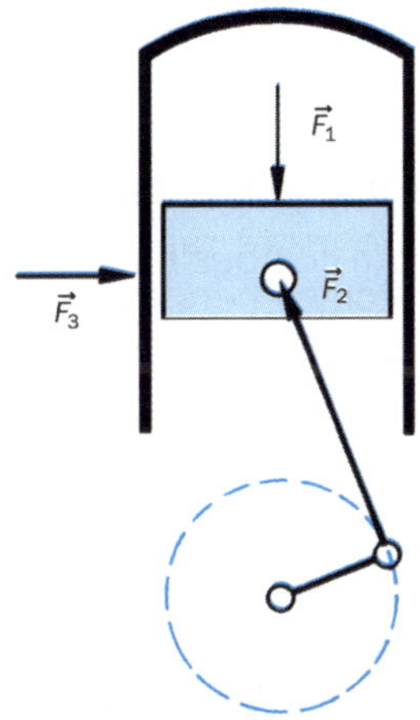

Fig. 5.16 – Actions reçues par le piston.

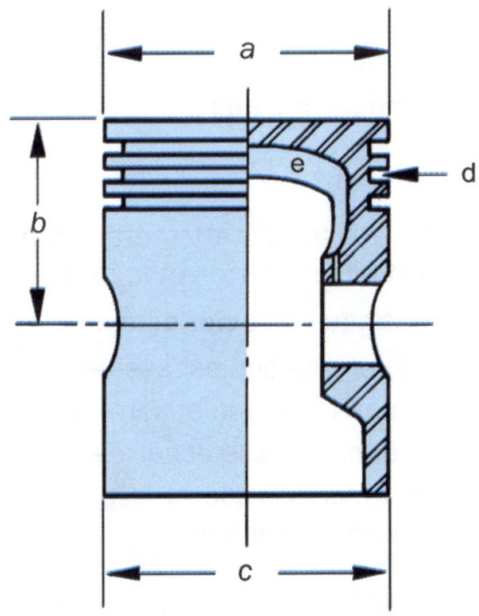

Fig. 5.17 – Piston.

a = Diamètre de tête.
b = Distance entre tête et axe de piston.
c = Diamètre de jupe.
d. Gorge.
e. Renfort.

Quels sont les procédés utilisés ?

• Une **fente de dilatation** est pratiquée sur la hauteur de la jupe. Elle doit être oblique afin d'éviter la formation d'un bourrelet d'usure sur le cylindre.

• La **jupe** est **ovalisée** (figure 5.18) ; la dilatation pourra agir sur le petit diamètre et tendre à rendre la forme cylindrique à celle-ci.

• Des éléments à faible coefficient de dilatation sont incorporés dans la jupe (acier, métal « invar »).

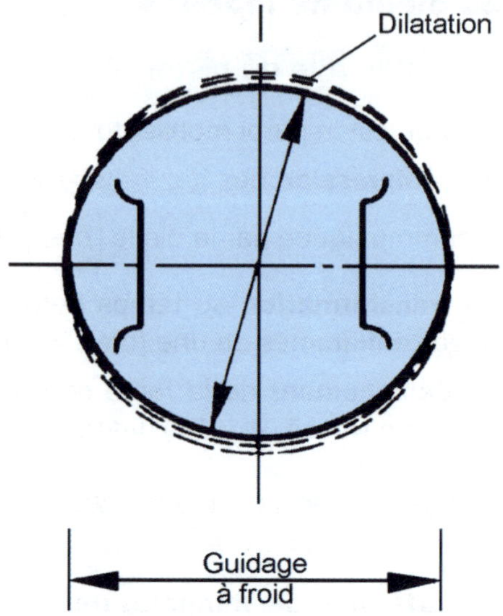

Fig. 5.18 – Jupe ovalisée.

Quelle est la constitution des segments ?

Les segments sont des anneaux brisés, de section carrée ou parallélipédique, travaillant en extension. Ils doivent assurer des **pressions radiales uniformes** sur les parois du cylindre (figure 5.19).

La **fonte douce** qui les compose reçoit un **chromage** évitant une usure rapide par frottement. Leur position dans les gorges permet à la pression des gaz d'accentuer leur étanchéité.

Les segments pour moteur à quatre temps sont en général au nombre de trois :

• Le **segment de feu** ou premier segment d'étanchéité,

• Le **segment intermédiaire** ou deuxième segment d'étanchéité.

Ces deux premiers segments assurent l'étanchéité inférieure de la chambre de combustion.

• Enfin, le **segment râcleur** empêche le film d'huile de remonter vers la chambre.

On peut donc prévoir que l'usure des segments ou du cylindre provoquera une perte de compression et une consommation d'huile.

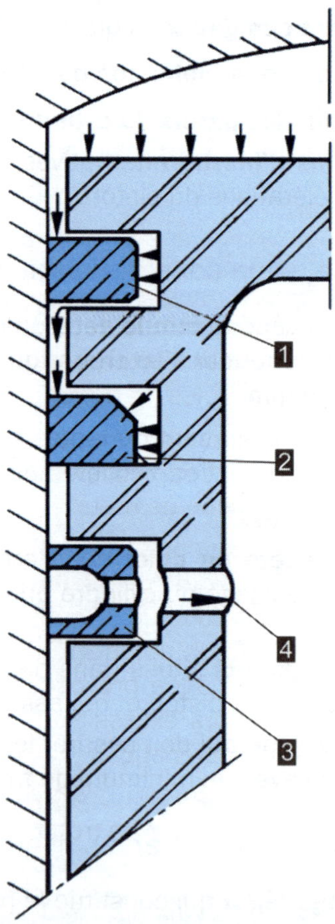

Fig. 5.19 – Les segments.

→ Action de la pression.
1. Segment de feu.
2. Segment d'étanchéité.
3. Segment racleur.
4. Retour d'huile.

L'axe de piston

La force à transmettre étant élevée, sa **surface de contact** avec le piston et la bielle doit être importante.

Il est fabriqué en **acier cémenté trempé**, puis rectifié.

Sa mise en position est assurée par divers montages :

– libre dans le piston et serré sur la bielle,

– libre dans la bielle et serré sur le piston,

– libre dans la bielle et le piston : dans ce cas, il est arrêté à ces extrémités.

Quel est le rôle de la bielle ?

La bielle est l'**élément intermédiaire** qui permet la **transmission** des forces entre deux éléments animés de **mouvements différents** :

– le mouvement **rectiligne alternatif du piston**,

– le mouvement **circulaire continu du vilebrequin**.

Quelles sont les contraintes subies par la bielle ?

Par la combinaison des mouvements rapides du piston et du vilebrequin, cet élément est soumis à de multiples contraintes : **compression, extension, flexion.**

Comment la bielle est-elle conçue ?

La bielle est en général **matricée** dans un **acier mi-dur**. Elle est parfois réalisée en alliage léger.

La **section en « I »** permet de diminuer la masse en conservant une bonne **résistance à la flexion** (flambage).

La tête et le pied ont une surface d'appui suffisamment large pour transmettre sans risque de détérioration des effets importants (figure 5.20).

Comment les rotations s'effectuent-elles ?

L'angle de rotation du pied de bielle étant très limité, le contact **métal contre métal** sera le plus souvent amélioré par l'interposition d'un **film d'huile** provenant du circuit de graissage.

La tête de bielle qui, au contraire, doit permettre la rotation du maneton sur 360° recevra un **dispositif spécial anti-friction** ainsi qu'une **lubrification sous pression**.

Qu'appelle-t-on couler une bielle ?

Le **frottement entre la tête de bielle et le vilebrequin est diminué par l'interposition de coussinets** facilement remplaçables (figure 5.21).

Les coussinets sont de larges bagues d'acier, en général en deux parties, recouvertes sur leur face intérieure d'une fine couche de métal antifriction appelé **régule**.

Le régule est composé de plomb, d'étain, d'antimoine et de cuivre. Le **point de fusion** de cet alliage est assez bas (400 °C). Lorsque le frottement entre la bielle et le vilebrequin devient anormalement grand, l'**énergie calorifique** dégagée provoque la **fusion du régule**. Le **jeu** devient alors excessif et provoque un **cognement** sourd très caractéristique.

Couler une bielle est donc l'incident qui provoque la **fusion du régule** par un frottement anormal.

Remarque

La distribution et le vilebrequin font l'objet de sections séparées (voir 8, 9 et 10 pages 64, 68 et 76).

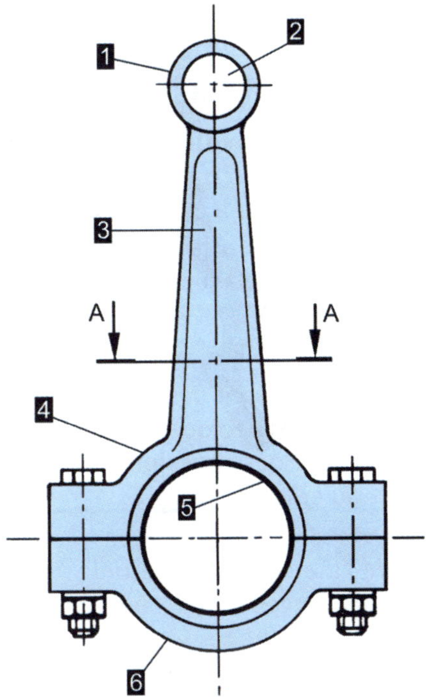

Fig. 5.20 – La bielle.

1. Pied de bielle.
2. Axe de pied de bielle.
3. Corps.
4. Tête de bielle.
5. Coussinet.
6. Chapeau.

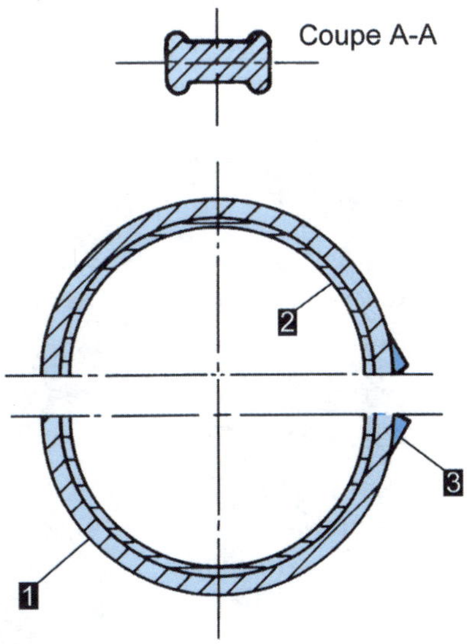

Fig. 5.21 – Interposition de coussinets.

1. Demi-coussinet.
2. Régule.
3. Ergot de maintien.

Fig. 5.22 – Pistons et bielles (Document Citroën).

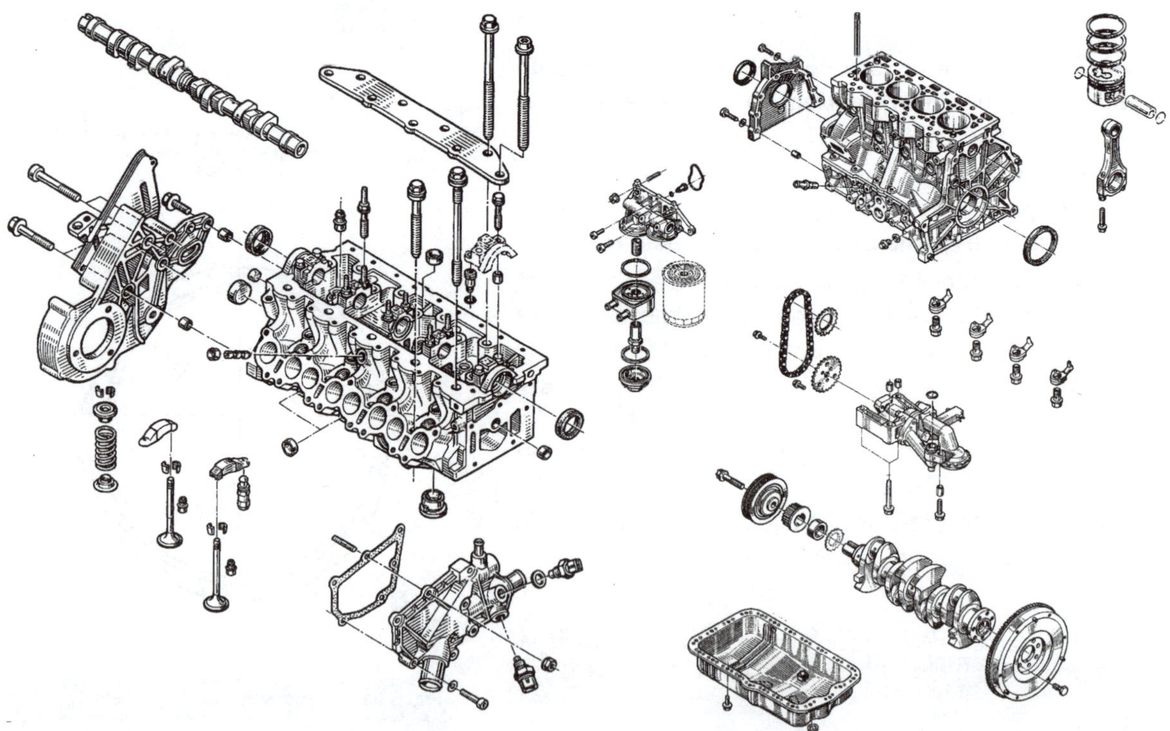

Fig. 5.23 – Ensemble des pièces constituant un moteur (Document Renault).

MÉMO

- **Les éléments fixes du moteur**

Ils sont constitués par : – le bloc-moteur ou bloc-cylindres,
– la culasse.

– Les caractéristiques sont les suivantes :
1. l'ensemble bloc-cylindres-culasse doit être indéformable,
2. le bloc sert de support au vilebrequin,
3. le cylindre guide le piston,
4. la culasse ferme le haut des cylindres par l'intermédiaire d'un joint.

– Il existe différents types de blocs-cylindres :
1. blocs à alésages directs ;
2. blocs à chemises amovibles : sèches ou humides.

– Réalisation :
Les blocs moteurs et culasses sont réalisés par moulages de fonte ou d'alliage d'aluminium (alpax), matériaux moulables et bons conducteurs de la chaleur.

- **Les éléments mobiles du moteur**

Ils sont constitués par : – l'équipage mobile (vilebrequin, bielles, pistons, segments),
– la distribution (arbres à cames, soupapes, ressorts).

– Les caractéristiques du piston :
Il est la paroi mobile du cylindre et réalise les variations de volume nécessaires à la réalisation du cycle.
Il permet de transformer la pression en force motrice ($F = pS$).
Son déplacement accomplit un travail ($W = F\ell$).

– La réalisation du piston :
Moulé, en alliage léger (peu d'inertie).
La tête reçoit la pression, la force produite est transmise à l'axe, les gorges reçoivent les segments, la jupe assure le guidage.

– Les caractéristiques des segments :
1. coup de feu ou première étanchéité,
2. intermédiaire ou deuxième étanchéité,
3. râcleur d'huile.

– Les caractéristiques de la **bielle** :
La bielle effectue la liaison entre le mouvement rectiligne alternatif du piston et le mouvement circulaire continu du vilebrequin.

– La réalisation de la bielle :
En acier matricé : sa section est en général en I afin de limiter les risques de flambage.
La tête est munie de coussinets antifriction dont la couche superficielle fond en cas d'échauffement anormal par défaut de graissage.

POUR ALLER PLUS LOIN

1. *Recherchez les caractéristiques principales d'un bloc moteur à alésage direct et celles d'un carter-cylindre à chemises amovibles.*
Indiquez à chaque fois le type de moteur et sur quel véhicule il peut être monté.
2. *Relevez les caractéristiques des pistons, segments et bielles sur un moteur de votre choix.*

6

LES CARACTÉRISTIQUES DES MOTEURS

Les **moteurs thermiques à combustion interne** se caractérisent principalement par :
- l'**alésage**,
- la **course**,
- le **nombre** et la **disposition** des **cylindres**,
- la **cylindrée**,
- le **rapport volumétrique**,
- le **couple moteur**,
- la **puissance maximale**,
- la **puissance fiscale**.

Qu'entend-on par alésage et course ?

L'**alésage** est le **diamètre intérieur** du cylindre.

La **course** est la distance comprise entre le **point mort haut** (PMH) et le **point mort bas** (PMB) (figure 6.1).

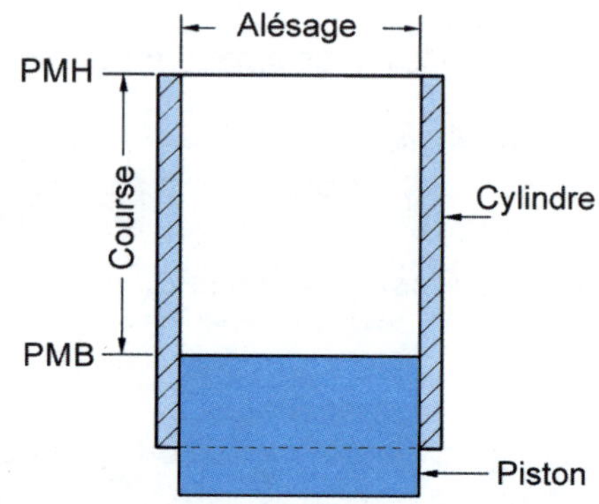

Fig. 6.1 – Alésage et course.

Qu'est-ce que la cylindrée ?

C'est le volume total des cylindres d'un moteur exprimé en centimètres cubes ou en litres.

Comment calculer la cylindrée d'un moteur ?

Cylindrée unitaire (d'un seul cylindre), celle-ci est égale à :

$$\pi\left(\frac{A}{2}\right)^2 C \quad \text{ou} \quad \frac{\pi A^2 C}{4}$$

avec A = alésage en centimètres,
C = course en centimètres.

Cylindrée totale qui est égale à :

$$\boxed{\pi\left(\frac{A}{2}\right)^2 Cn} \quad \text{ou} \quad \boxed{\frac{\pi A^2 Cn}{4}}$$

avec n = nombre de cylindres.

Remarque

On exprime également la cylindrée en **litres**. 1 litre valant 1 000 cm^3, on peut dire, par exemple, qu'un moteur de 2 000 cm^3 est un moteur de 2 litres.

On différencie également les moteurs selon leur rapport alésage/course :
- alésage < course : **moteur à course longue**,
- alésage = course : **moteur carré**,
- alésage > course : **moteur super-carré**.

Qu'appelle-t-on rapport volumétrique ?

C'est le rapport existant entre le volume total du cylindre lorsque le piston est au PMB **(V + v)** (figure 6.2) et le volume restant lorsque le piston est au PMH (*v*) (figure 6.3).

Ce volume (*v*) correspond à la **chambre de combustion**.

Le rapport volumétrique se représente par le signe (rhô) :

$$\rho = \frac{V + v}{v}$$

ρ : rapport volumétrique,
V : cylindrée unitaire,
v : volume de la chambre de combustion.

et le résultat se présente sous la forme d'une fraction.

Exemple

$\frac{8{,}5}{1}$; $\frac{9}{1}$ ou 9 pour 1.

Remarque

Si V croît, v restant constant : ρ croît.
Si v croît, V restant constant : ρ décroît.
Si ρ croît, la pression de fin de compression croît.

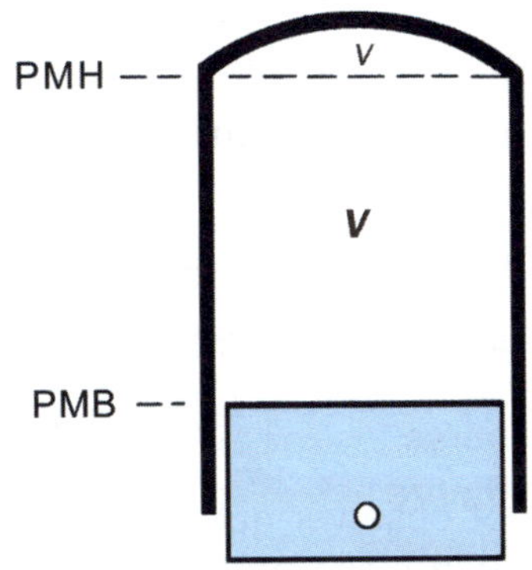

Fig. 6.2 – Volume du cylindre lorsque le piston est au PMB : (V + v).

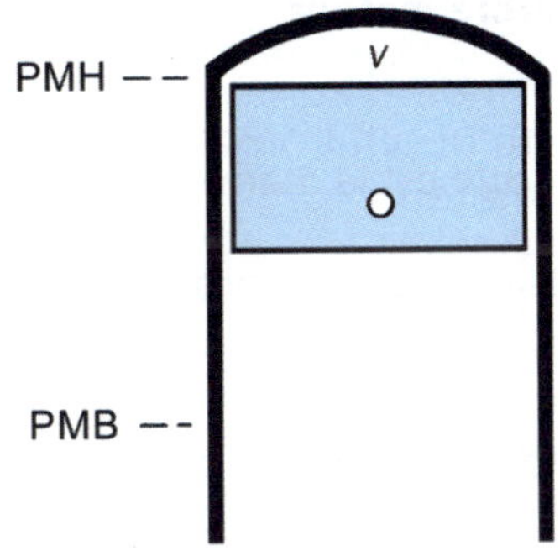

Fig. 6.3 – Volume du cylindre lorsque le piston est au PMH : (v).

Qu'est-ce que le couple moteur ?

La pression qui agit sur la tête du piston lui communique une force d'intensité $F = ps$.

Déterminons l'intensité de la composante efficace de $\vec{F}$ (F_1) sur la bielle : $F_1 = \dfrac{F}{\cos \alpha}$.

Le moment du couple moteur sera :

$$\mathcal{M}_{(O)}(\vec{F_1}) = F_1 \cdot r$$

$$\begin{pmatrix}\text{Moment du couple}\\ \text{de } F_1 \text{ par rapport}\\ \text{à O}\end{pmatrix} = \begin{pmatrix}\text{Force normale}\\ \text{à la bielle}\end{pmatrix} \times \begin{pmatrix}\text{rayon du bras}\\ \text{de manivelle}\end{pmatrix}$$

$\downarrow$ N · m — $\downarrow$ N — $\downarrow$ m

Le moment du **couple moteur** (ou couple moteur) est donc le **produit de la force** sur la bielle **par la longueur du bras** de maneton de vilebrequin (figure 6.4).

Remarque

Le couple est encore assez souvent exprimé en mètres par kilogramme-force qui est une ancienne unité (1 daN ≈ 1 kgf).

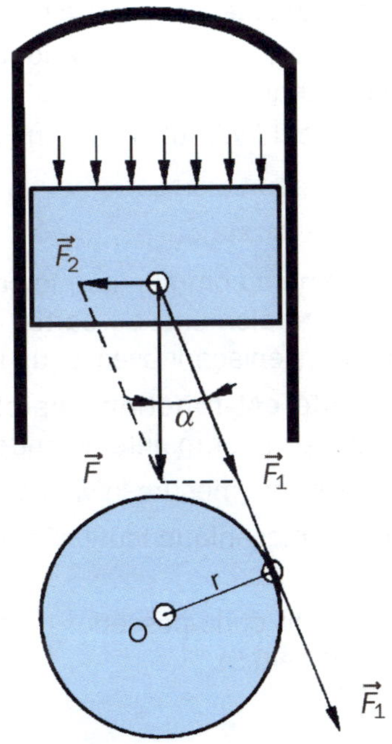

Fig. 6.4 – Décomposition des forces agissant sur le maneton du vilebrequin.

Que sera le travail du couple moteur ?

Le travail (W) est égal au produit de la force sur la bielle (F_1) par le déplacement du point d'application de la force (d ou ℓ) :

$$W = F_1 \cdot \ell$$

$\downarrow$ J — $\downarrow$ N — $\downarrow$ m

Déplacement de la force pour un tour : $\ell = 2\,\pi r$.

Travail de la force pour un tour : $W = F_1 \cdot 2\,\pi r$.

Le produit $F_1\, r$ déterminant le couple moteur, on a :

$$F_1 \cdot r = \mathcal{M}_{(O)}(\overrightarrow{F_1}) = C$$

et $W = F_1 \cdot 2\,\pi\, r = 2\,\pi \mathcal{C}$.

Pour un nombre de tours donnés (n), le travail sera

$$\boxed{W = 2\,\pi n \mathcal{C}.}$$

On peut observer que le couple le plus élevé se situe lorsque la bielle et le bras du vilebrequin forment un **angle de 90°**.

Le couple moteur est donc le résultat du **travail moteur** (W) transmis par l'ensemble bielle-vilebrequin, mesuré sur l'**arbre moteur**.

Comment peut-on mesurer le couple d'un moteur ?

On utilise des appareils qui, reliés directement à l'**arbre moteur**, créent un **couple résistant** tendant à le freiner.

Ces appareils portent le nom de **freins**.

Quel est le principe utilisé par les freins ?

Ces appareils fonctionnent par frottement, l'intensité du frottement étant variable :
- frottement mécanique (frein de Prony),
- frottement électromagnétique (principe du ralentisseur électrique),
- frottement hydraulique (frein Froude).

Principe.

Le frottement communique le couple moteur (partiellement ou totalement) au carter du frein qui pivote sur lui-même, déplaçant avec lui un index mobile.

Le couple est fonction des charges d'équilibrage nécessaires pour maintenir l'index face à l'index fixe.

Un tachymètre mesure la vitesse angulaire.

L'énergie mécanique inutilisée est transformée en chaleur.

Le frein doit donc posséder un système de refroidissement (figure 6.5).

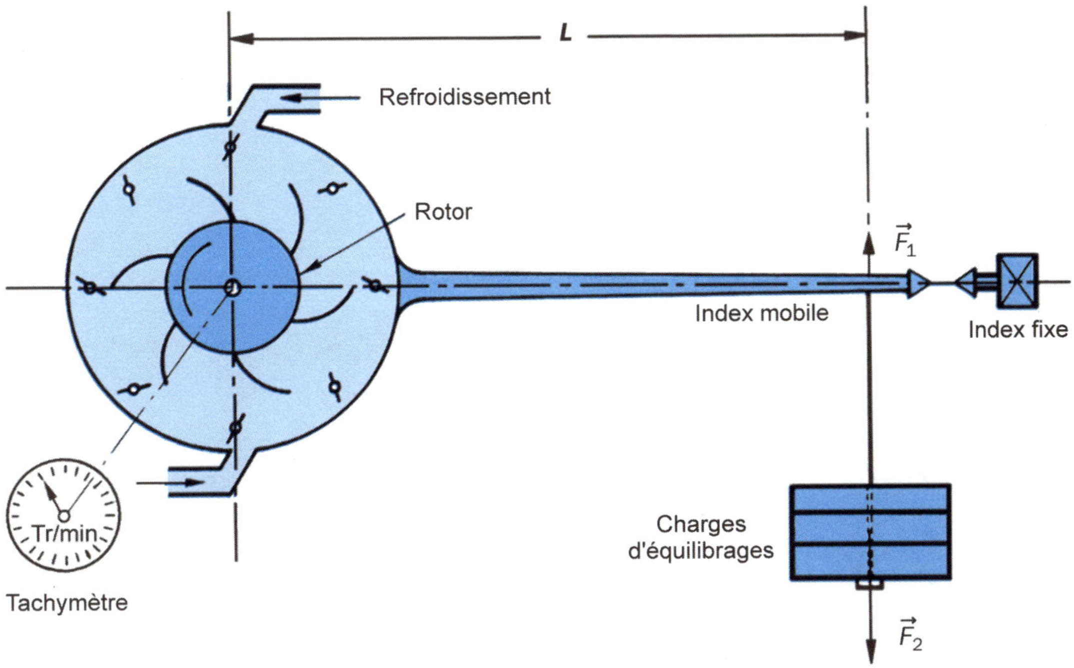

Fig. 6.5 – Principe du frein hydraulique.

Comment calcule-t-on la puissance effective d'un moteur ?

La puissance est égale au quotient du travail par le temps :

$$\frac{\text{travail}}{\text{temps}} = \frac{W\text{ (en joules)}}{t\text{ (en secondes)}} = P\text{ (en watts)}.$$

Soit pour n tours par minute :

$$P = \frac{W}{t} = \mathscr{C} \cdot \frac{2\,\pi n}{60} \quad \text{et} \quad \frac{2\,\pi n}{60} \quad \text{et} \quad \frac{2\,\pi n}{60} = \omega$$

(ω = vitesse angulaire en radians par seconde)

$$P = C \cdot \omega$$

$$\text{watts} = \text{N} \cdot \text{m} \cdot \text{rd/s}$$

Exemple

Couple moteur = 20 daN · m soit 200 N · m ;
vitesse de rotation = 3 000 tr/min :

$$P = \frac{200 \times 2 \times 3{,}14 \times 3\,000}{60} = 62\,800\text{ W, soit } 62{,}8\text{ kW.}$$

Remarque

On peut encore trouver l'ancienne unité de puissance des moteurs qui était le **cheval-vapeur (ch) :**
1 ch = 736 W.

Dans l'exemple ci-dessus, 62,8 kW donneraient :

$$\frac{62{,}8}{0{,}736} \approx 84 \text{ ch.}$$

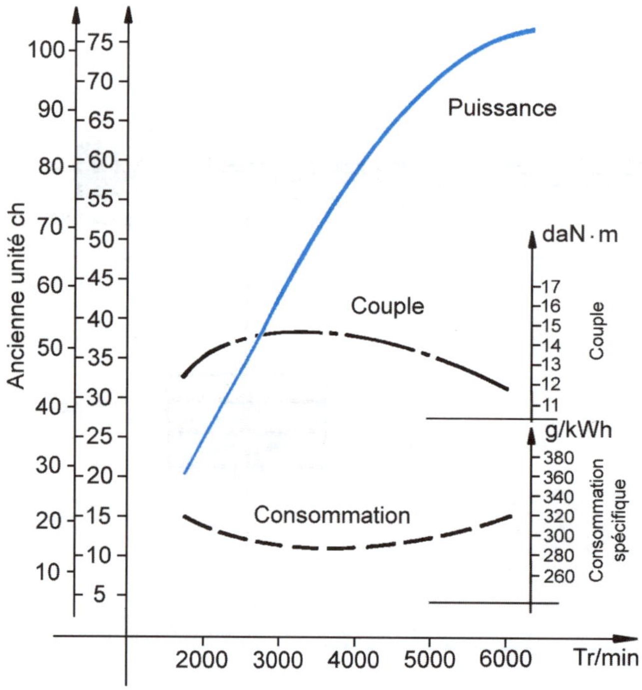

Fig. 6.6 – Courbe de puissance, couple et consommation spécifique d'un moteur.

Les normes ISO (internationale) et AFNOR (française) imposent le **watt** (W) comme **unité de puissance universelle**.

Il existe plusieurs méthodes pour déterminer la puissance effective d'un moteur, elles portent le nom des organismes qui les préconisent ;

• **SAE** *(Society of Automobile Engineers)*. Système américain qui consiste à relever la puissance du moteur **dépourvu de ses accessoires** (pompe à eau, alternateur, ventilateur, etc.), réglages de l'avance à l'allumage et du carburateur réajustés pour chaque régime. Le résultat en est un chiffre assez élevé, les conditions de contrôle en font une puissance idéale assez théorique.

• **DIN** *(Deutsche Industrie Normen)* dite norme européenne. Dans ces essais, le moteur doit entraîner **tous ses accessoires**, les réglages ne pouvant pas être modifiés en cours d'essai (réglages de série).

Il s'agit donc d'une puissance effective plus proche de la réalité.

• **CUNA**. Système italien, compromis entre les normes DIN et SAE : **pas d'accessoires** comme pour les essais SAE, mais des **réglages de série** comme pour le système DIN.

Qu'est-ce que la puissance fiscale ?

Cette puissance, exprimée en **chevaux-vapeur fiscaux (CV)** a été instaurée par les services fiscaux français afin de pouvoir calculer certains impôts sur les automobiles.

On l'appelle également **puissance administrative**.

Son calcul est bien effectué à partir des **caractéristiques du moteur**, mais les **coefficients** qui sont appliqués donnent un résultat très éloigné de la puissance effective.

> **Exemple**
>
> Moteur 1 500 cm^3 ; **8 CV fiscaux** ; **50 ch effectifs** ;
> 36,8 kW ISO.

Couple, puissance et consommation spécifiques.

- **Couple spécifique :** couple moteur pour un litre de cylindrée **(daN · m/L)**.
- **Puissance spécifique :** puissance effective (DIN ou SAE) pour un litre de cylindrée **(kW/L)**.
- **Consommation spécifique :** masse du combustible en grammes, en fonction de l'énergie fournie **(g/kWh)**.

MÉMO

- **Caractéristiques générales des moteurs**
  Alésage : diamètre des cylindres.
  Course : distance entre le point mort haut (PMH) et le point mort bas (PMB).
  Cylindrée unitaire : volume d'un cylindre.
  Cylindrée totale : volume de tous les cylindres du moteur.
- **Calcul de la cylindrée (en cm³)**

  Cylindrée unitaire : $\pi\left(\frac{A}{2}\right)^2 C$ ou $\frac{\pi A^2 C}{4}$

  Cylindrée totale : $\pi\left(\frac{A}{2}\right)^2 Cn$ ou $\frac{\pi A^2 Cn}{4}$
- **Rapport volumétrique :** $\rho = \frac{V+v}{v}$.
- **Couple moteur** (en N · m ou daN · m)
  $C = F_1 \cdot r$.
  Travail mesuré à l'arbre moteur pour un tour : $W = 2\pi C$ et pour n tours : $W = 2\pi nC$.
- **Appareils de mesure des couples et des puissances**
  Freins mécaniques, électromagnétiques, hydrauliques.
- **Puissance effective (en watts)**
  $P = \frac{2\pi nC}{60}$
  $P = C \cdot \omega$ en (N · m · rad/s).
- **Puissance fiscale (en CV)**
  Valeur permettant d'établir une classification des véhicules, par les Services Fiscaux français.
- **Puissance spécifique (en kW/L)**
  Puissance effective pour un litre de cylindrée.

POUR ALLER PLUS LOIN

1. *Calculez la cylindrée d'un moteur quatre cylindres ayant les caractéristiques suivantes : alésage 77 mm ; course 65,6 mm.*
2. *Calculez le rapport volumétrique du même moteur sachant que v = 38 cm³.*
3. *Calculez la puissance effective d'un moteur tournant à 6 000 tr/min, dont le couple moteur est de 12 daN · m à ce régime. Donnez le résultat en kilowatts.*
4. *Recherchez les caractéristiques d'un moteur de votre choix.*

TESTS

1• Quelle est la forme d'énergie qui permet de transformer le carburant en énergie mécanique ?	a. énergie thermique ☐ b. énergie cinétique ☐ c. énergie électrique ☐
2• La ligne d'arbre est :	a. l'axe des cylindres ☐ b. l'axe des paliers ☐ c. l'axe des manchons ☐
3• Indiquez deux qualités communes aux matières qui composent les culasses et les blocs moteurs (fonte et alliage léger) (2 réponses).	a. légèreté ☐ b. maniabilité ☐ c. conductibilité thermique ☐ d. indéformabilité ☐
4• L'alésage du moteur est :	a. la hauteur du cylindre ☐ b. le diamètre du cylindre ☐ c. le volume du cylindre ☐
5• Quelle est la cylindrée d'un moteur ayant les caractéristiques suivantes : alésage 70 mm, course 62 mm ?	a. 1 330 cm^3 ☐ b. 954 cm^3 ☐ c. 4 540 cm^3 ☐
6• Comment nomme-t-on le type de moteur décrit à la question 5 ?	a. moteur carré ☐ b. moteur super carré ☐ c. moteur à course longue ☐
7• Quel est le rapport volumétrique de ce moteur sachant que le volume de la chambre de combustion est de 30 cm^3 ?	a. 8,9/1 ☐ b. 9,4/1 ☐ c. 9,7/1 ☐
8• Si l'on rectifie le plan de joint de culasse :	a. le rapport volumétrique augmente ☐ b. le volume du cylindre augmente ☐ c. le rapport volumétrique diminue ☐
9• Quelle est la puissance maximale d'un moteur sachant que son couple est de 7,2 daN · m à 5 500 tr/min ?	a. 41 kW ☐ b. 57 kW ☐ c. 83 kW ☐

Fonction-nement du moteur

CHAPITRE 3

7

LE CYCLE À QUATRE TEMPS

Rappelons ce qu'est un cycle de fonctionnement.

Il s'agit d'une série d'opérations qui se succèdent dans un ordre déterminé et à la fin desquelles le mécanisme se retrouve dans sa position de départ.

Étudions le principe du cycle à quatre temps.

N° du temps	Nom de la phase	Déplacements		Positions des soupapes		Opérations
		piston	vilebrequin	adm.	échap.	
Premier temps	admission	↓	1/2 tour	O*	F*	Le piston en descendant crée une baisse de pression favorisant l'aspiration des gaz.
Deuxième temps	compression	↑	1/2 tour	F	F	Le piston comprime les gaz jusqu'à ce qu'ils n'occupent plus que la chambre de combustion (pression + chaleur).
Troisième temps	inflammation détente temps moteur	↓	1/2 tour	F	F	L'étincelle d'une bougie (ou l'injection de gazole comprimé) enflamme le mélange. La chaleur dégagée dilate le gaz qui pousse violemment le piston vers le bas.
Quatrième temps	échappement	↑	1/2 tour	F	O	En remontant, le piston chasse les gaz brûlés. Le moteur est à nouveau prêt à effectuer le premier temps.

* (O = ouvert ; F = fermé)

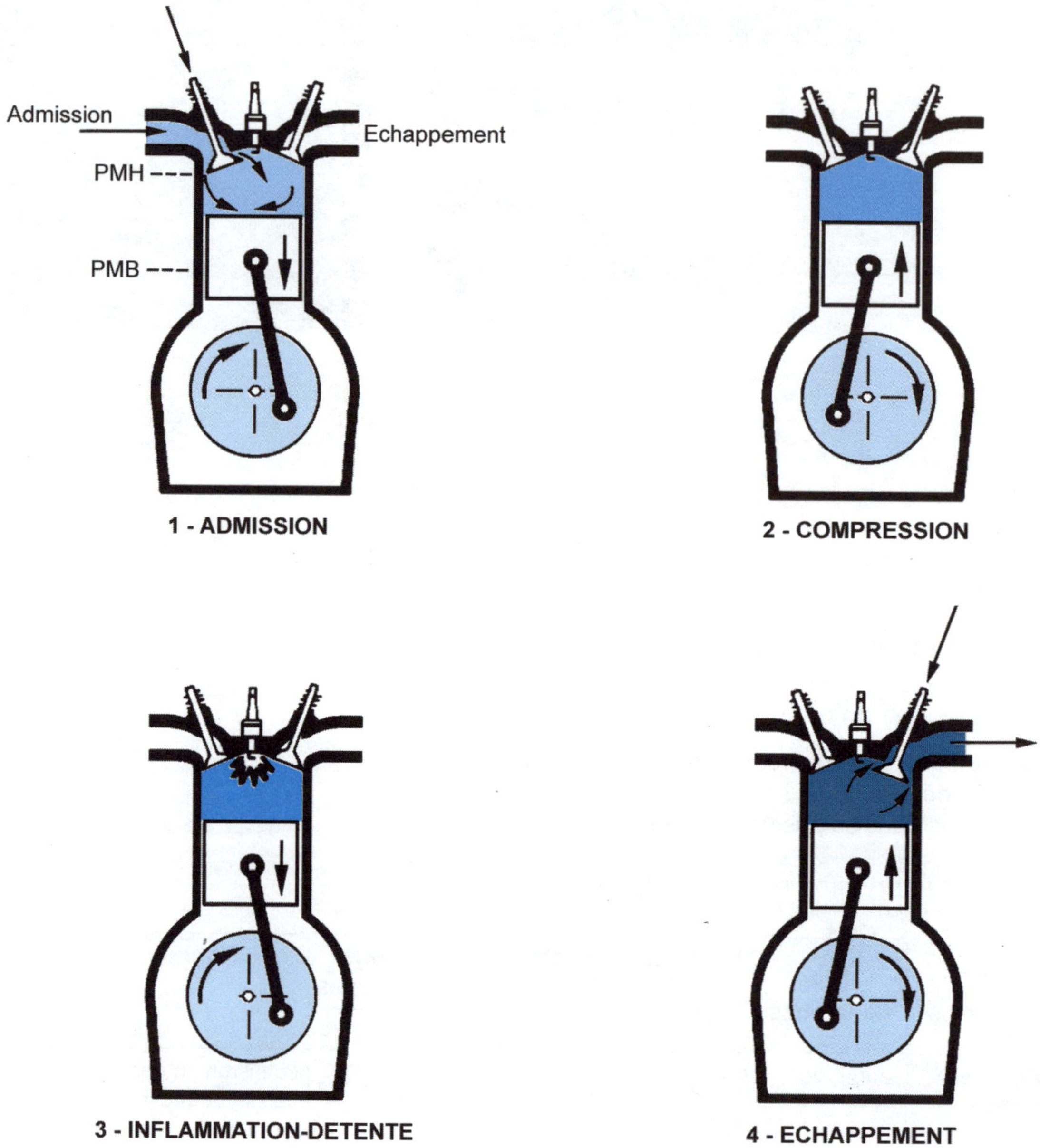

Fig. 7.1 – Principe du cycle à quatre temps.

Récapitulons :

PMH 0° → PMB 180°	PMB 180° → PMH 360°	PMH 360° → PMB 540°	PMB 540° → PMH 720°
admission	**compression**	**inflammation -détente**	**échappement**
1er tour		2e tour	

Remarque

Nous constatons qu'il n'y a qu'un **temps moteur** tous les **deux tours de vilebrequin**. Pour éviter les à-coups, on est obligé de placer un disque de fonte appelé volant moteur en bout de vilebrequin (figure 7.2).

Fig. 7.2 – Équipage mobile et son volant moteur (Document Renault).

Le rôle du cycle à quatre temps est de **régulariser** le mouvement de rotation de l'arbre moteur. Grâce à sa masse, il emmagasine une partie de l'énergie mécanique au temps moteur et la restitue aux temps résistants.

Lorsqu'il y a plusieurs cylindres, on répartit les explosions afin que les temps moteurs se succèdent régulièrement dans les divers cylindres (voir 10 page 76).

Quelle est la nature des phénomènes se produisant dans le moteur ?

Nous voyons que le fonctionnement du moteur est lié aux **évolutions** subies par une **masse de gaz** dans un cylindre à volume variable.

Comment peut-on mettre en évidence les variations de volume et de pression ?

La figure 7.3 décrit les coordonnées du diagramme des variations de volume et de pression.

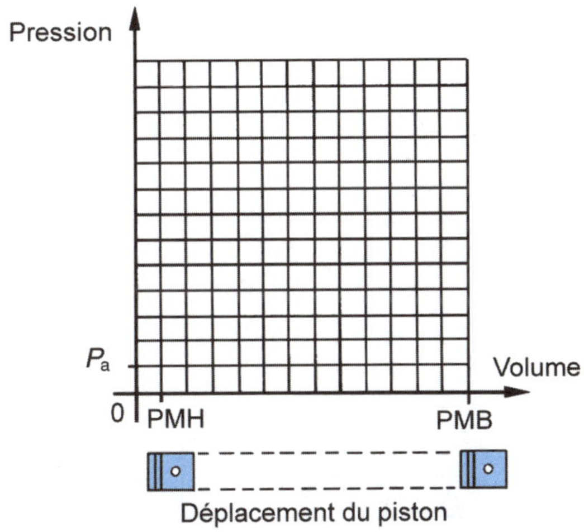

Fig. 7.3 – Coordonnées d'un diagramme.

Construisons le diagramme théorique d'un moteur quatre temps.

Temps	Course du piston	Position des soupapes	Volume	Pression	Température	Représentation graphique
Admission	du PMH au PMB	adm. : O échap. : F	↗	p_a	extérieure	**Fig. 7.4** 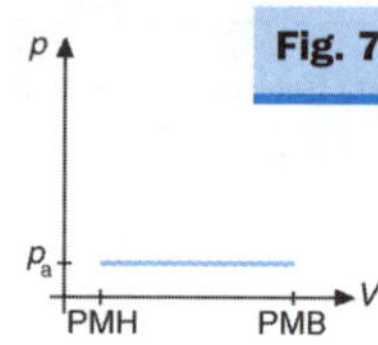 Droite // à l'axe horizontal
Compression	du PMB au PMH	adm. : F échap. : F	↘	↗	↗	**Fig. 7.5** 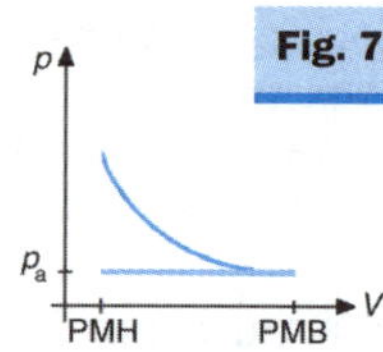 Courbe ascendante
Inflammation	PMH	adm. : F échap. : F	=	↗	↗	**Fig. 7.6** 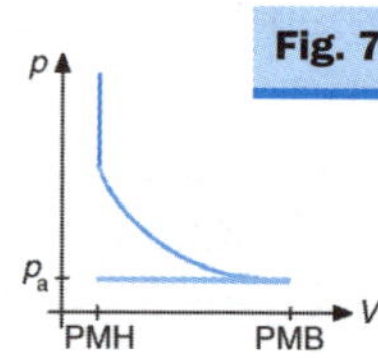 Droite // à l'axe vertical
Détente	du PMH au PMB	adm : F échap. : F	↗	↘	↘	**Fig. 7.7** 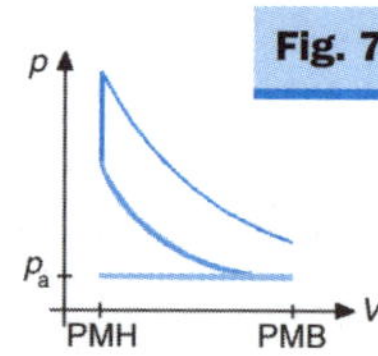 Courbe descendante
Échappement	PMB	adm. : F	=	↘	↘	**Fig. 7.8** 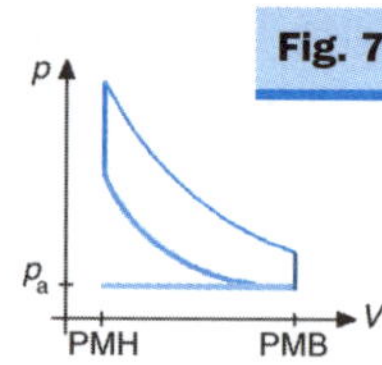 Droite verticale
Échappement	du PMB au PMH	adm. : F échap. : C	↘	p_a	extérieure	**Fig. 7.9** 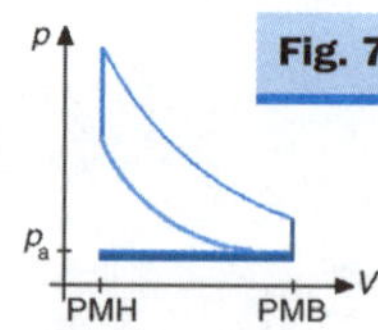 Droite horizontale confondue avec l'admission

Nous pouvons mettre en évidence les variations de volume et de pression par un **diagramme** (figure 7.10) dans lequel nous plaçons :

– **en abscisses** (horizontalement), les déplacements du piston ou **variations de volume** ;

– **en ordonnées** (verticalement), les **variations de pression**, la pression extérieure étant la pression atmosphérique symbolisée par p_a.

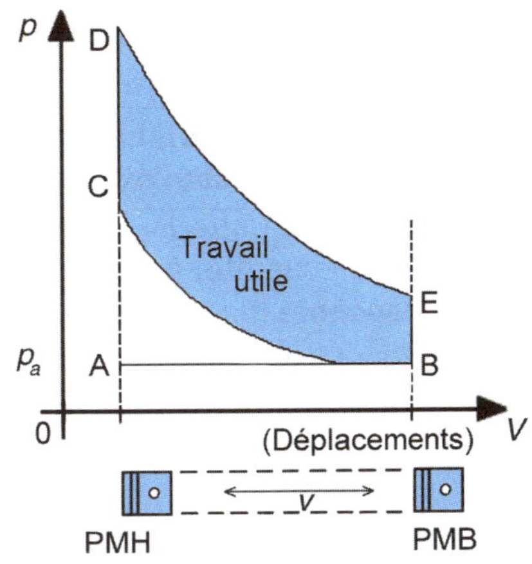

Fig. 7.10 – Diagramme théorique d'un moteur.

Pourquoi qualifie-t-on ce diagramme de théorique ?

Ce diagramme est dit **théorique**, car il est volontairement simplifié et ne tient pas compte des facteurs suivants :

– temps mis par les soupapes à s'ouvrir,
– délai d'inflammation du mélange,
– inertie des gaz,
– échanges de chaleur avec l'extérieur.

Peut-on évaluer le travail fourni par un moteur ?

Le travail développé par une force est égal au **produit** de la **force** par son **déplacement** :

$$W = Fd$$

W = travail en joules,
F = force en newtons,
d = déplacement en mètres.

Si nous considérons que la pression des gaz est transformée en force par le piston ($F = ps$), nous pouvons évaluer le travail fourni par le moteur en observant le diagramme (figure 7.10).

Le **travail moteur** est représenté par l'aire ADEBA.

Les **temps résistants** sont représentés par l'aire ABCA.

Le **travail utile** du moteur est :

(travail moteur ADEBA) – (temps résistants ABCA).

Les variations qui se produisent sont liées aux lois de la **thermodynamique**.

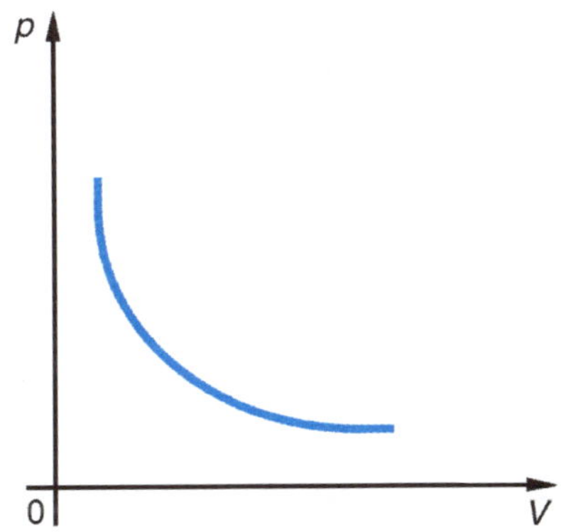

Fig. 7.11 – Loi de Mariotte.

Qu'est-ce que la thermodynamique ?

La thermodynamique est une branche de la Physique qui étudie les relations entre l'énergie thermique et l'énergie mécanique.

Quelles sont les lois qui ont permis de construire ce diagramme ?

• **Loi de Mariotte.** À température constante, le produit du volume d'une masse de gaz par sa pression est constant (figure 7.11) :

$$pV = \text{cte} \quad \text{à température constante}$$

c'est une évolution **isotherme**.

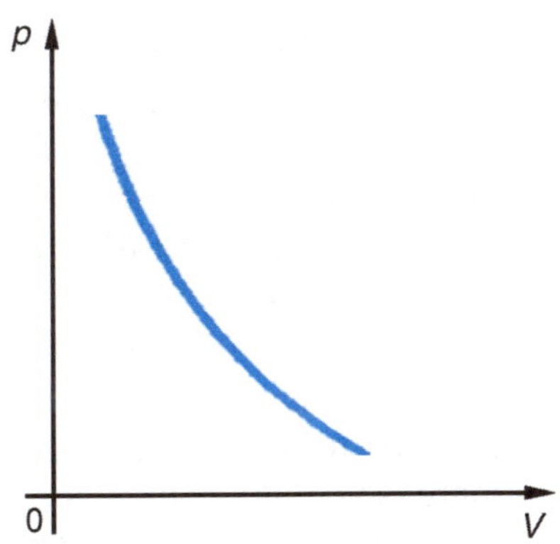

Fig. 7.12 – Loi de Poisson.

• **Loi de Poisson**. La transformation du gaz, en tenant compte de la température, devient (figure 7.12) :

$$pV^{\gamma} = \text{cte}$$

c'est une évolution **adiabatique**, c'est-à-dire sans échange de chaleur avec l'extérieur.

• **Loi de Charles**. Cette loi étudie la variation de pression d'un gaz échauffé, à volume constant : c'est une évolution **isochore** (figure 7.13).

• **Loi de Gay-Lussac**. Cette loi étudie les variations de volume d'un gaz chauffé. Cette évolution se fait à pression constante : elle est donc **isobare** (figure 7.14).

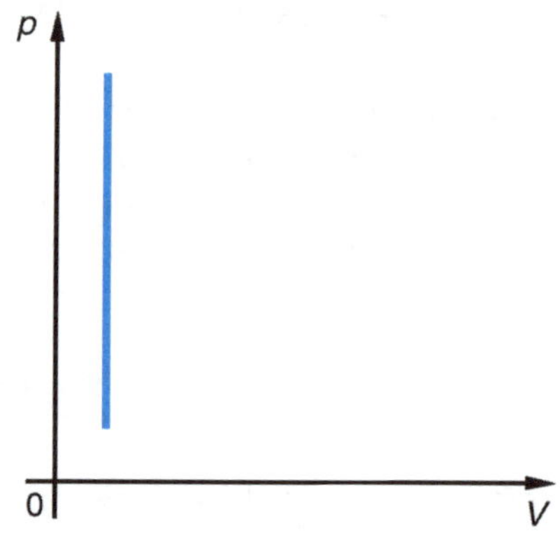

Fig. 7.13 – Loi de Charles.

Le cycle théorique se vérifie-t-il dans la pratique ?

Non, puisque par simplification, nous avions volontairement omis certains phénomènes qui ont leur importance.

Exemples

La mise en mouvement d'un **fluide gazeux** s'effectue avec un certain **retard** par rapport au moment de sa commande ou de son arrêt. Ceci est dû à son **inertie**.

Les variations de température sont modifiées par les échanges de chaleur avec l'extérieur.

La combustion complète du mélange demande un certain temps.

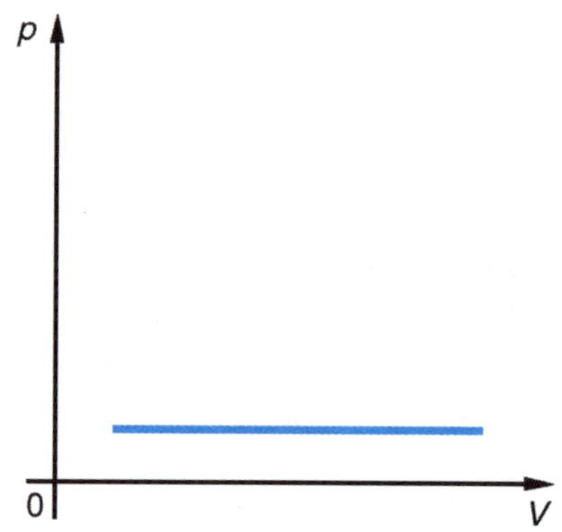

Fig. 7.14 – Loi de Gay-Lussac.

Que devient réellement le diagramme lorsque le moteur fonctionne (figure 7.15) ?

1. **Admission (courbe AB)**. La pression p est supérieure à p_a du fait de l'accumulation des gaz dans la tubulure d'admission, puis le recul rapide du piston crée une baisse de pression dans la deuxième partie de AB :

$$p < p_a \text{ au point B}$$

2. **Compression (courbe BC)**. La courbe de compression se trouve en dessous de la courbe théorique, puisque son point de départ B est en dessous de p_a. Elle est également modifiée par les échanges de chaleur.

3. **Inflammation détente (courbe CDE)**. Pendant le temps que dure la combustion, le piston recule. La verticale va s'abaisser en une courbe dont la **pression maximale sera plus faible**. De plus, pendant la détente, les gaz chauds perdent une partie de leur chaleur. La pression décroît plus rapidement que dans le moteur théorique.

4. **Échappement (courbe EA)**. La chute de pression se fait progressivement pour n'approcher la pression à l'admission qu'en fin de course du piston. Pendant toute la course, il règne une **contre-pression due à la poussée rapide du piston**.

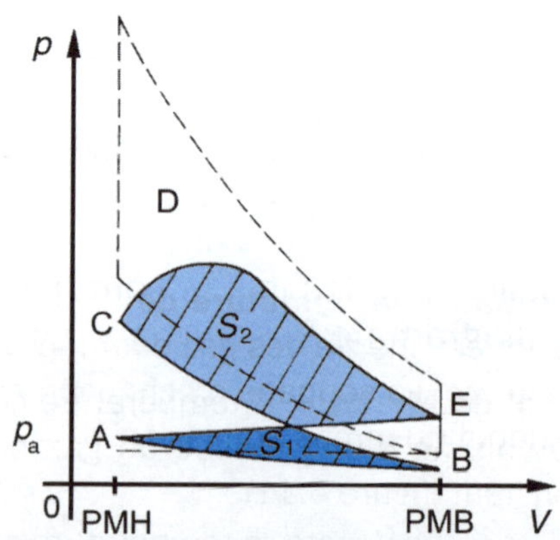

Fig. 7.15 – Diagramme réel avant réglage.

Quelles conclusions peut-on tirer de cette observation ?

1. Les temps utiles perdent une partie de leur surface.
2. Les temps résistants augmentent (figure 7.15) :

$$S_2 - S_1 = \textbf{travail utile insuffisant}$$

Comment remédier à ces inconvénients ?

Il est nécessaire, pour remédier à ces inconvénients, d'**augmenter le temps d'ouverture des soupapes** afin d'éviter le freinage des gaz.

Le **point d'allumage devra être avancé** pour tenir compte du délai d'inflammation.

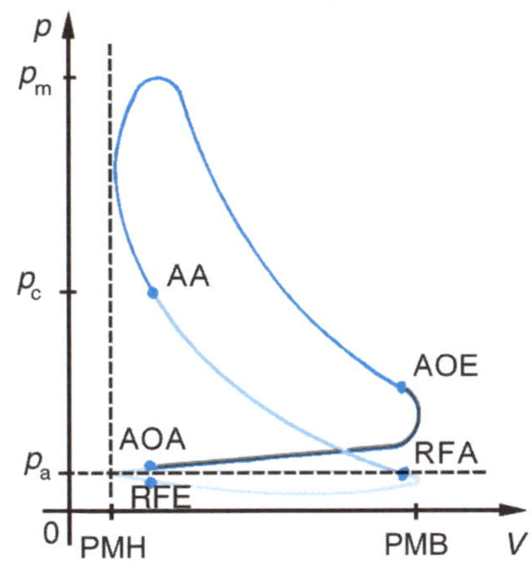

Fig. 7.16 – Diagramme réel après réglage.

Découvrons les réglages à apporter au diagramme réel (figure 7.16).

• **Avance à l'ouverture de l'admission (AOA)**. Cette avance évite l'arrêt de la veine gazeuse devant une soupape fermée et **améliore ainsi le taux de remplissage**.

La soupape d'admission s'ouvrira donc **avant** la fermeture complète de la soupape d'échappement. Il n'y a pas de risque de mélange avec les gaz d'échappement, car les gaz frais, par la vitesse acquise (inertie), chassent les gaz brûlés en pénétrant dans le cylindre.

Remarque

Le taux de remplissage est le rapport entre la quantité de mélange admis dans les cylindres et la quantité théoriquement admissible ; taux de remplissage maximal = 1 ; taux de remplissage moyen = 0,5.

• **Retard à la fermeture de l'admission (RFA)**. On profite de l'inertie des gaz pour augmenter le remplissage et ne refermer la soupape qu'**après le PMB**. La diminution du temps de compression est compensée par une **pression de début de compression plus élevée**.

• **Avance à l'allumage (AA)**. Elle permet de répartir l'explosion de part et d'autre du PMH. La **pression** maximale se trouve ainsi augmentée.

• **Avance à l'ouverture de l'échappement (AOE)**. Elle permet d'avancer la chute de pression des gaz brûlés afin de limiter leur tendance à la contre-pression.

• **Retard à la fermeture de l'échappement (RFE)**. On profite de l'inertie des gaz pour faciliter leur **évacuation complète**. La soupape d'échappement se fermera donc au début du temps admission.

Remarque

L'aire S_2 a augmenté, l'aire S_1 a diminué. Le **travail utile** du moteur est **plus important** (figure 7.17).

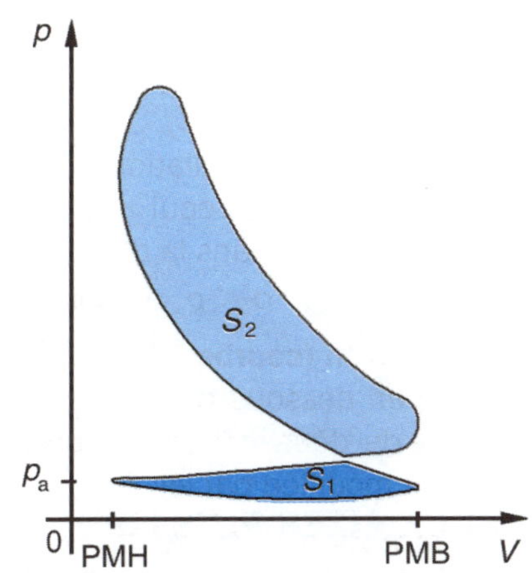

Fig. 7.17 – Comparaison des aires du diagramme.

MÉMO

- **Principe du cycle à quatre temps**
  Le cycle à quatre temps s'effectue en quatre courses de piston, soit deux tours de vilebrequin.
  La rotation du vilebrequin pendant le cycle est égale à : $360° \times 2 = 720°$.
  Le temps moteur est le troisième temps : inflammation-détente.
  Les trois autres temps – admission, compression et échappement – sont appelés temps résistants.
- **Diagramme théorique**
  Diagramme idéal ne tenant pas compte de certains phénomènes se produisant dans le cylindre.
  On place les variations de volume en abscisses (horizontalement) et les variations de pression en ordonnées (verticalement).
- **Notions de travail**
  Le travail moteur est calculé par la formule $W = Fd$.
  Le travail utile du moteur est égal à l'aire totale du diagramme moins l'aire représentée par les temps résistants.
- **Lois de thermodynamique**
  Mariotte : évolution isotherme (pV = cte).
  Charles : évolution isochore (à volume constant).
  Poisson : évolution adiabatique (pV^{γ} = cte).
  Gay-Lussac : évolution isobare (à pression constante).
- **Critique du diagramme théorique**
  Les hypothèses de départ ne sont pas vérifiées :
  – l'ouverture des soupapes n'est pas instantanée ;
  – la combustion ne se fait pas dans un temps nul ;
  – la pression ne s'équilibre pas dès qu'une soupape est ouverte ;
  – il se produit des échanges de chaleur avec l'extérieur.
- **Diagramme réel avant réglage**
  Travail utile insuffisant et temps résistants trop importants.
- **Diagramme réel après réglage**
  – Avance à l'ouverture de l'admission (AOA) avant le PMH et retard à la fermeture de l'admission (RFA) après le PMB : l'amélioration du remplissage permet d'obtenir une pression de début de compression plus élevée.
  – L'avance à l'allumage (AA) répartit la combustion de part et d'autre du PMH : il se produit une augmentation de la pression et de la durée du temps détente.
  – Avance à l'ouverture de l'échappement (AOE) avant le PMB et retard à la fermeture de l'échappement (RFE) après le PMH.
  – Diminution de l'aire des temps résistants.
- **Dispositions technologiques**
  Dans les moteurs, ces réglages sont réalisés par la distribution.

POUR ALLER PLUS LOIN

1. *Sachant que la pression de début de compression d'un moteur est de 1 bar et sa cylindrée unitaire de 400 cm^3, calculez la pression de fin de compression sachant que v est égal à 40 cm^3. Nous supposerons que la température reste constante.*
2. *Quelles modifications faudra-t-il apporter aux aires des diagrammes pour augmenter le travail utile des moteurs ?*
3. *Recherchez dans des manuels techniques les réglages de la distribution sur deux moteurs de votre choix.*
4. *Indiquez le type du moteur et la valeur des réglages pour chacun d'eux.*

8

L'ÉPURE DE DISTRIBUTION

Rappelons quels sont les réglages apportés au moteur afin d'augmenter son travail.

Pour le temps admission :

AOA = avance à l'ouverture de l'admission,
RFA = retard à la fermeture de l'admission.

Pour le temps échappement :

AOE = avance à l'ouverture de l'échappement,
RFE = retard à la fermeture de l'échappement.

Quelles sont les positions respectives du piston aux points d'ouverture et de fermeture des soupapes ?

Le piston se trouve quelques millimètres **avant** ou **après les points morts** au moment des avances et des retards (figure 8.1).

Exemple

En AOA, le piston se trouve **quelques millimètres avant** le PMH, vers la fin du temps échappement du cycle précédent.
On observe que dans cette position, le **maneton de bielle** se trouve positionné **quelques degrés avant** la verticale.
En constatant qu'à chaque position du piston correspond une position angulaire du vilebrequin, nous pouvons indiquer les valeurs des réglages :
– **soit en millimètres de course du piston**,
– **soit en degrés de rotation du vilebrequin**.
Si nous supposons que la maneton de bielle laisse une trace sur son sillage pendant sa rotation, nous pouvons tracer l'**épure circulaire des angles de distribution**.

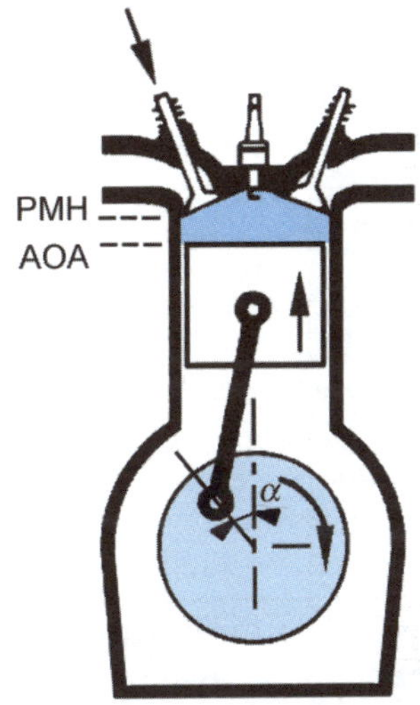

Fig. 8.1 – Positions respectives des éléments en AOA.

Qu'est-ce que l'épure circulaire ?

L'épure circulaire des angles de distribution est la représentation graphique qui permet de visualiser les angles de la distribution d'un moteur (figures 8.2 à 8.12).

Réglage temps	Position piston	Position vilebrequin	Position relative soupape-piston-vilebrequin	Tracé de l'épure circulaire
AOA début admission	*x* millimètres avant PMH	*x* degrés avant PMH	**Fig. 8.2** 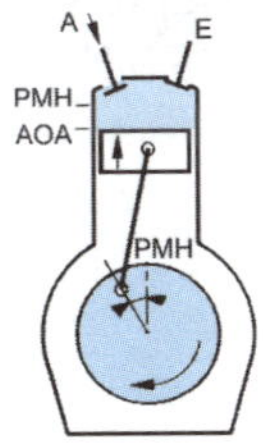	**Fig. 8.3** 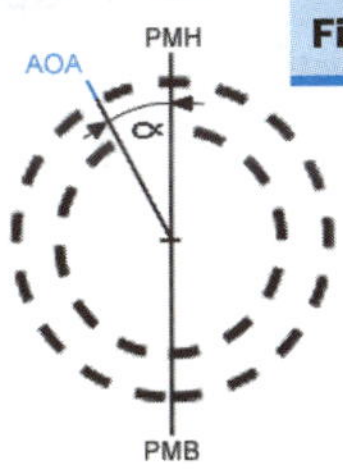

Réglage temps	Position piston	Position vilebrequin	Position relative soupape-piston-vilebrequin	Tracé de l'épure circulaire
RFA fin adm.	*x* millimètres après PMB	*x* degrés après PMB	**Fig. 8.4** 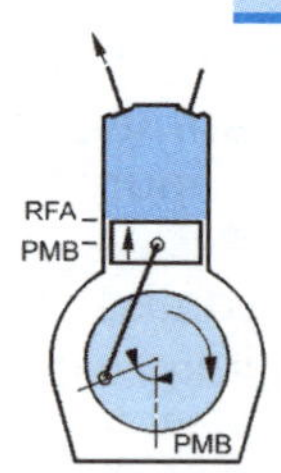	**Fig. 8.5** 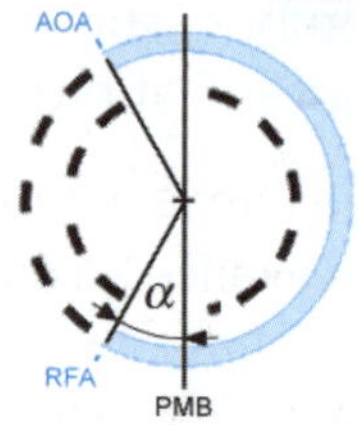
AA fin comp.	*x* millimètres avant PMH	*x* degrés avant PMH	**Fig. 8.6** 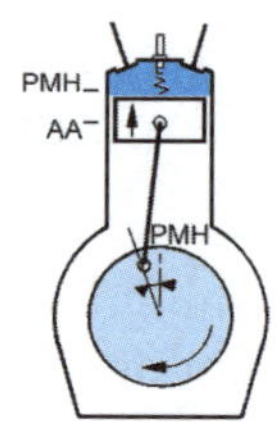	**Fig. 8.7** 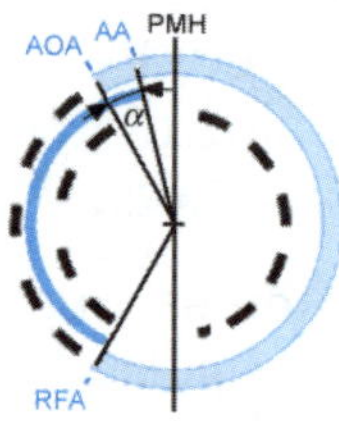
Inflam. détente			Temps moteur	**Fig. 8.8** 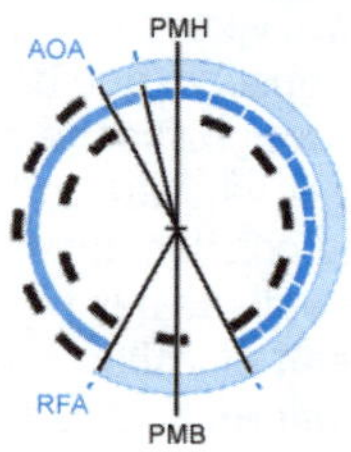
AOE début échap.	*x* millimètres avant PMB	*x* degrés avant PMB	**Fig. 8.9** 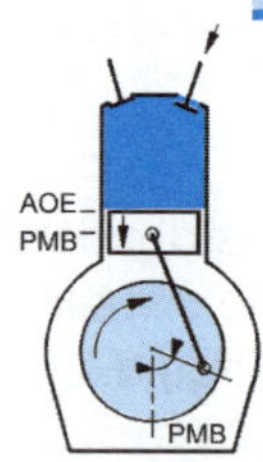	**Fig. 8.10** 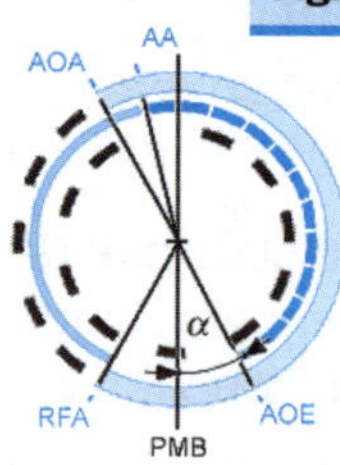
RFE fin échap.	*x* millimètres après PMH	*x* degrés après PMH	**Fig. 8.11** 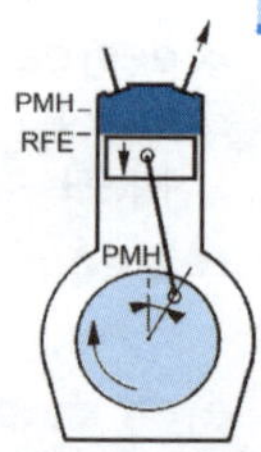	**Fig. 8.12** 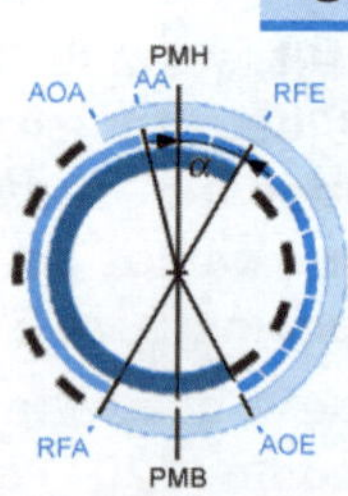

Nous constatons que, comme dans le diagramme réel, le temps échappement se termine alors que le temps admission est déjà commencé.

On appelle ce point le **croisement des soupapes**, ou **balance des soupapes**.

Les épures peuvent posséder des angles indifférents (épures asymétriques) (figure 8.13) ou des angles tels que AOA = RFE et AOE = RFA (épures symétriques) (figure 8.14).

Remarque

Les épures circulaires se représentent toujours en tournant **vers la droite** quel que soit le sens réel de rotation du moteur.

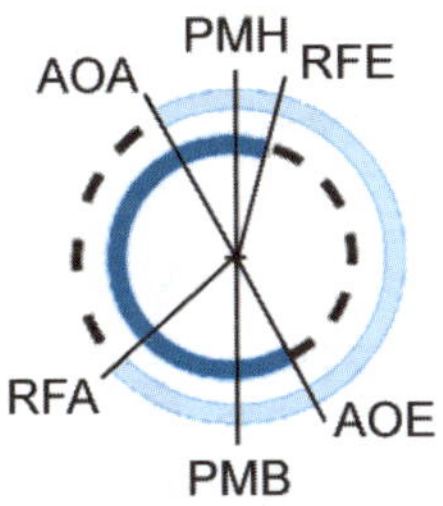

Fig. 8.13 – Épure asymétrique.

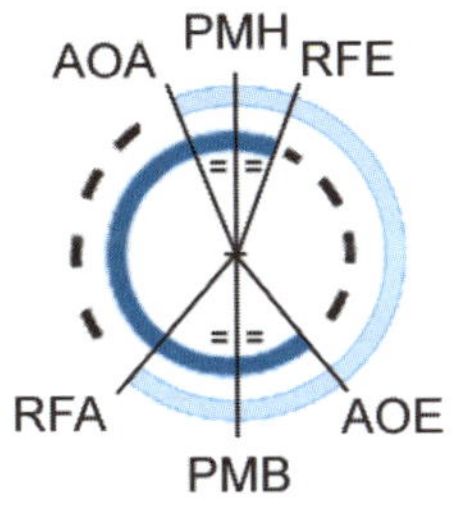

Fig. 8.14 – Épure symétrique.

Quel est le moyen technique utilisé pour commander les soupapes ?

Chaque soupape est commandée par une came (figure 8.15). L'ensemble des cames est monté sur un arbre appelé arbre à cames.

Les cames permettent de transformer le mouvement de rotation de l'arbre en un mouvement rectiligne alternatif des soupapes.

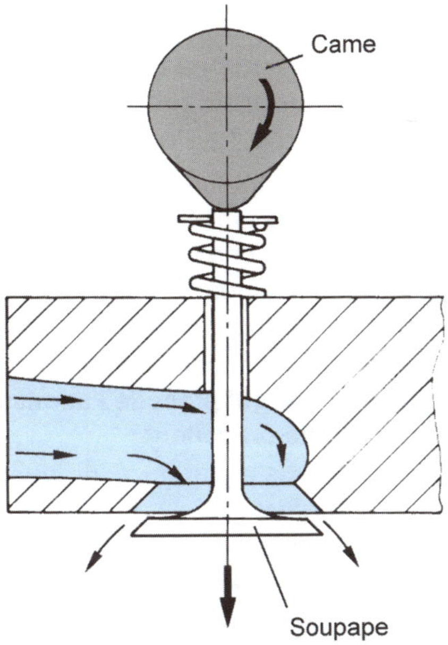

Fig. 8.15 – Commande des soupapes.

Comment les angles de distribution sont-ils réalisés ?

L'ensemble arbre à cames-vilebrequin devra posséder un système de **liaison** parfaitement **synchronisé**.

Quelle devra être la vitesse de rotation de l'arbre à cames par rapport à celle du vilebrequin ?

Si nous observons l'épure circulaire, nous voyons que, sur les deux tours de vilebrequin, chaque soupape – admission ou échappement – ne s'ouvre qu'une fois. **L'arbre à cames devra donc tourner à demi-vitesse du vilebrequin** (figure 8.16).

Le cycle à quatre temps est réalisé en **deux tours de vilebrequin (720°) et un tour d'arbre à cames (360°).**

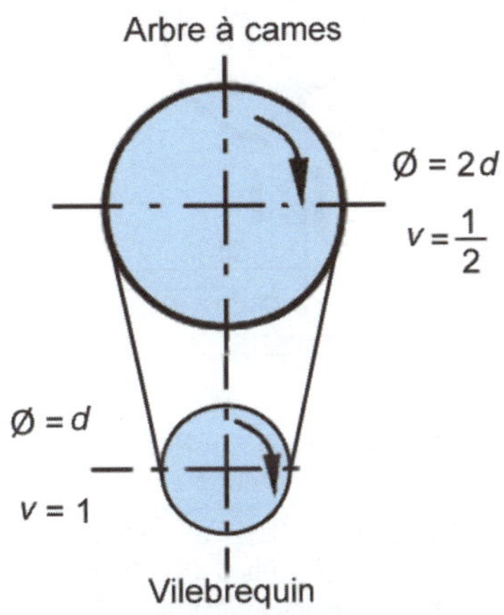

Fig. 8.16 – Liaison arbre à cames-vilebrequin.

Quel sera l'angle de rotation de l'arbre à cames pour chaque temps ?

Exemple (figure 8.17)

Si AOA = 15° et RFA = 45°, l'angle total parcouru pendant l'admission par le vilebrequin est :

$$15 + 180 + 45 = 240°.$$

L'angle parcouru par le vilebrequin pendant un temps est égal à : angle d'avance à l'ouverture + 180° + angle de retard à la fermeture.

$$\alpha_{\text{vileb}} = \text{AOA} + 180° + \text{RFA}$$

Puisque, lorsque le vilebrequin fait un tour, l'arbre à cames n'en fait qu'un demi, si le vilebrequin tourne de 240°, l'arbre à cames tournera de : 240/2 = 120° (figure 8.18).

L'angle parcouru par l'arbre à cames pendant un temps est égal à : angle parcouru par le vilebrequin divisé par deux.

$$\alpha_{\text{arbre à cames}} = \frac{\alpha_{\text{vileb}}}{2}$$

Comment les cames d'admission et d'échappement sont-elles positionnées l'une par rapport à l'autre ?

Dans le cycle moteur, les quatre temps se succèdent dans l'ordre suivant : admission, compression, explosion-détente et échappement. Les temps dans lesquels il y a un mouvement de soupape sont l'admission et l'échappement (figure 8.19).

Le cycle recommençant après chaque temps échappement, **le temps qui précède l'admission est l'échappement du cycle précédent**.

Les soupapes s'ouvriront donc dans l'ordre **échappement-admission**.

La came d'**échappement** sera positionnée environ un **quart de tour en avant de la came d'admission** dans le sens de rotation de l'arbre à came (figure 8.20).

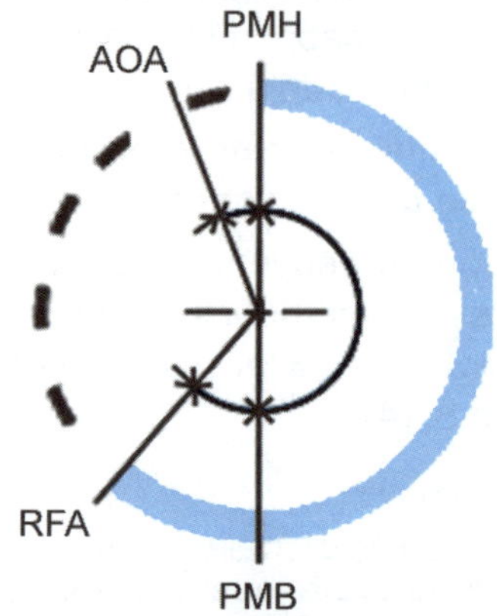

Fig. 8.17 – Angle du temps d'admission. $\alpha_{\text{vileb}} = \text{AOA} + 180° + \text{RFA}$

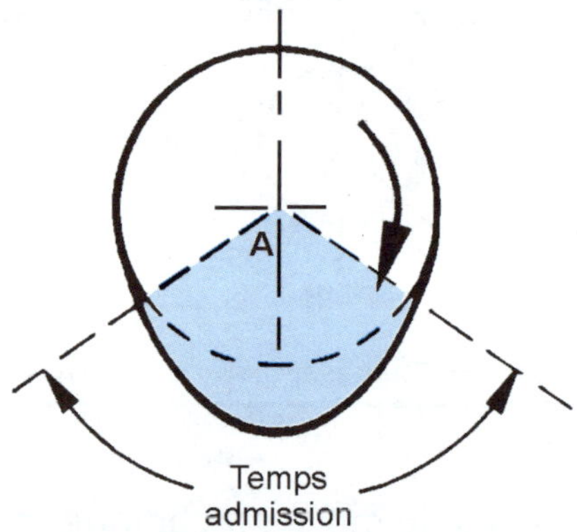

Fig. 8.18 – Angle du temps échappement. $\alpha_{\text{arbre à cames}} = \frac{\alpha_{\text{vileb}}}{2}$

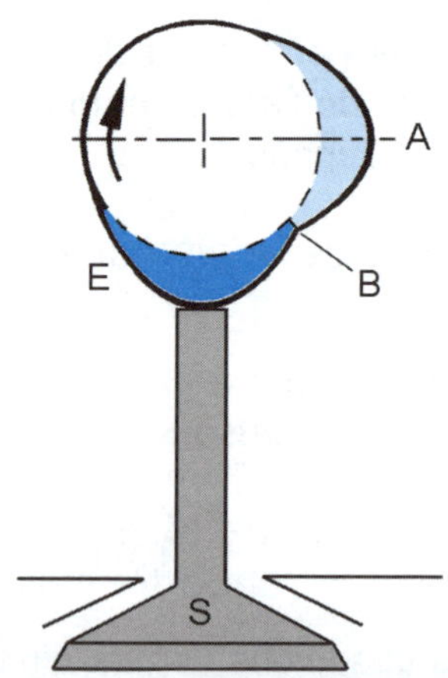

Fig. 8.19 – Calage des cames sur le même arbre à cames.

E. Came d'échappement.
S. Soupape d'échappement.
A. Came d'admission calée à ≃ 1/4 de tour.
B. Point appelé point de balance des soupapes (fin échappement → début admission).

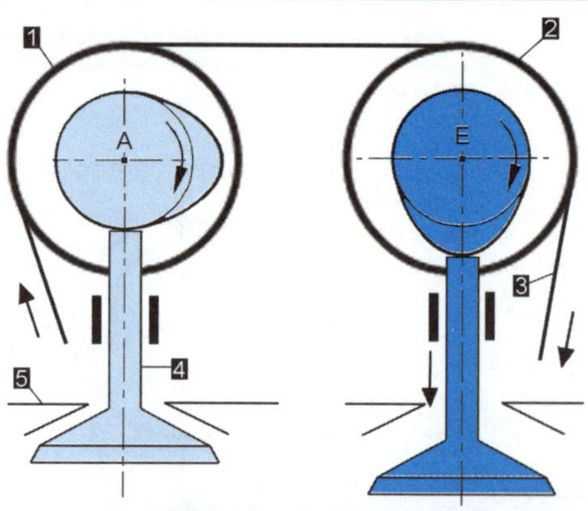

Fig. 8.20 – Calage des cames d'admission par rapport aux échappements dans un moteur à 2 arbres à cames (≃ 1/4 de tour).

1. Pignon d'arbre à cames d'admission.
2. Pignon d'arbre à cames d'échappement.
3. Chaîne ou courroie de distribution.
4. Soupape.
5. Siège de soupape.

MÉMO

- **Présentation**

L'épure circulaire est la représentation graphique des angles de la distribution.
Les angles sont exprimés en degrés d'avance ou de retard par rapport aux points morts.
Angle AOA : *x* degrés avant PMH.
Angle RFA : *x* degrés après PMB.
Angle AOE : *x* degrés avant PMB du second tour.
Angle RFE : *x* degrés après PMH.

- **Réalisation pratique**

L'ouverture et la fermeture des soupapes est commandée par des cames montées sur un arbre à cames.
L'arbre à cames est synchronisé avec le vilebrequin.
L'arbre à cames tourne à demi-vitesse du vilebrequin.

- **Synchronisation des mouvements**

L'angle parcouru par le vilebrequin pendant un temps est égal à :
angle d'avance à l'ouverture + 180° + angle de retard à la fermeture.
L'angle parcouru par l'arbre à cames pendant ce même temps est égal à : angle parcouru par le vilebrequin divisé par deux.
Les cames d'admission et d'échappement sont calées à environ 90° l'une de l'autre dans l'ordre échappement puis admission.

POUR ALLER PLUS LOIN

1. *Donnez les positions respectives du maneton de bielle et de la soupape d'échappement en AOE et tracez le schéma correspondant.*
2. *Donnez l'angle parcouru par la came d'échappement dans le cas où AOE = 60° et RFE = 20°.*
3. *Relevez les valeurs des angles d'un moteur dont l'épure de distribution est symétrique et ceux d'un moteur dont l'épure est asymétrique.*
   Tracez les épures circulaires correspondantes.

9

LES ÉLÉMENTS DE LA DISTRIBUTION

On nomme **distribution** l'ensemble des éléments qui permettent de réaliser l'**ouverture** et la **fermeture des cylindres** dans les conditions définies par l'épure circulaire du moteur.

Quels sont les principaux éléments de la distribution et leur fonction ?

La figure 9.1 décrit ces éléments de distribution.

Dans les moteurs à quatre temps, l'ouverture et la fermeture des cylindres sont réalisées par les **soupapes**.

Une ouverture est réalisée par des cames montées sur un ou plusieurs **arbres à cames**.

La fermeture est assurée, en général, par des ressorts de rappel nommés **ressorts de soupapes**.

Des **poussoirs** sont interposés entre les cames et les queues de soupapes.

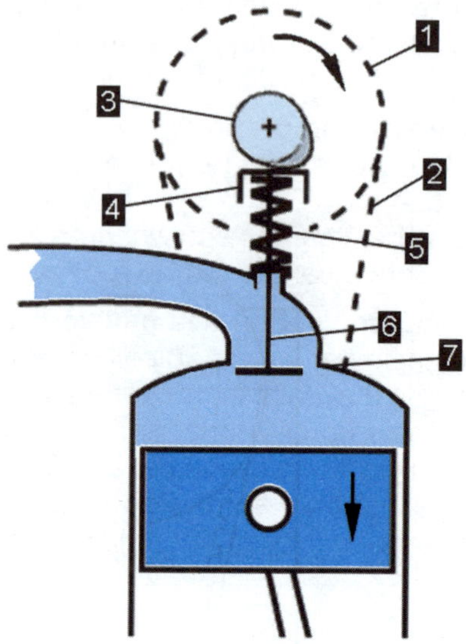

Fig. 9.1 – Éléments de la distribution (arbre à cames en tête)

1. Pignon d'arbre à cames.
2. Chaîne ou courroie de distribution.
3. Arbre à cames.
4. Poussoir.
5. Ressort de soupapes.
6. Soupape.
7. Siège de soupape.

Remarque

Certains moteurs comportent un arbre à cames latéral. Dans ce cas, l'arbre à cames actionne les soupapes par l'intermédiaire des **tiges de culbuteurs** et des **culbuteurs** (figure 9.2). On les nomme moteurs culbutés.

On peut également rencontrer des moteurs à arbre à cames en tête, équipés de culbuteurs (culbutés).

Quelles sont les positions possibles des arbres à cames ?

1. L'**arbre à cames** est appelé «**en tête**» lorsqu'il est placé sur la culasse à proximité immédiate des soupapes.

La distance avec le vilebrequin est plus grande mais il y a peu de pièces en mouvement (figures 9.1 et 9.3).

Les jeux et les usures sont faibles.

2. L'**arbre à cames** est appelé «**latéral**» lorsqu'il est situé sur le **côté du bloc moteur** (figure 9.4). La distance avec le vilebrequin est plus courte mais la liaison avec les soupapes comporte plus de pièces en mouvement. L'usure et les risques d'augmentation des jeux sont plus importants.

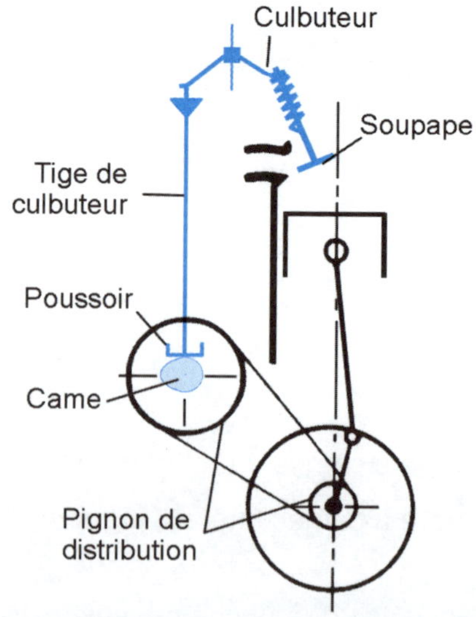

Fig. 9.2 – Cas du moteur à arbre à cames latéral.

La vitesse de rotation est limitée par les risques de flambage (torsion) des tiges de culbuteurs.

Selon la disposition des cylindres et celle des soupapes, le moteur peut comporter un ou plusieurs arbres à cames :
- moteur en ligne : un ou deux arbres à cames,
- moteur en V : deux ou quatre arbres à cames.

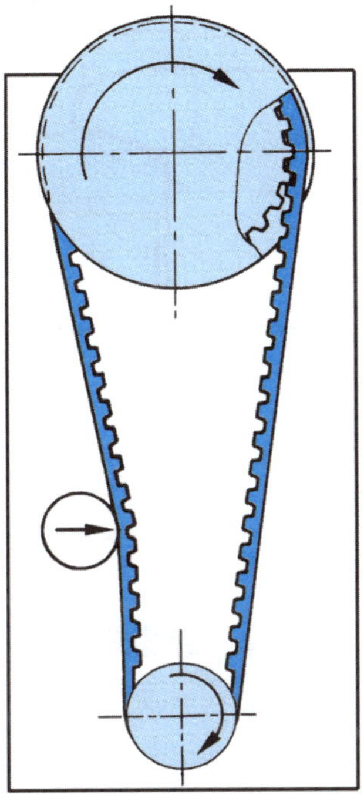

Fig. 9.3 – Moteur à arbre à cames en tête.

Exemple de liaison par courroie crantée.
(→) = tendeur.

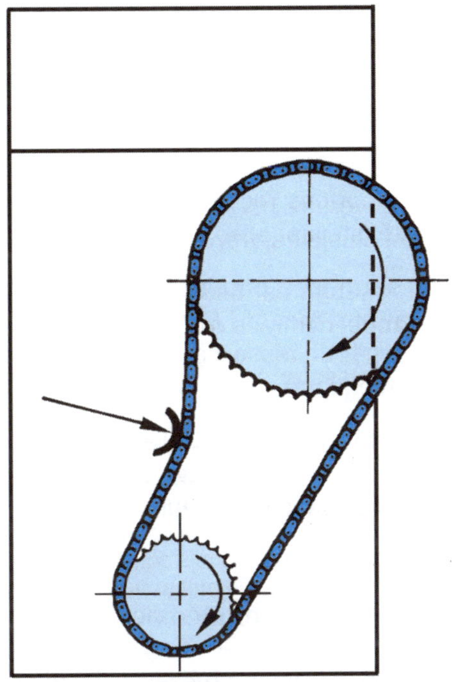

Fig. 9.4 – Moteur à arbre à cames latéral. Exemple de liaison par chaîne.

Quels sont les systèmes de liaison possibles entre l'arbre à cames et le vilebrequin ?

- Arbre à cames en tête : **chaîne** ou **courroie**.
- Arbre à cames latéral : **pignons** ou **chaîne**.

La courroie crantée présente l'avantage d'être plus silencieuse que la chaîne, elle ne nécessite pas de système de lubrification est est d'un remplacement plus aisé (tendeur).

Quels sont les différents procédés de fabrication et de montage des soupapes ?

Les soupapes sont exposées aux températures très élevées régnant dans la chambre de combustion (de l'ordre de 800 °C à l'ouverture de la soupape d'échappement).

La soupape d'échappement qui s'ouvre en fin de détente et laisse passer des gaz brûlants, sera plus exposée que la soupape d'admission relativement refroidie par les gaz frais.

La fabrication des soupapes nécessite donc l'emploi de métaux capables de résister à la déformation à **haute température** (fluage) et aux **chocs répétés**, tels les aciers austéniques, additifs comme le chrome, le nickel, le tungstène.

Les soupapes sont tournées puis rectifiées. Les queues et les portées reçoivent un traitement qui accroît leur dureté (stellitage).

Les soupapes coulissent dans un **guide** réalisé en métal anti-friction. Elles sont maintenues en position haute par un **ressort** et un **système de fixation** efficace (autobloquant).

La **portée conique** assure une étanchéité parfaite à la fermeture et un centrage correct évitant la déformation de la **tige** ou **queue** (figure 9.5) .

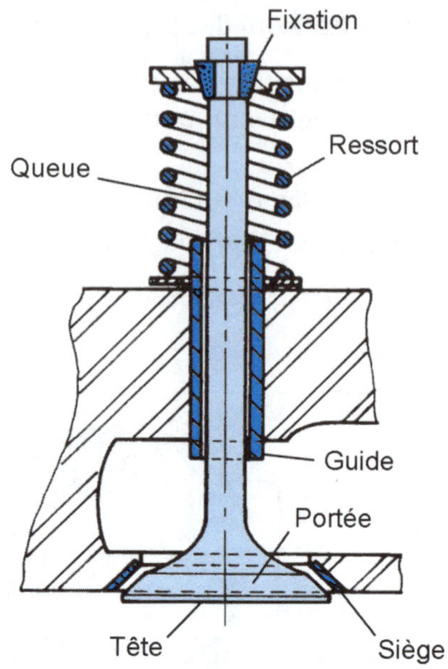

Fig. 9.5 – Montage des soupapes.

Quels sont les angles de portées nécessaires ?

Si la forme conique présente les avantages de très bon centrage et d'étanchéité, on peut observer qu'elle nécessite un déplacement plus grand de la soupape avant son ouverture complète.

Les **angles de portée** sont d'environ **90°**. Les soupapes d'admission qui subissent des températures moins élevées peuvent avoir un angle de **120°**, protégeant moins bien la soupape des déformations, mais offrant, pour une même hauteur de levée, une section de passage de gaz plus importante (figures 9.6).

En effet, pour un même déplacement (*h*) de la soupape, nous pouvons constater que la section de passage (matérialisée par l'entrebaîllement *e* et *e'*) est supérieure avec une portée de 120°.

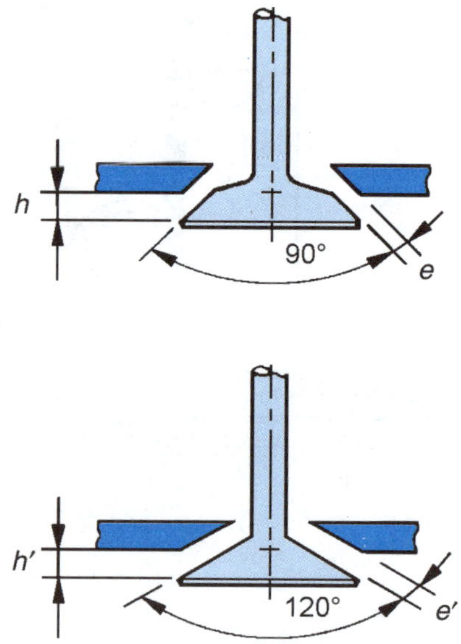

Fig. 9.6 – Angles de portée.
Si l'angle de portée est plus grand (120°), avec $h' = h$, on a $e' > e$.

L'**arbre à cames** réalisé par moulage puis usiné (figure 9.7), comporte autant de cames qu'il y a de soupapes à actionner. Les surfaces frottantes sont traitées en général par cémentation.

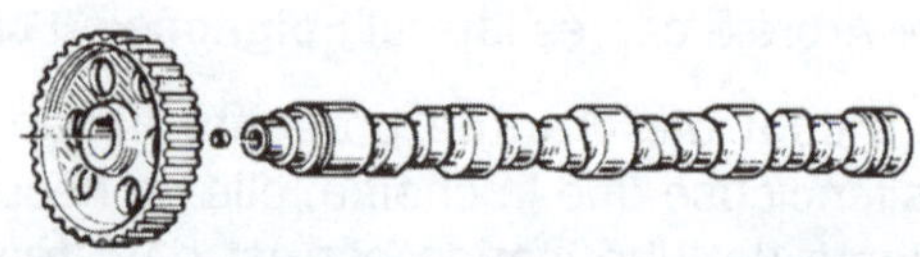

Fig. 9.7 – Arbre à cames (document Renault).

Quelle doit être la forme des cames ?

Afin de permettre un passage de gaz correct, les cames devraient posséder une **levée** maximale **importante**. Mais cette hauteur est limitée par le **dégagement** insuffisant dans la chambre et par les **accélérations** importantes produites par un profil de came dont les rampes sont trop verticales.

Pour une hauteur de levée identique et un angle donné, on obtiendra une **rampe** moins verticale en augmentant le **diamètre primitif** de la came (figure 9.8). On obtiendra le même résultat (pour un même diamètre primitif) en augmentant **l'angle d'ouverture** (épure circulaire).

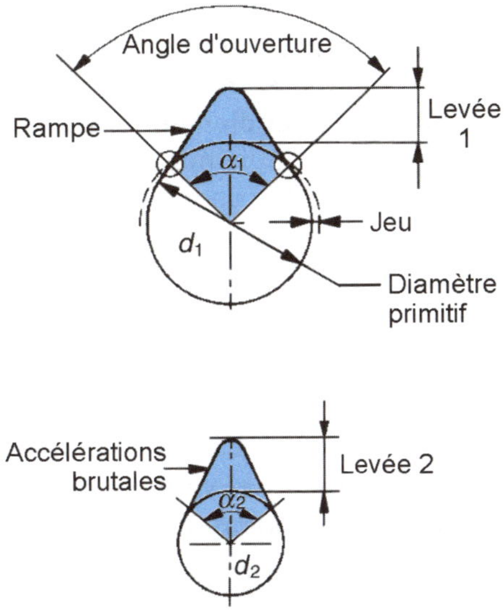

Fig. 9.8 – Forme des cames.

$\alpha_1 = \alpha_2$
Levée 1 = Levée 2
$d_1 > d_2 \Rightarrow$ accélérations de la soupape moins brutales avec d_1.

Quels sont les problèmes rencontrés par les constructeurs ?

L'idéal serait :

– l'ouverture instantanée de la soupape,
– son maintien ouvert pendant tout le temps admission ou échappement,
– sa fermeture instantanée.

Ceci ne peut pas être réalisé par un système mécanique tel que la came.

La **came** doit **parcourir un certain angle** de rotation **avant l'ouverture complète** de la soupape.

Si la rampe est trop brutale, les **accélérations** de la soupape lui feront acquérir une **énergie cinétique** qui sera proportionnelle au carré de la vitesse acquise et à la moitié de la **masse** de la soupape : $E_c = MV^2/2$.

Pour obtenir un passage de gaz suffisant, les constructeurs peuvent monter deux soupapes à la place d'une. Les avantages sont :

– la diminution de la masse de chaque soupape,
– la diminution de la hauteur de levée de came, puisque la section de passage est plus importante (grâce aux deux sections de passage).

Fig. 9.9 – Arbre à cames et culbuteurs. (Document Citroën).

Quels sont les problèmes rencontrés avec les ressorts ?

Les ressorts de rappel les plus couramment utilisés sont les **ressorts à boudin** (hélicoïdaux).

Lorsqu'on comprime un ressort à une **fréquence** élevée, celui-ci risque d'entrer en **résonance**.

Il présente alors de graves perturbations (durcissement, rupture).

La fréquence d'entrée en résonance est variable en fonction des caractéristiques du ressort (diamètre de fil, hauteur, etc.). En automobile, on appelle les phénomènes d'entrée en résonance des ressorts et d'inertie des soupapes : **affolement des soupapes** (figure 9.10). Celui-ci se produit notamment lorsque le moteur dépasse sa vitesse de rotation maximale (surrégime).

Comment pallier cet inconvénient ?

Il n'est pas possible de supprimer l'entrée en résonance d'un ressort, mais on peut reporter cette limite au-delà du régime maximal du moteur.

Les constructeurs utilisent notamment :

- **des ressorts à pas variable** (figure 9.11),
- **deux ressorts antagonistes** (figure 9.12).

On peut rencontrer également des **barres de torsion** (figure 9.13).

Pour supprimer totalement le phénomène, certains constructeurs utilisent la **commande desmodromique** (figure 9.14). Ce système comporte deux cames :

- une came d'ouverture classique,
- une came de fermeture.

Il est peu répandu en raison de sa complexité et de son prix de revient.

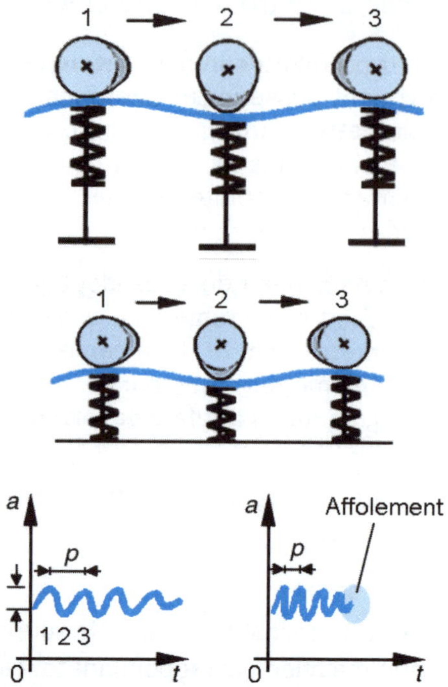

Fig. 9.10 – Décomposition du phénomène d'affolement des ressorts de soupapes.

Si t diminue, les phases 1, 2, et 3 se rapprochent.
a = amplitude, p = période,
fréquence = x périodes (hertz) par seconde.
Plus le temps imparti à la réalisation des phases diminue, plus la fréquence augmente.

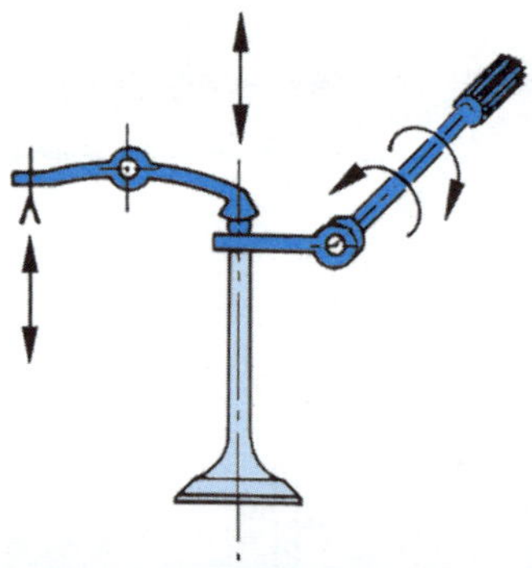

Fig. 9.13 – Barre de torsion.

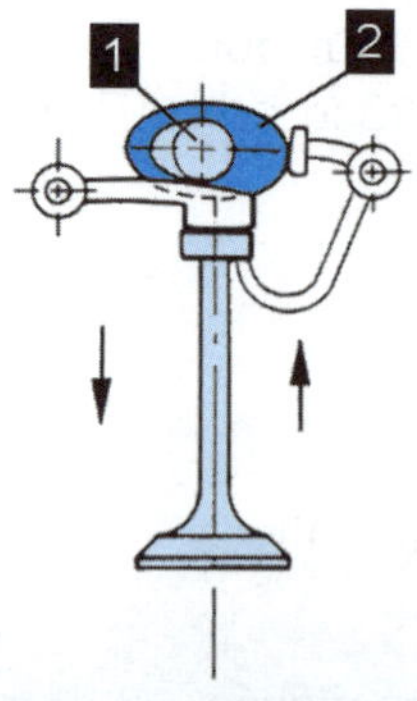

Fig. 9.14 – Commande desmodromique.

1. Came d'ouverture.
2. Came de fermeture.

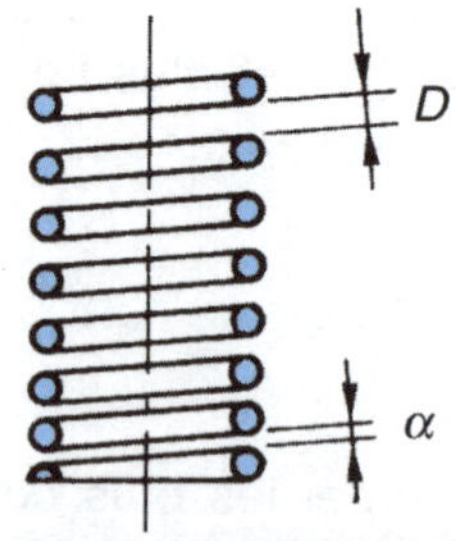

Fig. 9.11 – Ressorts à pas variable.

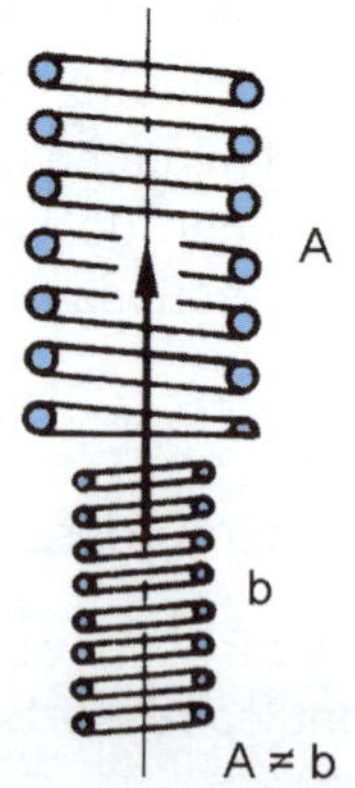

Fig. 9.12 – Ressorts antagonistes.

Quels sont les rôles des poussoirs ?

1. Les poussoirs servent d'**intermédiaire direct** ou **indirect** entre les queues de soupapes et les cames de l'arbre à cames.

2. Les **ressorts de rappel** des soupapes offrent une **force résistante** importante.

La surface importante du contact came/poussoir permet de diminuer la force pressante unitaire et diminue ainsi le frottement et l'usure (figure 9.15).

Remarque

Hormis les courroies crantées, tous les éléments frottants de la distribution sont lubrifiés par le système de graissage (voir 12 page 91).

$$F_{p.u} = \frac{F}{S}$$

$F_{p.u}$ = Force pressante unitaire
$\vec{F}$ = Force résistante des ressorts
S = Surface de contact came/poussoir

Si S ↗ $F_{p.u}$ ↘

Fig. 9.15 – Loi de Pascal.

Jeu de fonctionnement.

Il doit exister un jeu fonctionnel entre la soupape et sa commande afin :
– d'assurer une **étanchéité parfaite** des cylindres quelles que soient les dilatations,
– de **respecter** avec précision les **points d'ouverture et de fermeture** définis par le constructeur.

Comment ce jeu fonctionnel est-il maintenu ?

Si le moteur est équipé de culbuteurs, arbre à cames latéral (figure 9.16), ou en tête à attaque directe (figure 9.17), le réglage s'effectue sur le culbuteur lui-même.

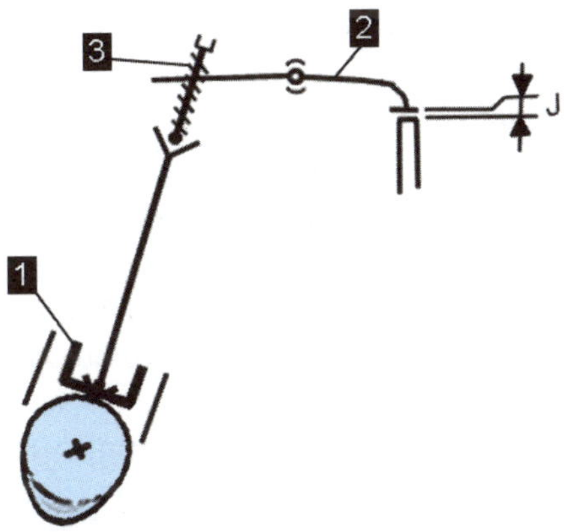

Fig. 9.16 – Moteur à arbre à cames latéral culbuté.

1. Poussoir simple.
2. Culbuteur.
3. Système de réglage.

L'épure circulaire est-elle toujours respectée ?

Dans le cas des moteurs « culbutés », le martèlement de la tête du culbuteur sur la queue de soupape produit, à l'usure, un certain « **marquage** ». Ce phénomène a pour conséquence **d'augmenter le jeu de fonctionnement** (1 et 2 figure 9.17).

On voit que la came devra **tourner plus** pour rattraper ce jeu supplémentaire avant d'attaquer réellement l'ouverture de la soupape. Pour la même raison, la soupape se fermera plus tôt. Il en résulte donc **une diminution de l'angle totale d'ouverture**, définie par l'épure circulaire.

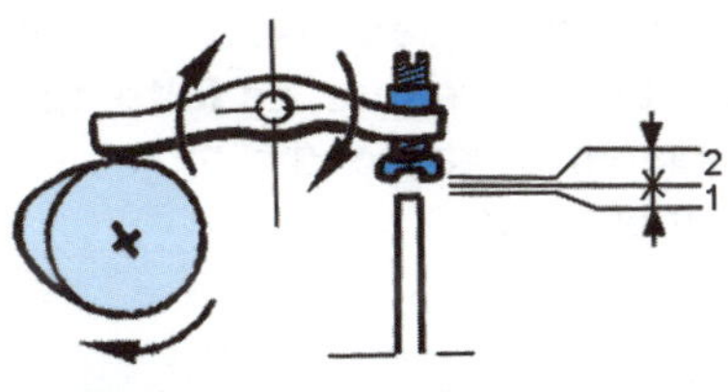

Fig. 9.17 – Moteur à arbre à cames en tête.

1. Jeu de marche.
2. Usure.

Quels sont les avantages de l'attaque directe de la came sur le poussoir ?

Les moteurs à **arbre à cames à attaque directe** permettent :
- une diminution du nombre de pièces en mouvement,
- une diminution de l'usure,
- la fiabilité de ce système à long terme.

Le réglage du jeu peut s'effectuer en remplaçant les pastilles existantes par d'autres d'épaisseur différente (figure 9.18).

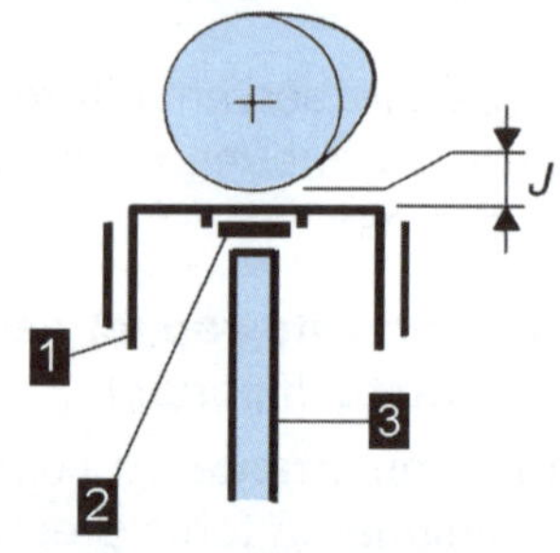

Fig. 9.18 – Moteur à arbre à cames en tête à attaque directe.

1. Poussoir.
2. Pastille de réglage calibrée.
3. Queue de soupape.

Quels sont les avantages des poussoirs hydrauliques ?

Les éléments qui constituent la chaîne de cote, culasse, soupape, poussoirs, ne se dilatent pas de façon identique car :
- ils ne sont pas soumis aux mêmes **températures**,
- leurs matériaux ne possèdent pas le même **coefficient de dilatation**.

Il en résulte donc des variations de jeu **à froid** et **à chaud**.

Les poussoirs hydrauliques ont pour avantage :
- de maintenir un **jeu de fonctionnement identique** à toutes les températures de fonctionnement,
- de rattraper l'usure, donc d'être **indéréglables**,
- de mieux **respecter l'épure** du constructeur.

Quel est le principe de fonctionnement des poussoirs hydrauliques (figures 9.19) ?

• **Ouverture de la soupape**. Le volume d'huile se trouvant dans la chambre (7) est mis sous pression par la **fermeture du clapet** (5). Une très **légère fuite** se produit avant la fermeture complète du clapet. Elle est calculée pour correspondre au jeu de fonctionnement. Le poussoir (2), dans son ensemble, **actionne la soupape** (8).

• **Fermeture de la soupape**. La came (1) n'est plus active, un léger coulissement du cylindre (4) sur le piston (3) permet l'admission d'une petite quantité d'huile par différence de pression. Les jeux sont rattrapés à la prochaine ouverture. La **fuite calibrée** avant fermeture du clapet correspondra toujours au jeu de fonctionnement optimal.

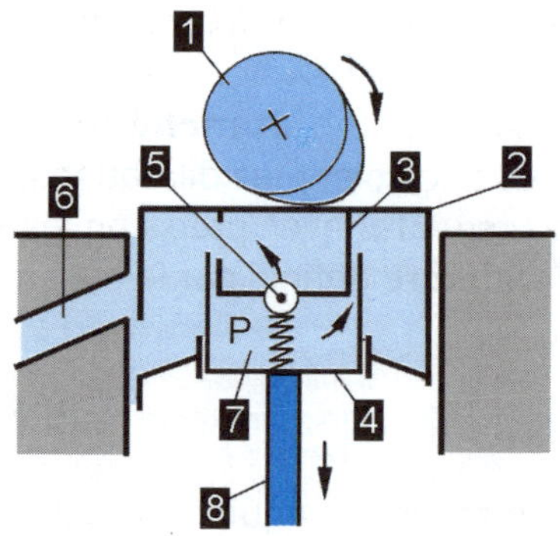

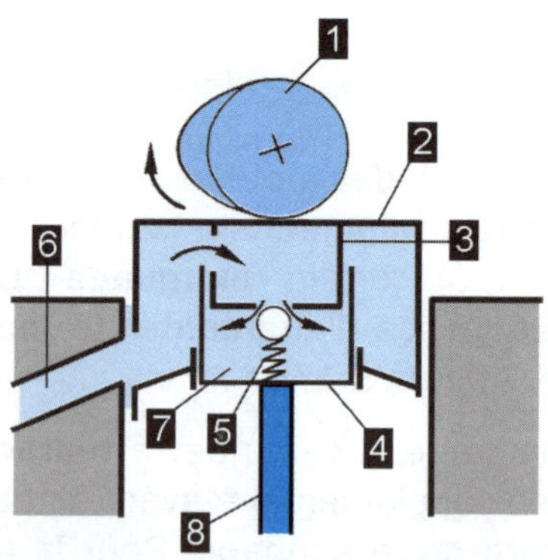

Fig. 9.19 – Poussoir hydraulique.

1. Came.
2. Poussoir.
3. Piston.
4. Cylindre.
5. Ressort et clapet.
6. Pression d'huile.
7. Chambre de pression.
8. Queue de soupape.

MÉMO

La distribution est l'ensemble des éléments qui réalisent l'ouverture et la fermeture des cylindres.
Dans les moteurs à quatre temps, cette fonction est remple par les soupapes, commandées par les cames de l'arbre à cames.
Les éléments intermédiaires sont différents selon le type de moteur.

- **Soupapes**
  - Constitution : tête large mais limitée par son encombrement et sa masse.
    Portée conique, angle de 90 à 120°.
  - Fabrication : acier au nickel, chrome, tungstène, molybdène ou acier austénique.
- **Cames**
  Le profil adapté à la hauteur de levée, à l'angle d'ouverture défini par l'épure circulaire, ainsi qu'à la vitesse de rotation du moteur.
- **Ressorts de soupapes**
  Ils sont en général à boudin ou hélicoïdaux. Le fonctionnement de chaque ressort est limité par sa fréquence d'entrée en résonance. Pour pallier cet inconvénient, les constructeurs utilisent : des ressorts à pas variables, antagonistes ou des commandes desmodroniques.
- **Éléments intermédiaires**
  Les poussoirs limitent l'usure des cames et les queues de soupapes. Ils peuvent être simples, à réglage par pastilles ou hydrauliques. Les poussoirs hydrauliques maintiennent un jeu de fonctionnement correct à toutes les températures.
- **Jeu de fonctionnement**
  Le jeu aux soupapes permet :
  - d'assurer l'étanchéité à toutes les températures,
  - de régler avec précision les angles de distribution.
- **Positions de l'arbre à cames**
  Latéral, en tête avec ou sans culbuteurs ; un, deux ou quatre arbres à cames.
- **Systèmes de liaison**
  Engrenages, pignons reliés par chaîne ou par courroie crantée.

POUR ALLER PLUS LOIN

1. *Citez un type de moteur avec arbre à cames en tête avec culbuteurs, un type avec arbre à cames à attaque directe.*
2. *Relevez toutes les caractéristiques de leurs systèmes de distribution.*

10

L'ÉQUILIBRAGE DES MOTEURS LES ORDRES DE FONCTIONNEMENT

Les déséquilibres dans un moteur proviennent des actions d'inertie produites par les éléments mobiles en mouvement.

Rappelons le rôle du vilebrequin.

Le vilebrequin transforme la force qui lui est communiquée par la bielle en un couple ($\mathscr{C} = Fr$).

Avec la bielle, il termine la transformation du mouvement rectiligne alternatif du piston en mouvement circulaire continu (figure 10.1).

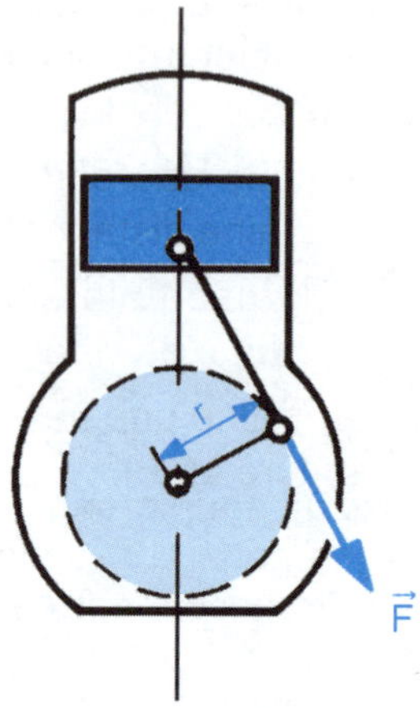

Fig. 10.1 – Mouvement circulaire continu.

Quelles sont les contraintes subies par le vilebrequin ?

Il est soumis notamment :

– aux torsions provenant des efforts opposés du couple moteur et du couple résistant (figure 10.2) ;
– aux flexions, compressions, allongements et cisaillements (figure 10.3) ;
– aux frottements au niveau des portées ;
– aux vibrations provenant de la masse du vilebrequin lancé à grande vitesse (force centrifuge).

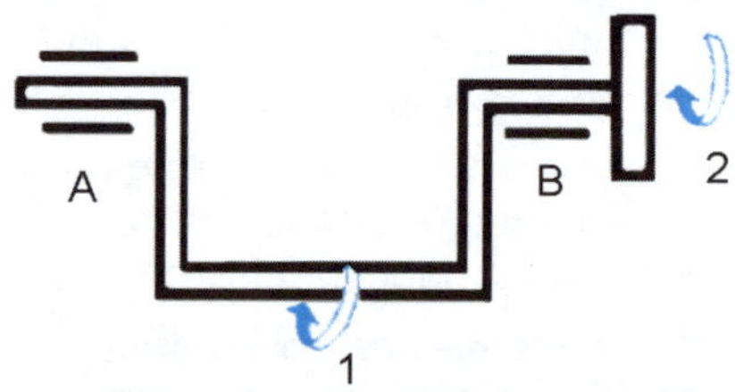

Fig. 10.2 – Torsions.

1. Couple moteur. 2. Couple résistant.

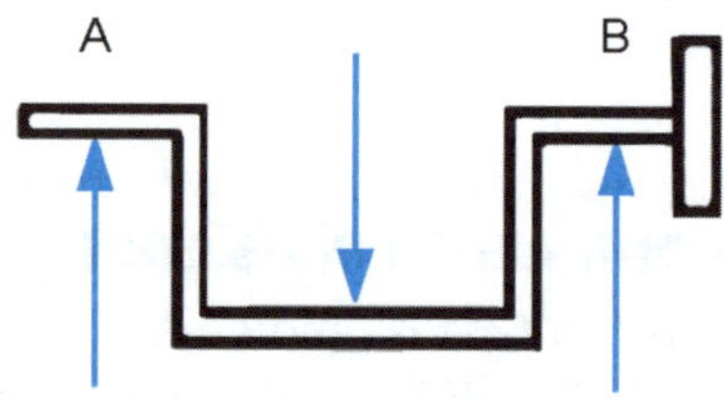

Fig. 10.3 – Flexions.

Quelles sont les qualités que doit posséder un vilebrequin ?

Il doit être conçu de manière à résister aux efforts qui lui sont demandés (figure 10.4) :

- bras de manivelle robustes :
  - grande surface des portées, manetons et tourillons,
  - géométrie indéformable,
  - alignement des axes de tourillons (ligne d'arbre),
  - alignement et parallélisme des axes de manetons entre eux et avec la ligne d'arbre,
  - distance entre axes de manetons et axes de tourillons (course piston) ;
- équilibrage parfait.

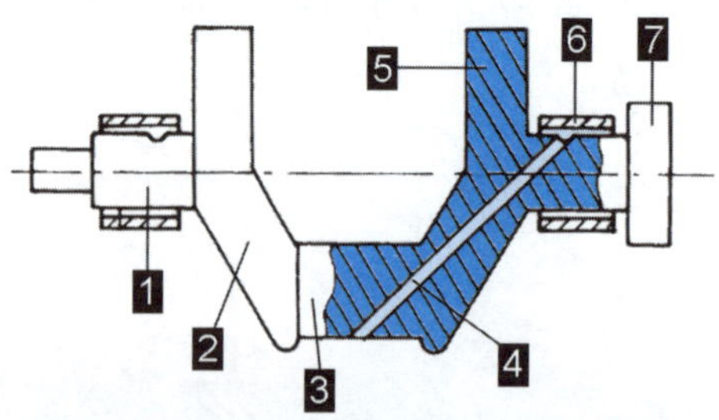

Fig. 10.4 – Vilebrequin.

1. Tourillon.
2. Bras de manivelle.
3. Maneton.
4. Conduit de graissage.
5. Masse d'équilibrage.
6. Coussinet de palier.
7. Collerette.

Quels sont les moyens de fabrication utilisés ?

Le vilebrequin peut être réalisé :

– par forgeage, en acier au nickel-chrome ou manganèse ;

– par moulage, en fonte au chrome ou silicium.

Il reçoit des traitements thermiques.

Les manetons et tourillons sont tournés, puis rectifiés.

D'où les vibrations produites par les vilebrequins proviennent-elles ?

Prenons l'exemple d'un vilebrequin pour moteur monocylindre non équilibré.

Si nous le plaçons entre pointes, nous constatons qu'il tourne sur lui-même et s'arrête toujours dans la même position : maneton vers le bas (figure 10.5).

Ceci nous indique que son **centre de gravité (G)** est situé à une certaine distance de l'**axe de rotation**.

En rotation, l'ensemble sera soumis à une **action d'inertie centrifuge** de valeur $F = M\omega^2 r$.

Ce **balourd** entraîne une flexion de l'arbre et une usure des paliers (figure 10.6).

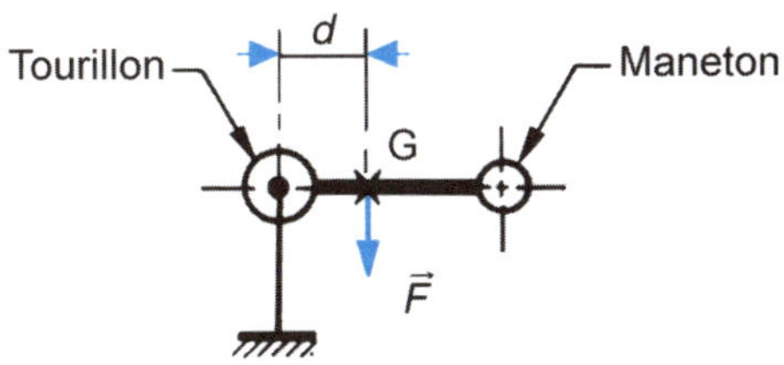

Fig. 10.5 – Déséquilibre statique.

Comment réalise-t-on l'équilibrage d'un vilebrequin ?

L'équilibrage d'un vilebrequin s'effectue par la mise en place de **masses** ayant pour effet d'annuler les actions d'inertie centrifuge.

L'équilibrage se réalise en deux opérations appelées **équilibrage statique** et **équilibrage dynamique**.

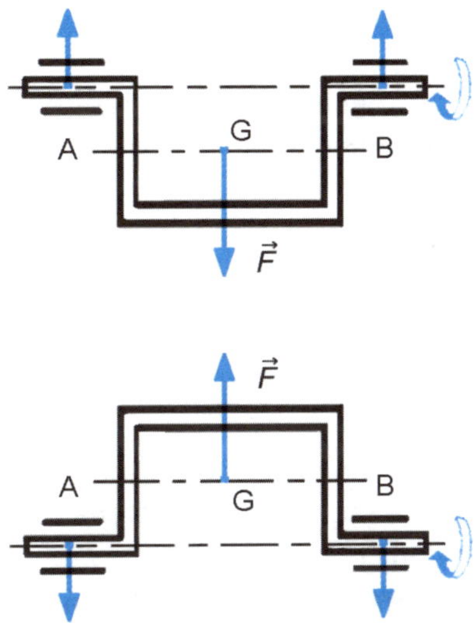

Fig. 10.6 – Action de la force centrifuge.

Équilibrage statique (figure 10.7).

L'équilibre statique indifférent sera réalisé en plaçant une masse M_2 à une distance d_2 telles que :

$$M_2\,d_2 = M_1\,d_1$$

Le **centre de gravité** du vilebrequin se trouve ainsi ramené **sur l'axe de rotation**.

Équilibrage dynamique (figure 10.8).

Si nous observons le vilebrequin dans le sens longitudinal, nous constatons que la force centrifuge F_2 créée par la masse compensatrice n'est pas directement opposée à la force F_1.

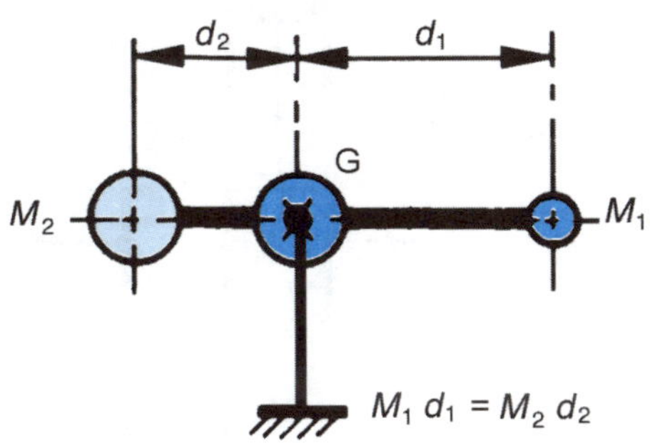

Fig. 10.7 – Équilibrage statique.

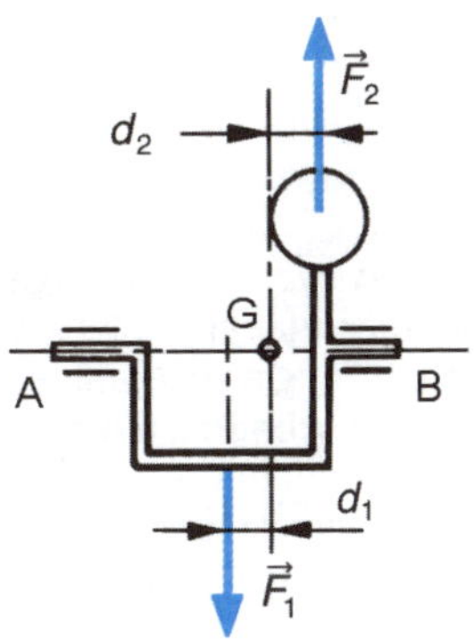

Fig. 10.8 – Déséquilibre dynamique.

$\overrightarrow{\mathcal{M}_{(G)}(F_1)} = \vec{F_1} \times \vec{D_1}$ et $\overrightarrow{\mathcal{M}_{(G)}(F_2)} = \vec{F_2} \times \vec{D_2}$

En **rotation**, il y a création de **couples** dont les moments par rapport à G sont :

$$\overrightarrow{\mathcal{M}_{(G)}(F_1)} = \vec{F_1} \times \vec{d_1} \text{ et } \overrightarrow{\mathcal{M}_{(G)}(F_2)} = \vec{F_2} \times \vec{d_2}$$

Ces deux couples étant positifs, ils s'ajoutent.

L'équilibre dynamique est réalisé en plaçant la moitié de la masse M_2 de part et d'autre de **l'axe de symétrie**.

Ce qui a pour effet de placer le **centre de gravité sur cet axe** (figure 10.9) en annulant le couple.

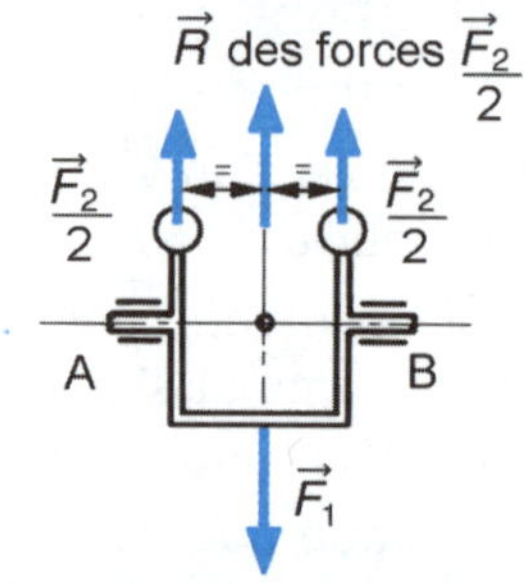

Fig. 10.9 – Centre de gravité sur l'axe de symétrie.

La résultante $\vec{R}$ des forces $\vec{F_2}/2$ est directement opposée à $\vec{F_1}$.

L'équilibrage des vilebrequins sera facilité :
- en leur donnant une forme **symétrique**,
- en **diminuant** leur longueur,
- en **augmentant** le **nombre de paliers**.

Quelle doit être la valeur angulaire séparant les manetons ?

Afin de régulariser le fonctionnement du moteur, on **répartit** les explosions-détentes d'une manière **uniforme** (figure 10.10).

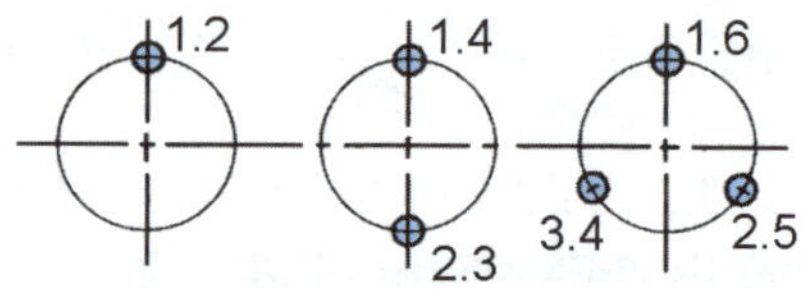

Fig. 10.10 – Position des manetons des vilebrequins pour moteur à 2, à 4 et à 6 cylindres en ligne.

Le cycle s'effectuant sur deux tours de vilebrequin, nous appliquons la formule :

$$\frac{720°}{n} = \frac{\text{valeur angulaire du cycle}}{\text{nombre de cylindres}}$$

soit, pour les moteurs à cylindres en ligne, une distance angulaire entre deux manetons consécutifs :
- de **deux** cylindres = **360°**,
- de **quatre** cylindres = **180°**,
- de **six** cylindres = **120°**.

Nous voyons que la forme du vilebrequin sera fonction de la répartition des temps moteurs.

Mais il faut également tenir compte de la **disposition** des cylindres : en V à 60° ou 90°, à plat opposés à 180°.

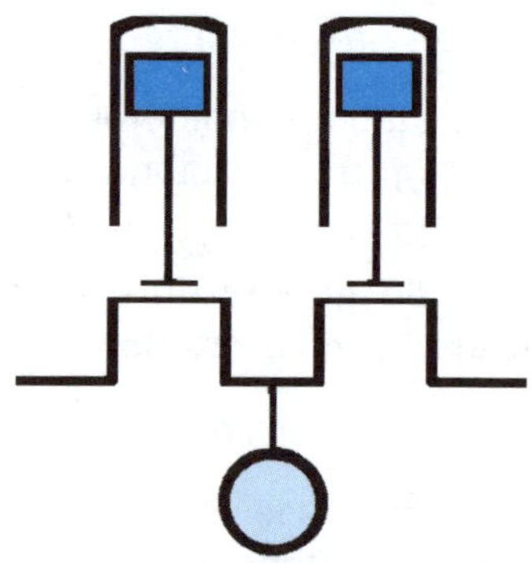

Fig. 10.11 – Bicylindre en ligne.

Exemples

Moteur **deux cyclindres en lignes** (figure 10.11).
L'angle parcouru par le vilebrequin entre deux explosions est de **360°**, et l'angle séparant les deux manetons est de **360°**.
Moteur **deux cylindres à plat opposés** (figure 10.12).
L'angle parcouru entre deux explosions est de 360° et l'angle séparant les deux manetons est de 360° – 180° = **180°**.

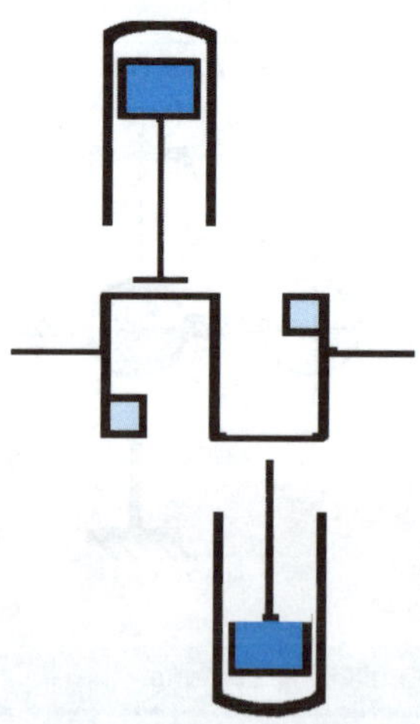

Fig. 10.12 – Bicylindre à plats opposés.

Remarque

Lorsque deux pistons se trouvent ensemble au PMH, l'un est en fin de compression-début de détente (allumage), l'autre est en fin d'échappement-début d'admission.

Quels sont les ordres de fonctionnement possibles pour les moteurs à 4 cylindres ?

• **Le moteur à quatre cylindres en ligne** (figure 10.13).

Deux ordres sont possibles : **1-3-4-2** ou 1-2-4-3. L'ordre le plus couramment utilisé est le premier cité, pour des raisons de meilleur écoulement du fluide gazeux.

• Le **moteur à quatre cylindres à plat opposé** (figure 10.14). Deux ordres sont possibles : 1-2-3-4 ou 1-4-3-2.

L'ordre 1-4-3-2 est le plus approprié. Outre un meilleur remplissage, il permet une meilleure répartition de poussées sur le vilebrequin.

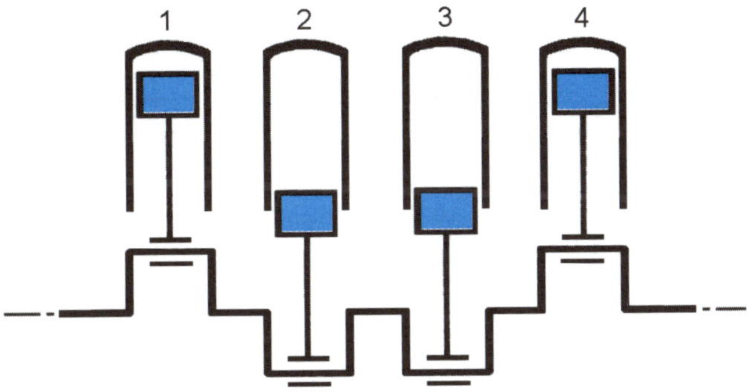

Fig. 10.13 – Quatre cylindres en ligne.

Remarque

Les dispositions en V ou à plat opposé permettent la fabrication de vilebrequins plus courts qui seront ainsi plus légers, plus robustes, moins flexibles et mieux équilibrés.

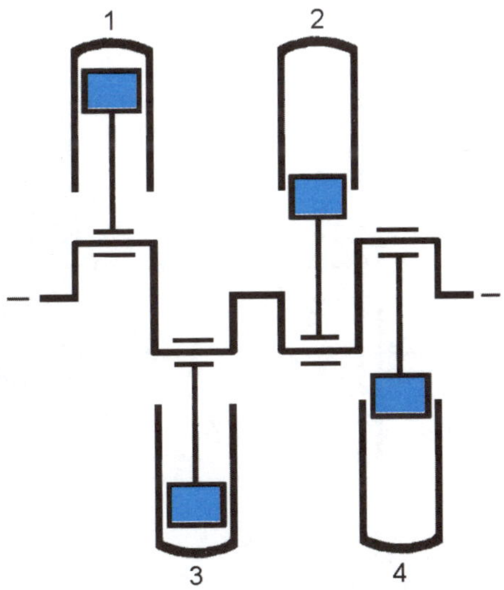

Fig. 10.14 – Quatre cylindres à plat opposés.

L'équilibrage du vilebrequin est-il suffisant pour éviter toute vibration du moteur ?

Si le vilebrequin se trouve parfaitement équilibré grâce aux critères définis plus haut (symétrie + masse d'équilibrage), il ne l'est plus lorsqu'il est accouplé aux ensembles bielles-pistons.

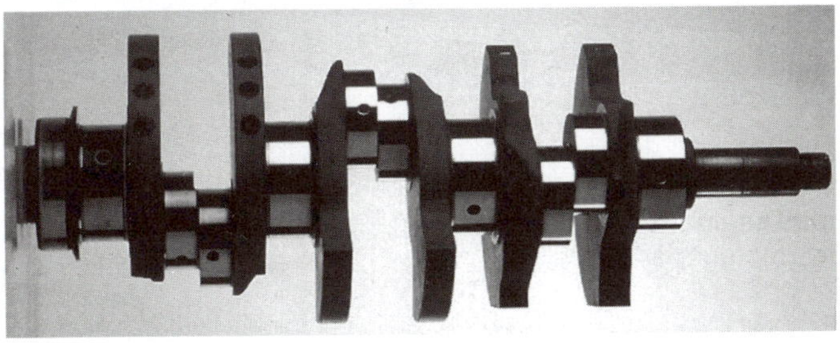

Fig. 10.15 – Vilebrequin pour moteur 6 cylindres en V muni de ses masses d'équilibrage (Document Citroën).

En effet :

• L'ensemble bielles-pistons en se déplaçant, engendre des oscillations créatrices de vibrations (1 et 2, figure 10.16).

• Le cycle à 4 temps présente des **irrégularités** dans son fonctionnement – poussées discontinues (figure 10.16).

Rappelons que pour un moteur **monocylindrique**, il ne se produit une détente que tous les deux tours de vilebrequin.

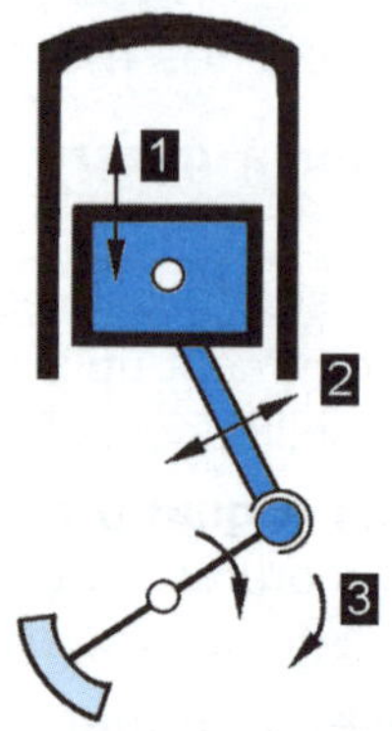

Fig. 10.16 – Autres déséquilibres.

1. Mouvement rectiligne alternatif, accélérations et décélérations rapides.
2. Mouvement pendulaire.
3. Poussées intermittentes.

Comment les différentes phases du cycle se dérouleront-elles dans le cas du moteur à 4 cylindres en ligne ?

Nous observons que les **quatre phases** du cycle se déroulent bien dans **chaque cylindre** (figure 10.17). Les explosions détentes sont décalées et se produisent dans l'ordre imposé par la forme du vilebrequin :

- 0° – pistons 1 et 4 au PMH = explosion du 1
- 180° – pistons 2 et 3 au PMH = explosion du 3
- 360° – pistons 1 et 4 au PMH = explosion du 4
- 540° – pistons 2 et 3 au PMH = explosion du 2

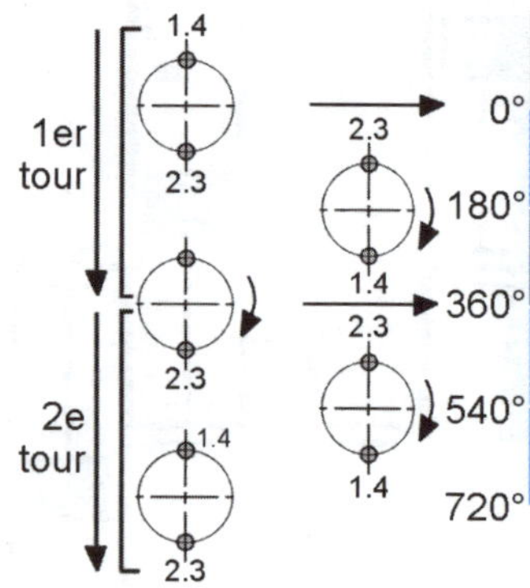

Cylindre 1	Cylindre 2	Cylindre 3	Cylindre 4	
Explosion-détente	Echappement	Compression	Admission	1/2 tour
Echappement	Admission	Explosion-détente	Compression	1/2 tour
Admission	Compression	Echappement	Explosion-détente	1/2 tour
Compression	Explosion-détente	Admission	Echappement	1/2 tour

Fig. 10.17 – Tableau de fonctionnement d'un moteur à 4 cylindres quatre temps (ordre d'allumage 1. 3. 4. 2).

Remarque

Nous pouvons observer également qu'à **chaque demi-tour**, les **quatre phases** du cycle se déroulent **simultanément** dans les quatre cylindres (uniquement pour les moteurs à 4 cylindres).

Comment régularise-t-on le mouvement circulaire pulsatoire ?

Les irrégularités de fonctionnement sont en grande partie compensées par le montage d'un volant d'inertie (volant moteur) de fort diamètre et de masse importante fixé en bout de vilebrequin.

L'énergie cinétique accumulée pendant le temps moteur (figure 10.18) est restituée pendant les temps non moteurs (temps résistants) (figure 10.19).

Remarque

La masse en mouvement est augmentée par la fixation sur le volant moteur :
- du vilebrequin dont la masse est importante,
- des éléments d'embrayage,
- de la couronne de démarreur.

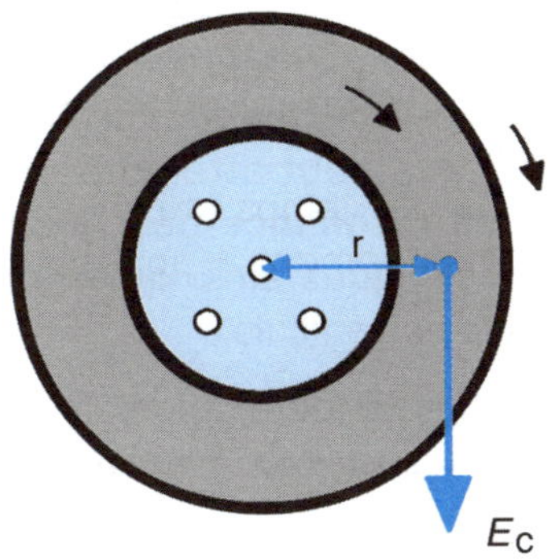

Fig. 10.18 – Énergie cinétique accumulée pendant la détente (temps moteur).

Formule générale

$E_c = Mv^2/2$

masse — vitesse au carré

appliqué à une masse en rotation

$E_c = M\omega^2 r/2$

fréquence de rotation au carré — rayon moyen

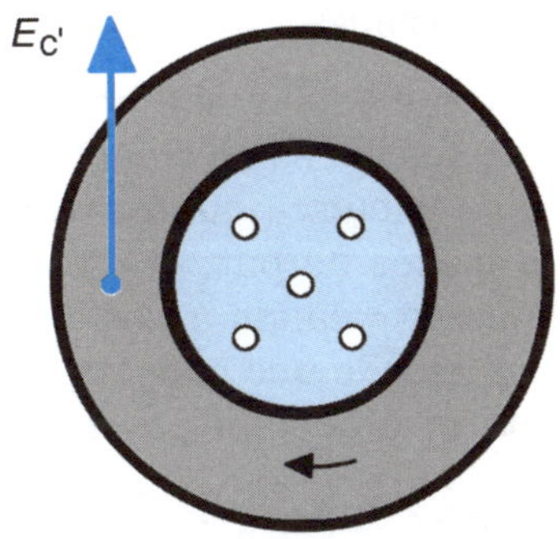

Fig. 10.19 – Restitution de l'énergie aux temps résistants.

$E_c' < E_c$ (loi de dégradation des énergies).

Pourquoi augmente-t-on le nombre des cylindres dans les moteurs ?

S'il n'y a qu'une détente tous les deux tours dans un monocylindre, nous aurons, pour un moteur à quatre cylindres : 720°/4 = 180°, donc une détente à chaque demi-tour (figure 10.20). Pour un moteur à 12 cylindres, une détente tous les 60° (figure 10.21). On peut en déduire que **plus** le moteur **comporte de cylindres**, **moins** le volant moteur devra avoir une **masse importante**. Pour des raisons de masse et de coût, les moteurs les plus courants comportent quatre cylindres.

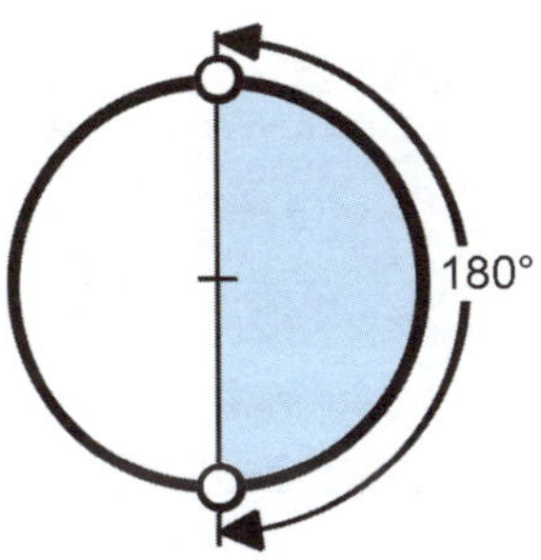

Fig. 10.20 – Moteur 4 cylindres : 1 détente tous les 180°, 2 détentes par tour.

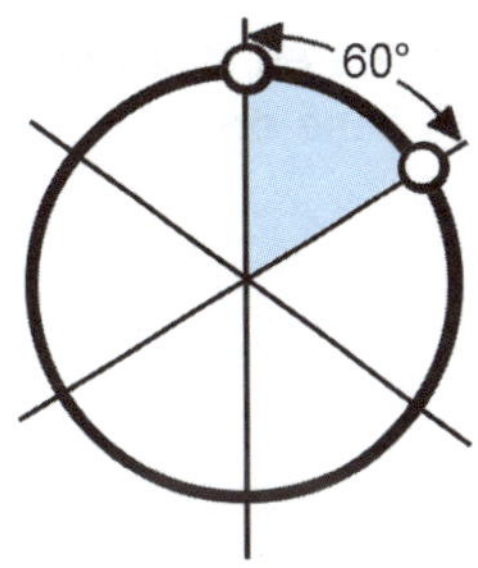

Fig. 10.21 – Moteur 12 cylindres.

1 détente tous les 60°,
6 détentes par tour de vilebrequin.

Peut-on parfaire l'équilibrage des moteurs ?

On peut remarquer que toute vibration dans un moteur provoque des **pertes d'énergie**. La fréquence de ces mouvements peut atteindre un seuil critique. Leur **entrée en résonance** peut provoquer des détériorations mécaniques ainsi qu'un désagrément pour les occupants du véhicule.

Des masses de fonte, appelées « **Dampers** » sont fixées sur les côtés du bloc moteur afin d'amortir les vibrations, et reporter leur fréquence critique à des régimes supérieurs au régime maxi du moteur.

Les moteurs les plus performants sont équipés d'**arbres d'équilibrage**.

Quel est le principe de fonctionnement des arbres d'équilibrage ?

En fonctionnement, l'attelage mobile des moteurs génère deux types de forces (figure 10.22) :
- des forces verticales (mouvement des pistons),
- des forces latérales (mouvement des bielles et réactions des pistons).

Les arbres d'équilibrage ont pour rôle d'annuler les effets de ces forces en créant des forces antagonistes. Pour les moteurs à **quatre cylindres en ligne**, **deux arbres** placés de part et d'autre des cylindres sont entraînés en rotation à une vitesse de rotation **deux fois plus grande que celle du vilebrequin**. Ils **tournent** en **sens inverse l'un par rapport à l'autre** (figure 10.23).

L'inversion du sens de rotation des deux arbres est obtenu grâce à un **pignon de renvoi**. Leur synchronisation parfaite nécessite une **courroie crantée double face**.

Ils sont **positionnés latéralement** de part et d'autre des cylindres.

Ils sont **décalés en hauteur** l'un par rapport à l'autre en **fonction du sens de rotation** du moteur.

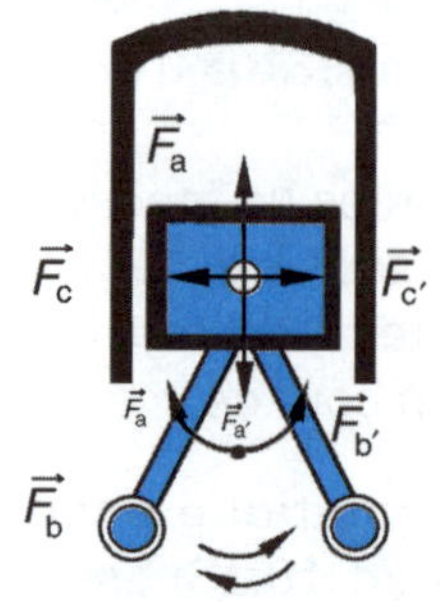

Fig. 10.22 – Origine des déséquilibres complexes.

$\vec{F_a}$ = forces verticales (rectilignes alternatives).
$\vec{F_b}$ = forces latérales (mouvement pendulaire) de la bielle.
$\vec{F_c}$ = force latérale de réaction du piston.

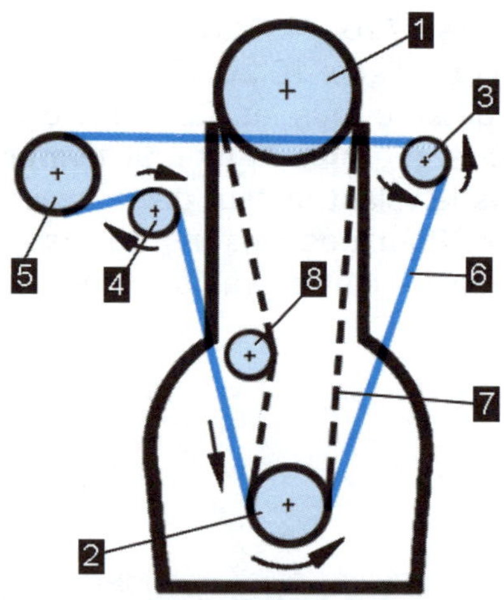

Fig. 10.23 – Moteur 4 cylindres en ligne équipé d'arbres d'équilibrage.

1. Pignon d'arbre à cames.
2. Pignon de vilebrequin $\varnothing = \frac{\varnothing \text{ pignon A à C}}{2}$
3. Pignon d'arbre d'équilibrage $\varnothing = \frac{\varnothing \text{ pignon vilebrequin}}{2}$
4. 2e pignon d'équilibrage sens de rotation inversé.
5. Renvoi-tendeur (diamètre quelconque).
6. Courroie crantée double face.
7. Courroie de distribution.
8. Galet tendeur.

Raisonnons sur 1/2 tour de vilebrequin en observant les mouvements des pistons 1 et 2.

(Se reporter au tableau de fonctionnement, figure 10.17)

Phases	Actions dans les cylindres	Compensation	Schémas
1	Piston 1 au PMH. Piston 2 au PMB. Les pistons subissent une forte décélération. Un arrêt puis une forte accélération en sens inverse. Fortes actions d'inertie verticale.	Les masses produisent des forces verticales opposées.	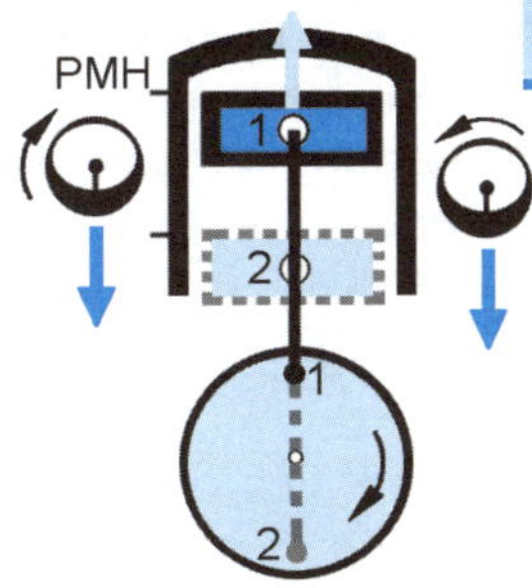 Fig. 10.24
2	Mouvement pendulaire des bielles et action latérale des pistons. La pression est maximale dans le cylindre 1 (détente).	Les masses produisent des forces latérales.	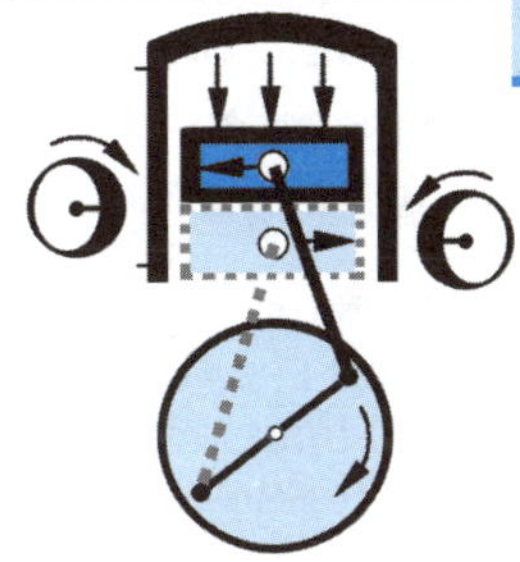 Fig. 10.25
3	Les pistons sont à mi-course et ont une vitesse maximale. Peu d'actions latérales, fortes variations de pression dans les cylindres.	Les masses produisent des forces verticales.	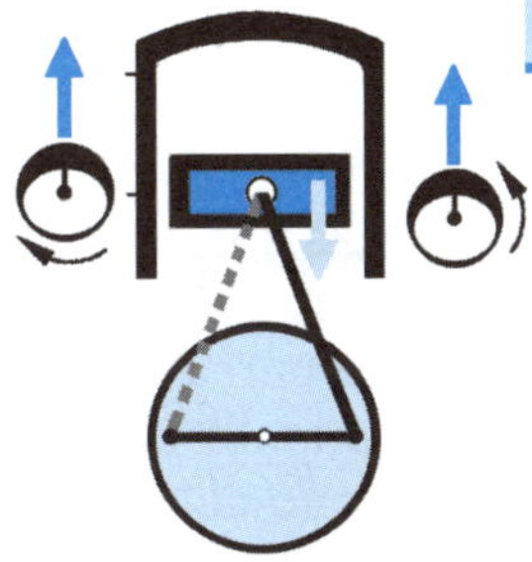 Fig. 10.26
4	Ralentissement des pistons, mouvement pendulaire des bielles et actions latérales des pistons.	Les masses produisent des forces latérales.	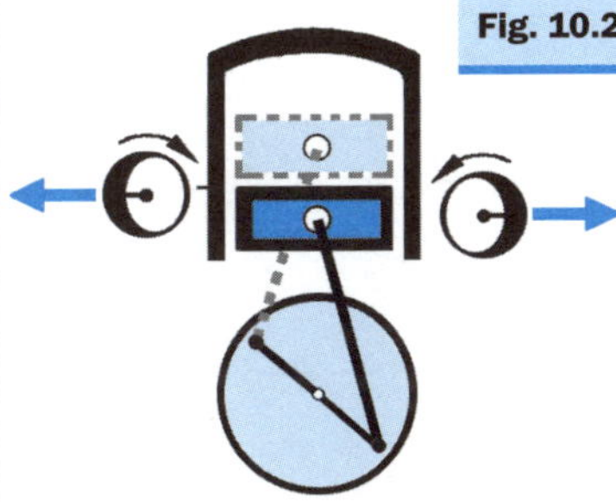 Fig. 10.27
5	Les pistons décélèrent violemment : le piston 2 est au PMH, le piston 1 au PMB, le vilebrequin a fait 1/2 tour.	Retour à la phase 1 pour les masses d'équilibrage : les arbres ont fait un tour.	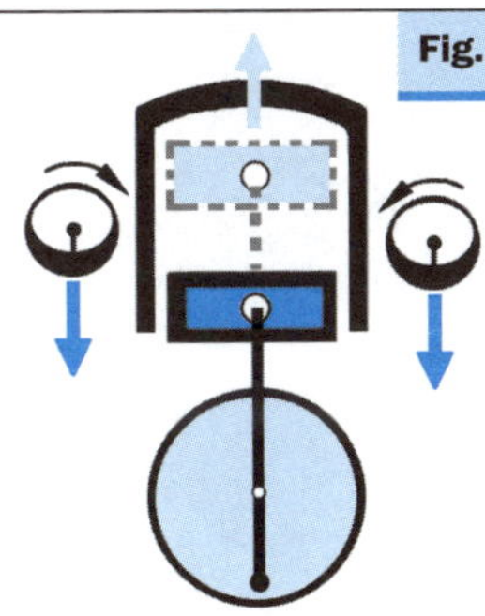 Fig. 10.28

Remarque

La masse des bielles d'un moteur doit être identique. Il en est de même pour les pistons.

MÉMO

Les déséquilibres dans un moteur proviennent des actions d'inertie produites par les éléments mobiles en mouvement.

- **Équilibrage du vilebrequin**
  – Équilibrage statique : le centre de gravité du vilebrequin doit se situer sur son axe de rotation (masses compensatrices).
  – Équilibrage dynamique : le centre de gravité du vilebrequin doit se situer sur son axe de rotation et sur son axe de symétrie.
- **Ordre de fonctionnement**
  L'équilibrage des moteurs oblige à :
  – réaliser des vilebrequins de forme symétrique,
  – répartir uniformément les explosions par tour.
  Le cycle à quatre temps s'effectue sur deux tours de vilebrequin, soit 720°.
  L'écart angulaire entre deux explosions devra être 720°/*N* (*N* étant le nombre de cylindres).
- **Autres éléments d'équilibrage**
  L'écart angulaire entre deux explosions est inversement proportionnel aux nombres de cylindres.
  Le mouvement circulaire pulsatoire du vilebrequin est régularisé par un volant d'inertie appelé volant moteur. Les vibrations peuvent être diminuées en modifiant leur fréquence grâce à des masses fixes appelées Dampers. Des arbres d'équilibrage, entraînés en rotation par le vilebrequin à une vitesse deux fois plus grande, ont pour rôle de diminuer les actions verticales et latérales produites par les ensembles pistons-bielles.

POUR ALLER PLUS LOIN

1. *Relevez les caractéristiques d'un moteur 6 cylindres en V. Notez les écarts angulaires entre deux détentes. Indiquez quels sont ses dispositifs d'équilibrage.*

11

LE CYCLE À DEUX TEMPS

Qu'appelle-t-on un moteur à deux temps ?

Il s'agit d'un type de moteur qui réalise les quatre phases du cycle en deux courses de piston, soit un tour de vilebrequin (figure 11.1).

Par quel moyen réalise-t-on les quatre phases en deux courses ?

Les phases compression et explosion-détente ne peuvent pas être écourtées sans une perte de puissance, elles restent donc réparties de part et d'autre du PMH comme dans le cycle à quatre temps. Les phases **admission** et **échappement** devront être réalisées **simultanément** de part et d'autre du PMB (figure 11.2).

Un dispositif de **balayage** est nécessaire afin de limiter le mélange des gaz frais et d'échappement.

Les moteurs à deux temps à allumage commandé courants sont du type à **précompression** et **transfert**.

Quel est le principe de fonctionnement du moteur à deux temps ?

Le moteur à deux temps comporte (figure 11.3) :

– un cylindre à **trois lumières** dont les emplacements dans le plan vertical déterminent les **angles de distribution**,
– un carter inférieur étanche,
– un canal de transfert permettant la communication du carter inférieur avec le cylindre au-dessus du piston.

L'**admission** s'effectue **sous le piston** dans le carter inférieur étanche.

Ce dispositif permet :

1. La **précompression des gaz frais** et leur admission par le **transfert** avec une certaine pression, ce qui facilite le remplissage.

2. L'**addition** d'un pourcentage d'**huile moteur** dans l'essence et la **lubrification** :
– des roulements de paliers de vilebrequin,
– du roulement de tête de bielle de l'axe de piston,
– des parois des cylindres.

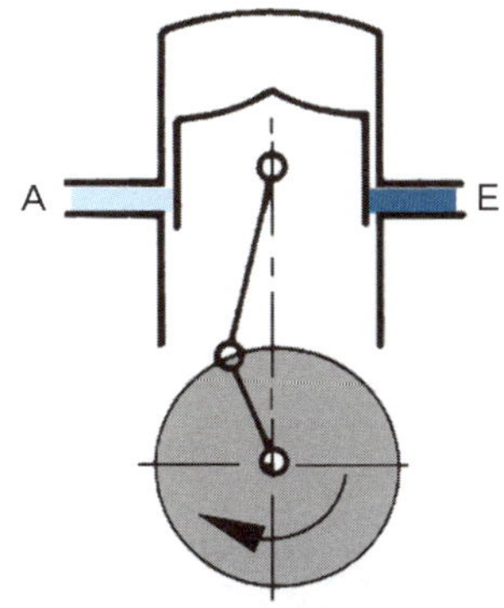

Fig. 11.1 – Principe du moteur à deux temps. Compression/inflammation-détente.

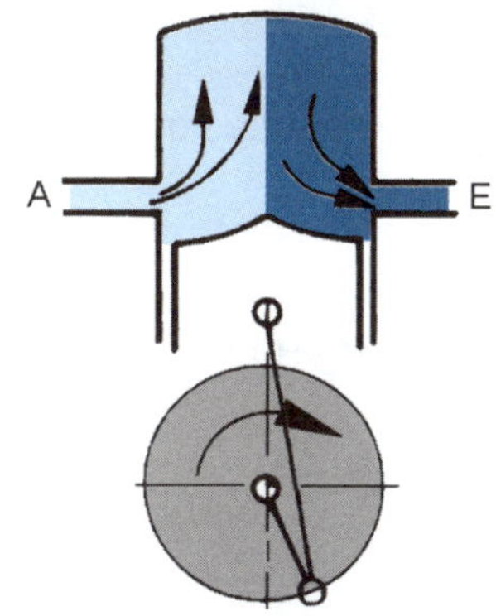

Fig. 11.2 – Échappement-admission.

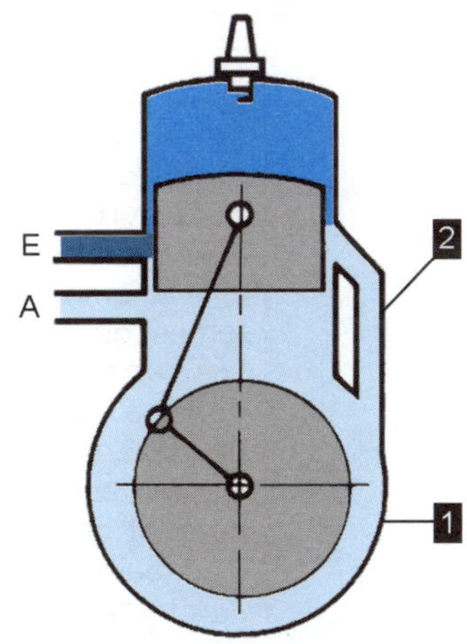

Fig. 11.3 – Moteur à deux temps à précompression des gaz frais.

1. Carter inférieur étanche.
2. Canal de transfert.
E. Lumière d'échappement.
A. Lumière d'admission.

Courses	Au-dessus du piston	Au-dessous du piston	Réalisation
Course ascendante du PMB au PMH	Le piston commence à monter et ferme successivement les lumières d'admission et d'échappement	La montée du piston produit une baisse de pression (dépression) dans le carter. La lumière d'admission est découverte, les gaz frais pénètrent (OA).	**Fig. 11.4** 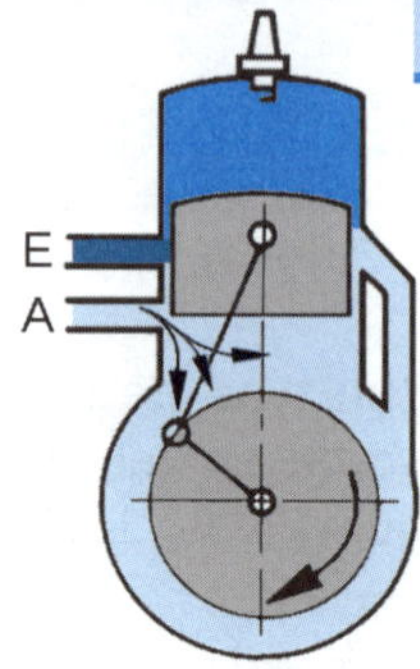
↑	L'allumage est déclenché en fin de compression (AA), c'est l'explosion.		**Fig. 11.5** 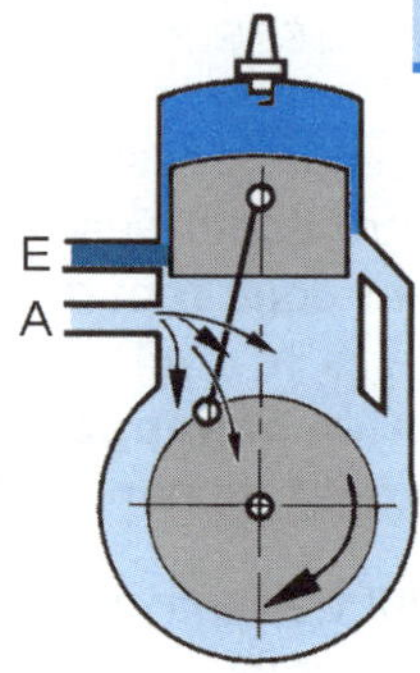
Course descendante du PMH au PMB	La pression repousse le piston : détente, temps moteur.	La lumière d'admission est masquée (FA) : précompression des gaz frais.	**Fig. 11.6** 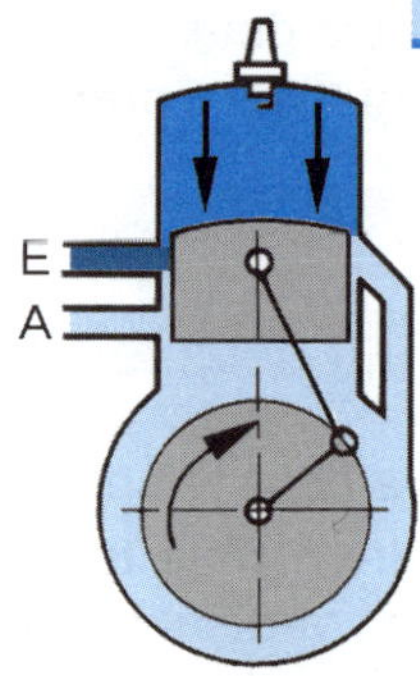
↓	Avant la fin de sa course, le piston découvre la lumière d'échappement (OE) puis la lumière de transfert est découverte (OT). Les gaz frais pénètrent dans le cylindre avec une légère pression. Le départ des gaz d'échappement crée un appel d'air (balayage). La remontée du piston ferme successivement les lumières de transfert (FT) et d'échappement (FE) et le cycle recommence.		**Fig. 11.7** 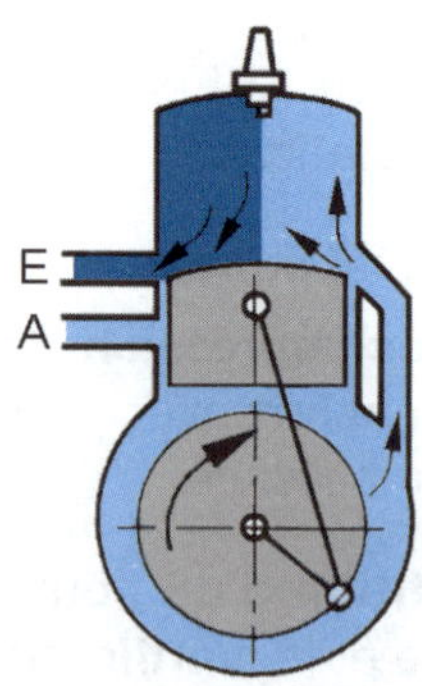

Comment représente-t-on l'épure circulaire d'un moteur à deux temps ?

A chaque position **linéaire** du piston correspond une **position angulaire** de la manivelle de vilebrequin (figure 11.8).

La modification des angles est réalisée par modification de la position des lumières par rapport à la course du piston. On peut également représenter le diagramme théorique des pressions (figure 11.9) par rapport aux déplacements du piston. Il est fait abstraction du temps d'équilibre des pressions et du délai d'inflammation.

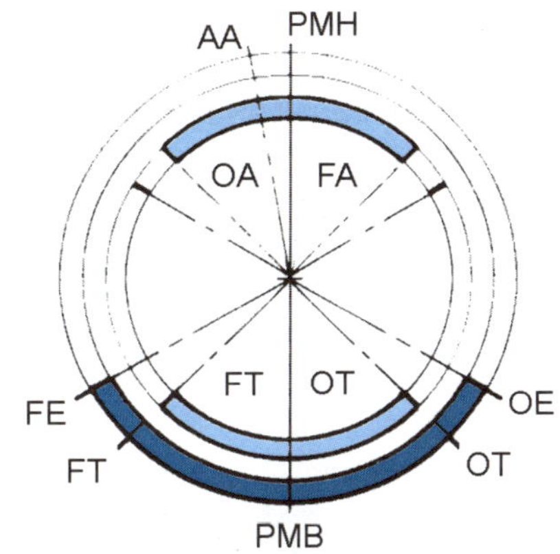

Fig. 11.8 – Épure circulaire du moteur à deux temps.

Cercle extérieur : au-dessus du piston.
Cercle intérieur : au-dessous du piston.

Le fonctionnement du moteur à deux temps est-il satisfaisant ?

Les avantages sont les suivants :

– à vitesse égale, il se produit **deux fois plus de temps moteurs** que dans un moteur à quatre temps ;

– la **distribution sans soupape** permet d'augmenter la vitesse de rotation du moteur sans risque d'affolement ;

– la **régularité** des poussées sur le vilebrequin diminue les à-coups et les vibrations, notamment en monocylindre. La masse du volant peut ainsi être réduite.

Ces éléments permettent d'obtenir une **puissance élevée** par rapport à la cylindrée et à la masse du moteur (puissance massique). La fabrication du moteur en est également simplifiée.

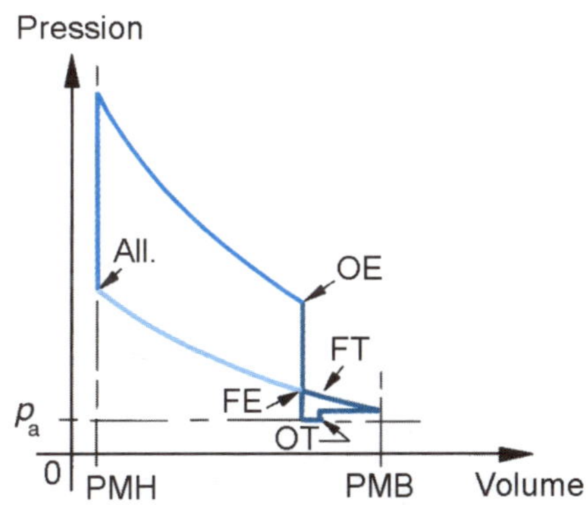

Fig. 11.9 – Diagramme théorique du moteur à deux temps.

Quels sont ses principaux inconvénients ?

La **séparation des gaz frais et des gaz brûlés** n'est jamais parfaite :

– la compression est commencée plus tardivement ;

– l'huile nécessaire au graissage est mélangée à l'essence ; la combustion est plus lente et produit des **résidus** nombreux (calamine) ainsi qu'une fumée d'huile à l'échappement.

Malgré ces problèmes, la puissance au litre de ce moteur reste supérieure de plus de 50 % de celle du moteur à quatre temps.

La puissance est obtenue notamment par une **vitesse de rotation élevée**.

$$P = \mathscr{C} \cdot \omega$$

Puissance en W

couple moteur en N · m

fréquence de rotation en rad/s

Quels sont les perfectionnements possibles ?

• Le remplissage des cylindres peut être augmenté grâce à des **dispositifs d'admission** particuliers ; distributeurs rotatif ou coulissant, admission à clapets, piston à lumière (figures 11.10 à 11.12).

Principe du moteur à deux temps à admission par clapet décomposition du temps admission/échappement

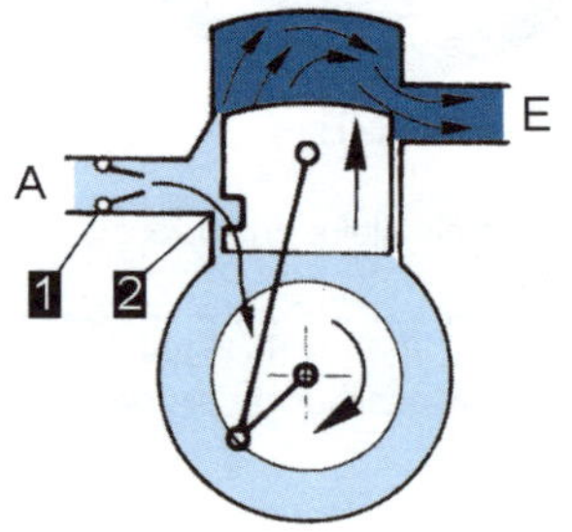

Fig. 11.10 – Admission/échappement.

A. Admission.
B. Échappement.
1. Clapet.
2. Fenêtre.

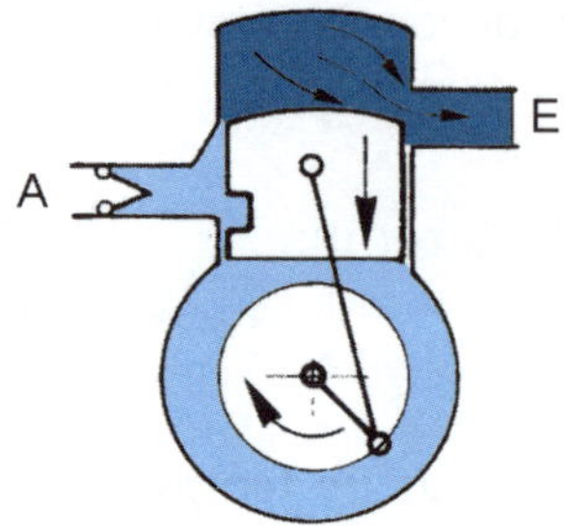

Fig. 11.11 – Précompression avancée grâce au clapet d'admission.

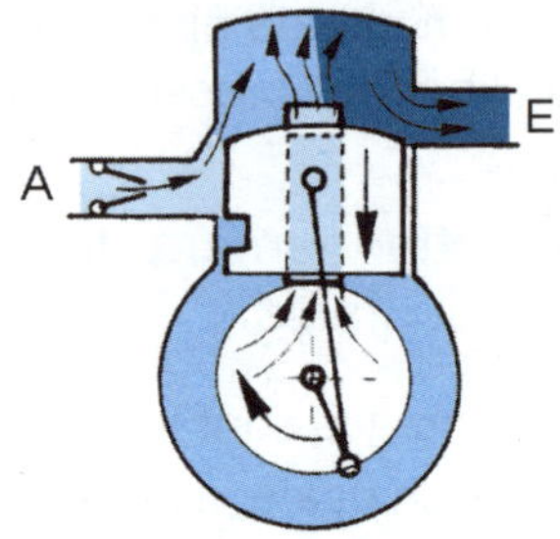

Fig. 11.12 – Fin d'échappement et transfert. Une admission directe vient s'ajouter au transfert.

• La quantité d'huile brûlée peut êre réduite grâce à un dispositif de **graissage séparé** comportant un circuit étanche de graissage des roulements de vilebrequin (dosage variable en fonction de la vitesse de rotation).

• La carburation peut être réalisée par injection.

Remarque

En automobile, où la puissance massique a moins d'importance que sur un motocycle, le moteur à deux temps est peu utilisé. En grosse cylindrée, les complications de fabrication redeviennent équivalentes à celles des quatre temps. La consommation et le taux de pollution sont supérieurs et les décalaminages périodiques augmentent les frais d'entretien.

MÉMO

- **Principe**

  Le moteur à deux temps réalise les quatre phases du cycle moteur en deux courses de piston, soit un tour de vilebrequin.
  Course ascendante :
  – au-dessus du piston : compression, explosion,
  – au-dessous du piston : admission.
  Course descendante :
  – au-dessus du piston : détente, échappement et transfert,
  – au-dessous du piston : précompression et transfert.

- **Critique**

  Ce moteur a une puissance massique supérieure à celle du moteur à quatre temps car à vitesse égale il se produit deux fois plus de détentes.
  Les pertes de puissance proviennent du mélange possible des gaz frais et des gaz brûlés, malgré les phénomènes de balayage.
  Certains dispositifs d'admission permettent d'augmenter le remplissage.
  Le graissage peut être réalisé par mélange d'huile à l'essence ou par circuit séparé.

POUR ALLER PLUS LOIN

1. *Recherchez les caractéristiques techniques d'un moteur à deux temps comportant au moins deux cylindres.*
2. *Effectuez pour ce même moteur les schémas :*
   – du dispositif d'admission,
   – du vilebrequin,
   – du dispositif de graissage.

TESTS

1. Dans le cycle à 4 temps, combien de degrés le vilebrequin parcourt-il lors d'un cycle complet ?	a. 180° ☐ b. 360° ☐ c. 720° ☐
2. Dans le cycle à 2 temps, combien de degrés le vilebrequin parcourt-il lors d'un cycle ?	a. 180° ☐ b. 360° ☐ c. 720° ☐
3. Un moteur possède les caractérisitiques de distribution suivantes : AOA 10°, RFA 60°, AOE 45°, REE 15°. Quel sera l'angle d'ouverture de la came d'admission ?	a. 60° ☐ b. 90° ☐ c. 125° ☐ d. 250° ☐ e. 360° ☐
4. Quelle est la position du piston en position AOE ?	a. avant le PMH ☐ b. avant le PMB ☐ c. au PMB ☐
5. Indiquez les temps résistants de cycle à quatre temps.	a. admission ☐ b. compression ☐ c. explosion-détente ☐ d. échappement ☐
6. Un vilebrequin est plus facilement équilibrable s'il est (2 réponses) :	a. court ☐ b. long ☐ c. symétrique ☐ d. lourd ☐
7. Dans un moteur à quatre temps, quelle est la distance qui sépare deux manetons consécutifs ? Il y a donc une explosion-détente tous les :	a. 90° ☐ b. 120° ☐ c. 180° ☐ d. 360° ☐
8. Dans un moteur à quatre temps, si le piston n° 1 se trouve en balance (fin échappement début admission), à quel temps se trouve la piston n° 4 ?	a. fin d'admission ☐ b. fin de compression ☐ c. fin de détente ☐ d. fin d'échappement ☐

Les circuits annexes

CHAPITRE 4

12

LE SYSTÈME DE GRAISSAGE DES MOTEURS

Observons les systèmes de graissage (figure 12.1)

• Le **carter inférieur** (2) reçoit la quantité d'**huile moteur** nécessaire par l'**orifice de remplissage** (1).

• L'huile est **mise sous pression** par une **pompe à huile** (3) entraînée mécaniquement. L'énergie mécanique nécessaire est prise sur un élément tournant (arbre à cames ou vilebrequin).

Le moteur comporte un réseau de canalisations permettant d'amener l'huile de graissage **automatiquement** sur tous les points de frottement.

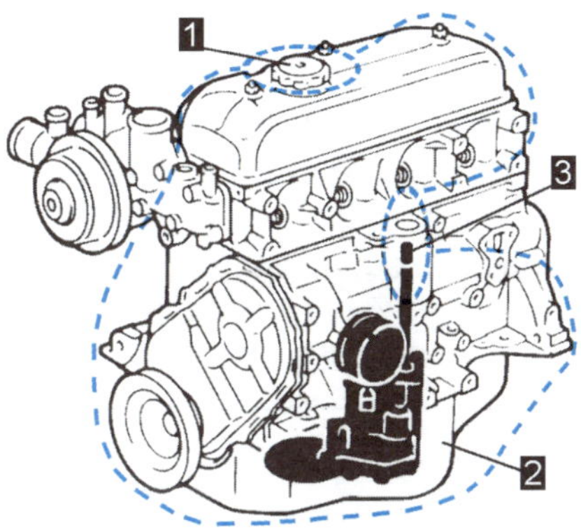

Fig. 12.1 – Frontière du système de graissage.

1. Orifice de remplissage.
2. Carter inférieur.
3. Pompe à huile à entraînement mécanique.

Quelle est la fonction globale du système de graissage ?

Le système de graissage fournit aux éléments mobiles l'huile sous pression nécessaire à éviter leur frottement et leur usure (figure 12.2).

La circulation de l'huile permet également l'évacuation des calories en certains points du moteur.

Le système de graissage participe au refroidissement du moteur.

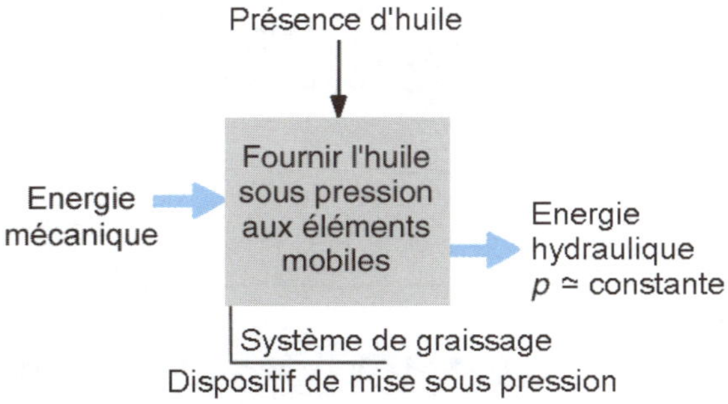

Fig. 12.2 – Fonction globale du dispositif de mise sous pression.

Quel est le principe de fonctionnement du système de graissage (figures 12.3, 12.4 et 12.5) ?

La **pompe à huile** (1) aspire l'huile du carter et la refoule dans le circuit avec une **pression** qui est fonction de l'ensemble des débits contrôlés réalisés grâce aux **jeux de fonctionnement**. La pression est régulée quelque soit la vitesse de rotation du moteur par le **clapet de décharge** (2).

L'huile est filtrée, le *by pass* (4) ayant pour rôle de permettre la circulation d'huile malgré le colmatage du filtre (3).

Une canalisation principale appelée rampe d'huile (6) permet la distribution de l'huile sous pression aux éléments à lubrifier.

Les éléments sont graissés de façon différente selon la force pressante qui maintient les pièces en frottement :

• **Graissage hydrodynamique** (sous pression) :
– vilebrequin : manetons et tourillons dans bielles et paliers,
– arbre à cames : tourillons dans paliers,
– poussoirs hydrauliques.

• **Graissage onctueux** (par projection) : cames de l'arbre à cames, poussoirs (autres qu'hydrauliques), queues de soupapes, axes de pistons, cylindres.

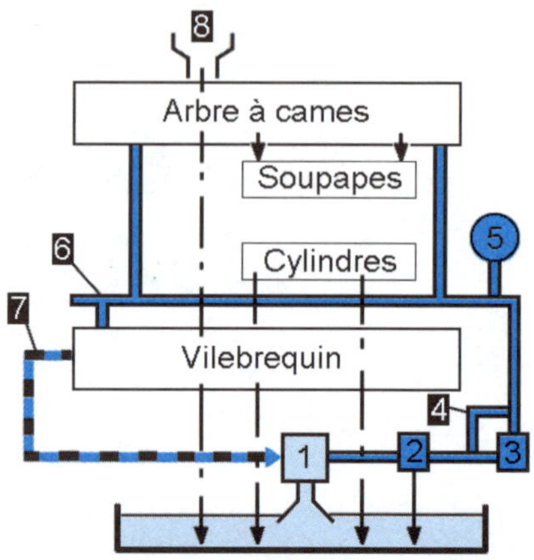

Fig. 12.3 – Les éléments du système de graissage.

1. Pompe à huile.
2. Clapet de décharge.
3. Filtre à huile.
4. *By pass* (incorporé au filtre à huile).
5. Manomètre de pression.
6. Rampe d'huile.
7. Entraînement mécanique de la pompe à huile.
8. Orifice de remplissage.

—— - —— - —— projections et retours au carter.

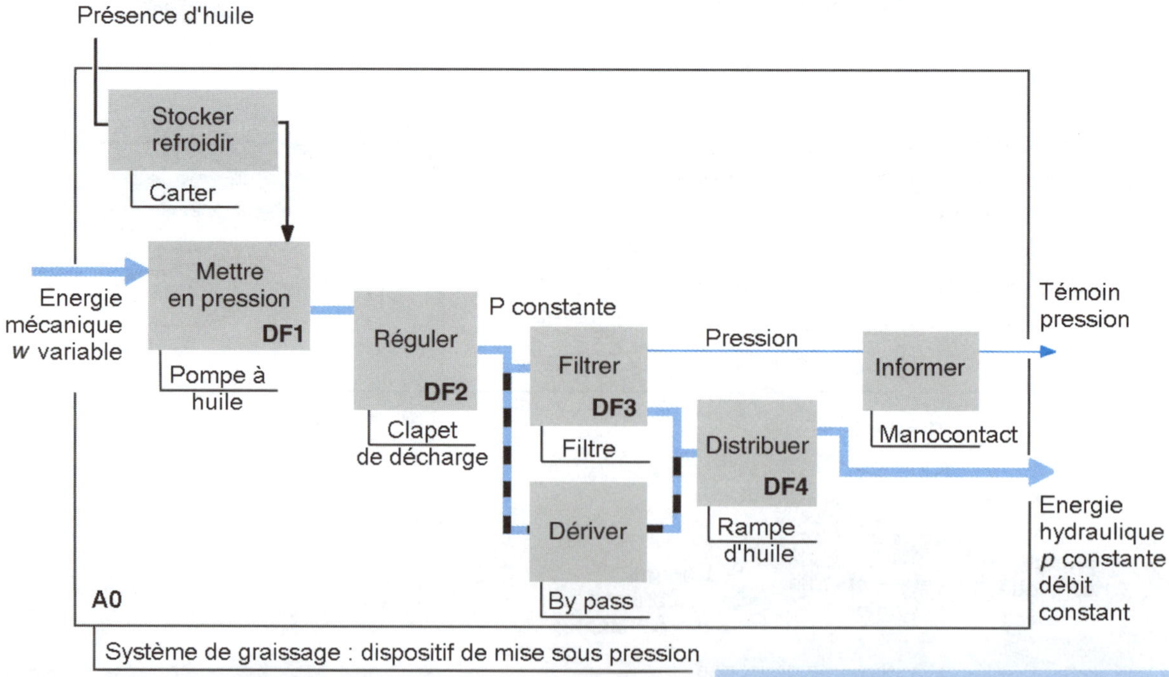

Fig. 12.4 – Analyse descendante du dispositif de mise sous pression.

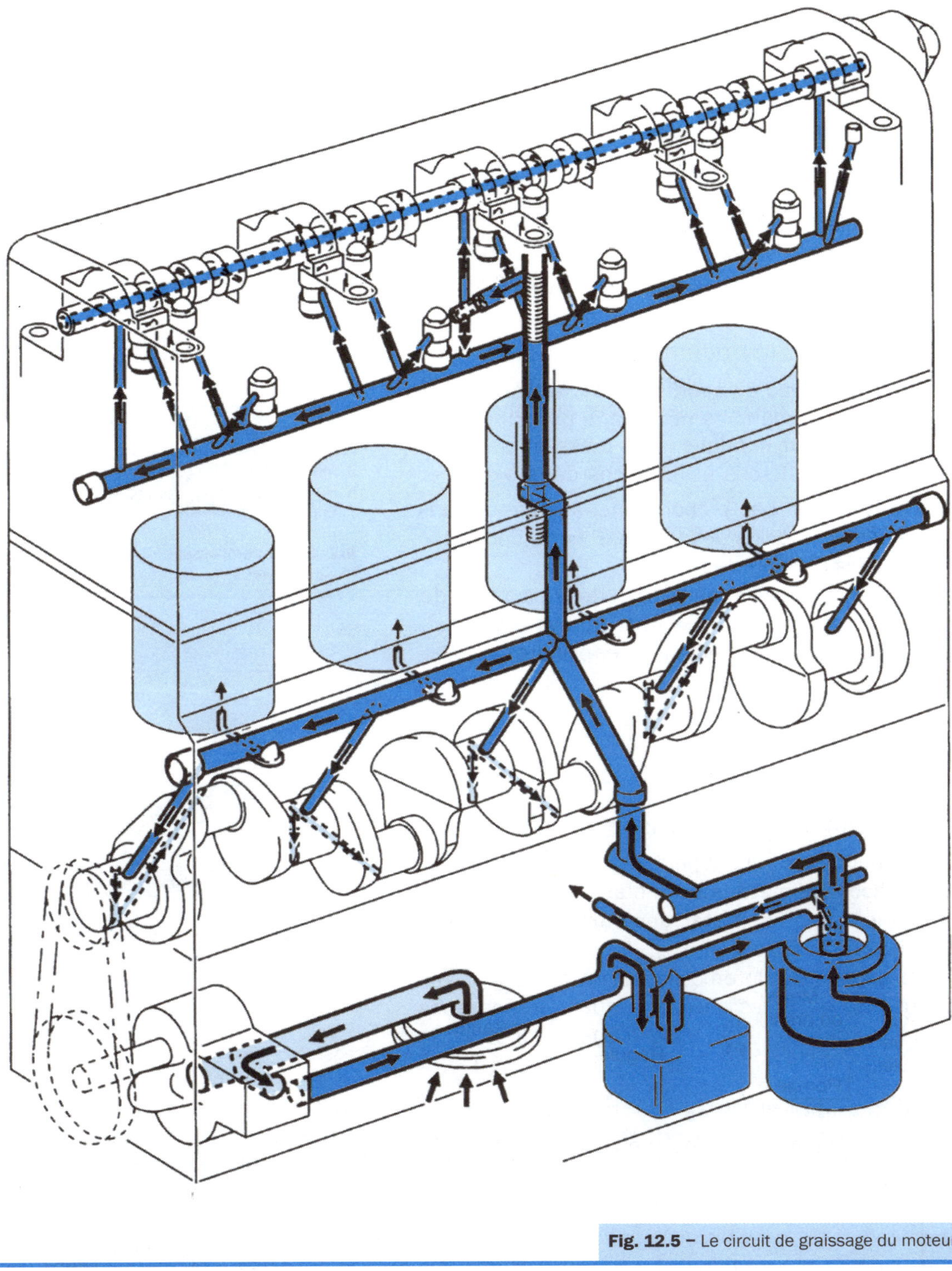

Fig. 12.5 – Le circuit de graissage du moteur.

Qu'est-ce que le frottement ?

Pour faire glisser une pièce (A) en appui sur un support (B), il est nécessaire d'exercer une force (F) parallèle au plan de contact. Elle est destinée à vaincre la résistance au glissement appelée **frottement** (figure 12.6).

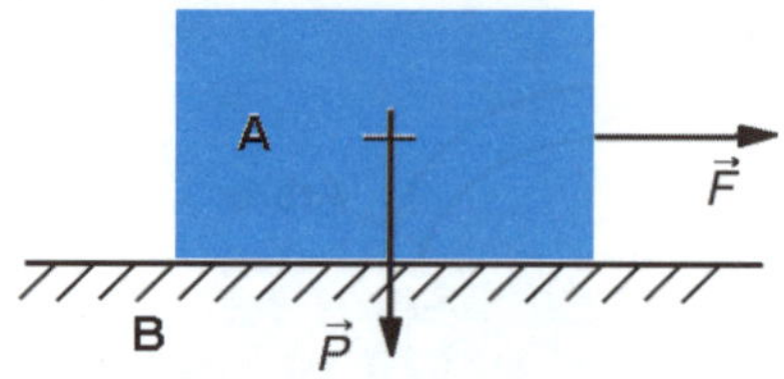

Fig. 12.6 – Déplacement = frottement

$f = \frac{F}{P}$.

Quels sont les inconvénients du frottement ?

Le travail résistant produit par le frottement des pièces est une **perte d'énergie** qui affecte le rendement des mécanismes.

Un dégagement de **chaleur** au niveau des surfaces en contact le confirme. Il provoque dilatations et grippages.

Le frottement s'accompagne d'une **usure** des surfaces (figure 12.7).

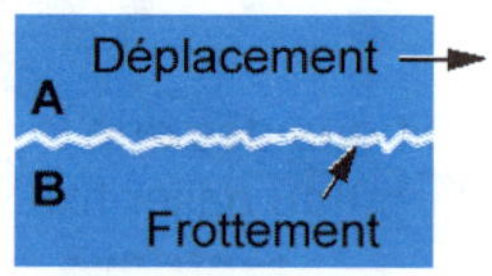

Fig. 12.7 – Profil grossi des surfaces en contact.

De quels facteurs le frottement dépend-il ?

Le frottement dépend **du coefficient de frottement** qui est le rapport entre la force nécessaire au mouvement et le poids de la pièce à déplacer $f = \frac{F}{P}$.

Le frottement n'est pas proportionnel aux dimensions des surfaces ni au poids des pièces. En effet, pour une pièce deux fois plus lourde :

$$f = \frac{2F}{2P} = \text{constante.}$$

Il est **fonction des matériaux** constituant les surfaces en contact.

Exemple

Fonte sur fonte $f = 0{,}15$.
Acier rectifié sur bronze $f = 0{,}05$.

Comment diminuer le coefficient de frottement ?

Le coefficient de frottement peut être réduit :

- Par le **choix des matériaux** : métaux antifriction.
- Par l'amélioration de **l'état des surfaces** : rectification, polissage, chromage.
- Par le **graissage** : interposition d'un corps gras qui compense les aspérités microscopiques et sépare les deux pièces par un film d'huile d'épaisseur variable (figure 12.8).

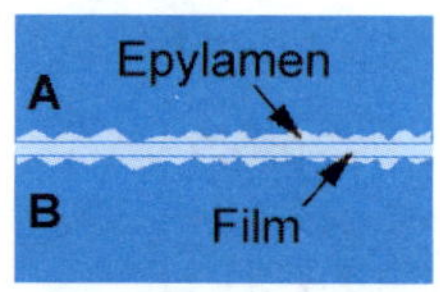

Fig. 12.8 – Graissage onctueux.

Qu'entend-on par graissage hydrodynamique ?

Si la pression unitaire des pièces en contact est élevée $\left(p = \frac{F}{S}\right)$, et que la vitesse relative des surfaces est importante ($v > 5$ m/s), les deux surfaces **se séparent** par une montée en **pression** de l'huile interposée.

Ce phénomène est favorisé par la formation d'un **coin d'huile** (figure 12.9). Les pièces n'étant plus en contact, le coefficient de frottement peut passer de 0,05 à 0,005 (principe du ski nautique).

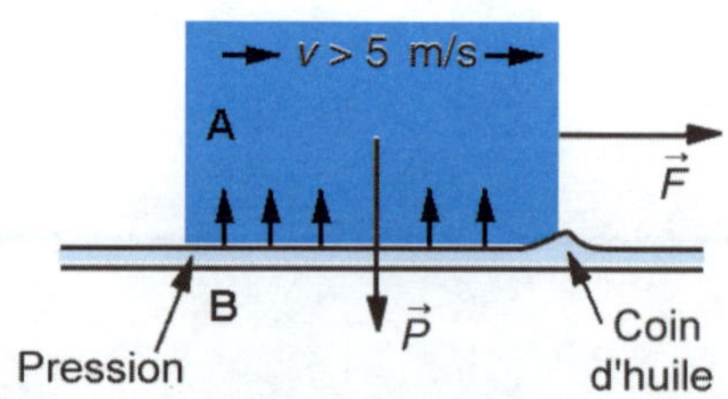

Fig. 12.9 – Phénomène du coin d'huile.

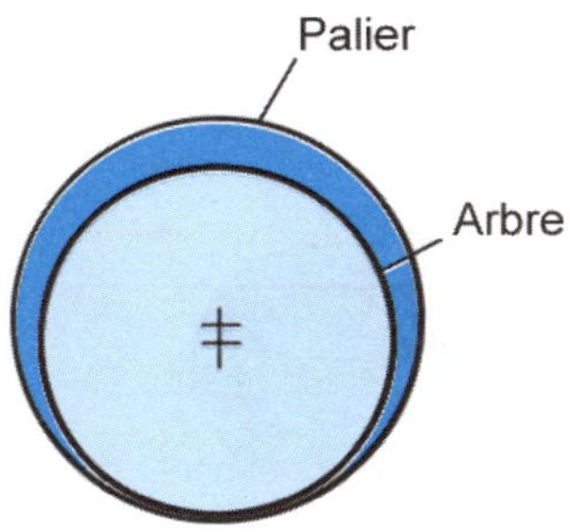

Fig. 12.10 – Arrêt.

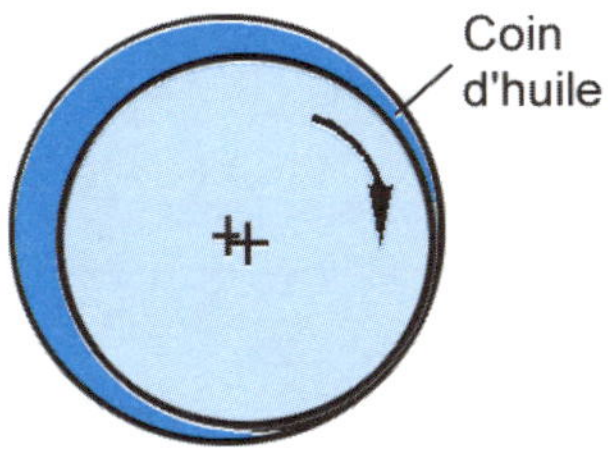

Fig. 12.11 – Départ.

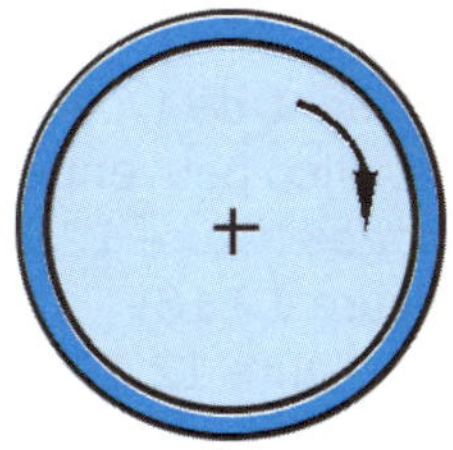

Fig. 12.12 – Rotation. Graissage hydrodynamique.

Le phénomène se produit-il sur les pièces de section circulaire (figures 12.10 à 12.12) ?

Prenons l'exemple d'un tourillon de vilebrequin dans son palier et admettons que l'espace libre soit rempli d'huile.

On s'aperçoit que dès que le tourillon a une vitesse relative par rapport au palier fixe, les pièces se plaçant dans une **position concentrique** et ne sont plus en contact.

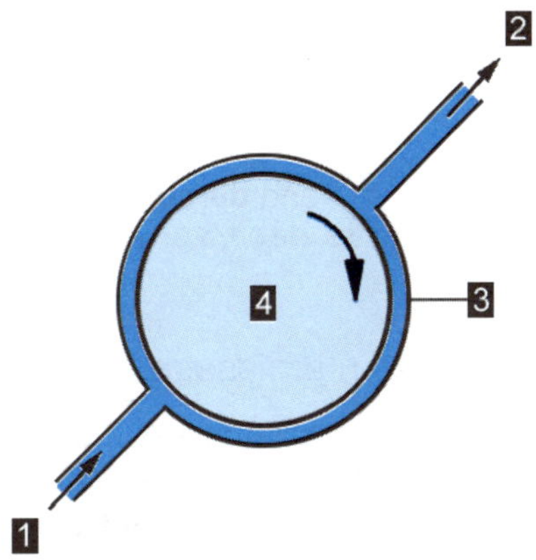

Fig. 12.13 – Circulation de l'huile dans les paliers.

1. Arrivée d'huile sous pression.
2. Départ vers les autres éléments à graisser.
3. Palier.
4. Tourillon.

Comment le renouvellement de l'huile est-il assuré ?

Chaque ensemble à graisser comporte une arrivée d'huile sous pression (1) et un départ vers d'autres éléments à graisser du circuit (2) (figure 12.13).

Les couples manetons/têtes de bielles comportent des jeux permettant des **fuites latérales contrôlées**.

Cette huile est projetée sous la tête des pistons et sur les parois des cylindres grâce à la force centrifuge acquise par la rotation.

Comment le filtrage de l'huile est-il assuré (figure 12.14) ?

La pompe à l'huile comporte une crépine d'aspiration permettant de retenir les particules les plus grossières.

Le filtre à l'huile (4) se compose d'une feuille de fibre poreuse pliée en accordéon. La surface de filtrage est très importante sous un faible volume.

En cas de colmatage, le clapet du *by pass* laisse circuler l'huile sans passer par le filtre. Les impuretés sont alors centrifugées dans les canalisations du vilebrequin qui se bouchent et diminuent le débit et la pression d'huile.

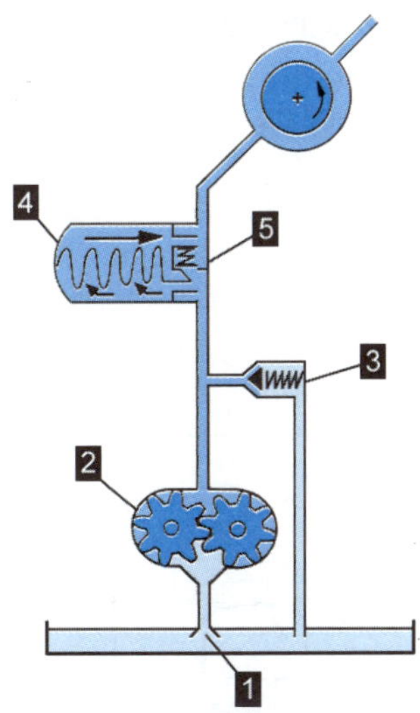

Fig. 12.14 – Mise sous pression et filtrage.

1. Crépine.
2. Pompe à huile à engrenage.
3. Clapet de décharge.
4. Filtre à huile.
5. By pass.

Quel est le principe de fonctionnement des pompes à huile ?

Les pompes sont de type volumétriques **aspirantes** et **refoulantes**, elles peuvent être :
- à **engrenages** (figure 12.15),
- à **rotor** (figure 12.16),
- à **palettes** (figure 12.17).

Leur principe de fonctionnement est identique :

• **Aspiration**. Le **volume** de la chambre d'aspiration **augmente**, la pression devient inférieure à la pression qui règne dans le carter inférieur, l'huile est alors aspirée.

• **Refoulement**. Le **volume** de la chambre de refoulement **diminue**, la pression augmente (PV = cte).

Le débit et la pression sont proportionnels à la vitesse de rotation du moteur.

La pression et le débit sont régulés par le clapet de décharge.

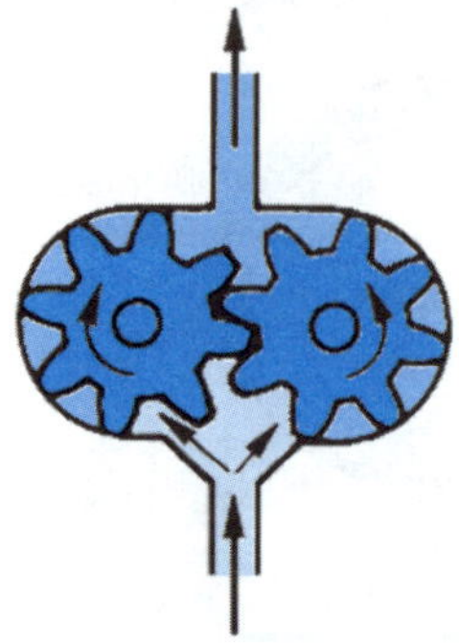

Fig. 12.15 – Pompe à engrenage.

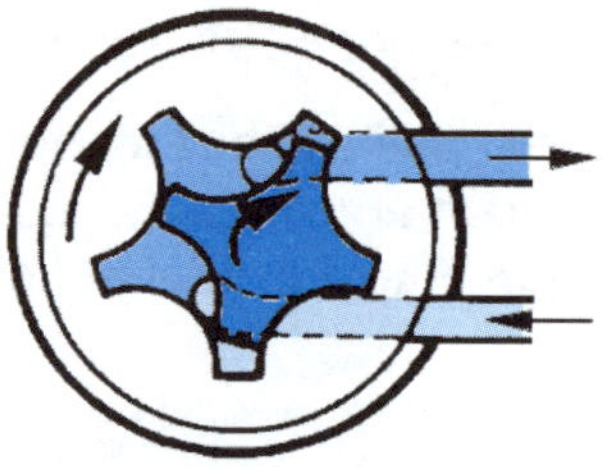

Fig. 12.16 – Pompe à rotor.

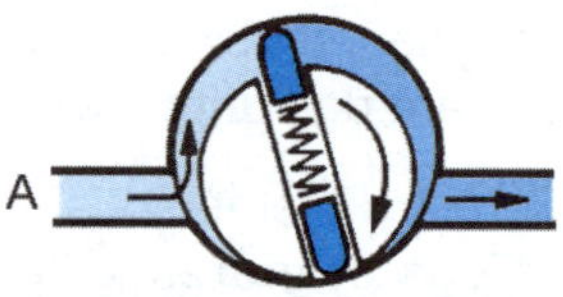

Fig. 12.17 – Pompe à palettes.

Qu'appelle-t-on graissage onctueux ?

Une couche de lubrifiant est interposée entre les surfaces. L'**épylamen** vient combler les irrégularités du métal et permet un **frottement gras**, diminuant sensiblement le frottement.

Dans ce cas, le renouvellement de l'huile est assuré par **barbotage** (figure 12.18) et/ou **projection**. La pénétration dc l'huile jusqu'aux paliers est facilitée par des rainures hélicoïdales pratiquées sur les flasques des éléments. Elle est contrariée par la force centrifuge qui agit en sens inverse.

Ce système de graissage convient pour certains éléments du moteur ainsi qu'aux organes de transmission.

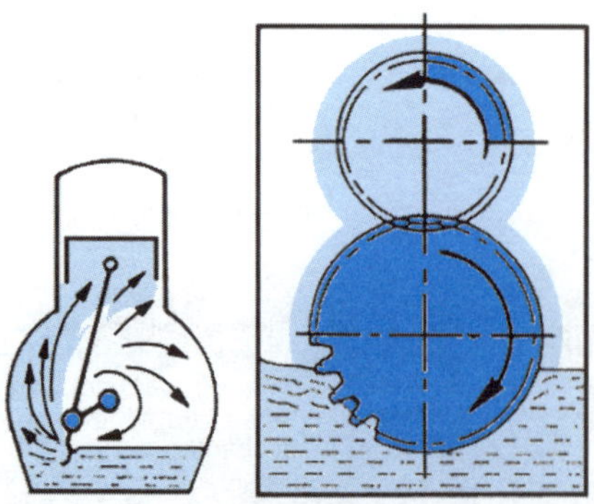

Fig. 12.18 – Graissage par barbotage.

Quelles sont les caractéristiques des huiles de graissage ?

• **Viscosité**. C'est la difficulté d'écoulement dans un tube, à température donnée. Elle se mesure en degrés Engler et selon la norme SAE, elle se traduit en **indice de viscosité** (figures 12.19 et 12.20).

Exemple

10 W, 20 W, 30 W, 40 W, etc. (W = winter).

• **Fluidité**. C'est l'inverse de la viscosité, elle se mesure en degrés Barbey.

• **Stabilité**. L'huile doit résister à la décomposition et à l'altération.

• **Onctuosité**. C'est la qualité d'adhérence de l'huile aux surfaces à lubrifier.

La **viscosité** des huiles **monogrades** diminue avec l'augmentation de température. Aussi utilise-t-on pour les moteurs d'automobile des **huiles multigrades**.

Exemple

15 W 50.
Cette huile se comporte comme une huile de grade 15 W à froid et comme une huile de grade 50 à chaud.
Sa composition la rend également **détergente**, ce qui lui permet de conserver les impuretés (particules de carbone) en suspension, jusqu'à ce qu'elles se trouvent retenues par le filtre à l'huile.

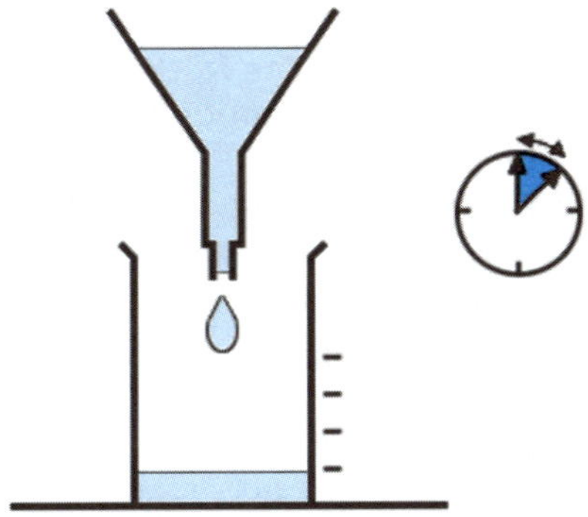

Fig. 12.19 – Viscosité élevée.

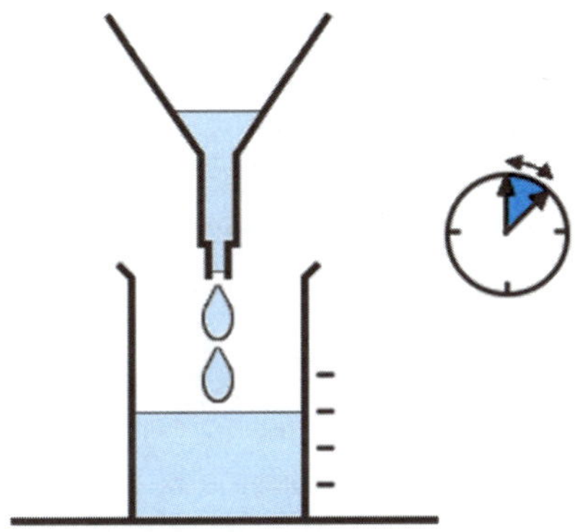

Fig. 12.20 – Faible viscosité.

Viscosité : quantité écoulée par un orifice calibré dans un temps donné à température constante.

Quelles sont les origines des huiles pour automobiles ?

Elles peuvent être d'origine :
– **minérale**, obtenues à partir du pétrole : de bonne qualité notamment en supermultigrade ;
– **végétale**, huile de ricin : onctueuse, mais risque de gommage ;
– **synthétique**, produit de synthèse aux performances élevées.

Remarque

Certaines huiles contiennent des additifs antifriction, antisouffre, etc.

MÉMO

- **Inconvénients des frottements**
  - Le frottement produit un travail résistant et une dissipation de chaleur provoquant des pertes d'énergie.
  - Il provoque l'usure et le grippage des pièces.
  - Le coefficient de frottement est un nombre sans unité $f = \frac{F}{P}$ qui est fonction des matériaux mis en contact.
- **Rôle du graissage**
  - Le graissage diminue le coefficient de frottement.
  - Un graissage onctueux permet un frottement gras, le renouvellement de l'huile est assuré par barbotage ou simple écoulement.
  - Le graissage hydrodynamique sépare les pièces grâce à la formation du coin d'huile.
- **Réalisation du graissage des moteurs**
  - La circulation de l'huile est assurée par une pompe et des canalisations. La pression est régulée.
  - Les éléments du moteur graissés sous pression sont : le vilebrequin, l'arbre à cames, la rampe de culbuteur.
  - Les éléments lubrifiés par écoulement ou projection sont : les pistons, la partie inférieure des cylindres, les cames, la chaîne de distribution, etc.
  - La purification de l'huile est assurée par un filtre.
- **Types de pompes**
  Les pompes peuvent être : à engrenages, à rotors, à palettes.
- **Qualités demandées aux huiles de graissage**
  - Les qualités des huiles de graissage sont : la viscosité, la fluidité, la stabilité, l'onctuosité.
  - Elles peuvent être monogrades ou multigrades.
  - L'origine des huiles est : minérale, végétale ou synthétique.

POUR ALLER PLUS LOIN

1. *Que se produit-il lorsque la pompe à huile est usée ?*
2. *Recherchez les caractéristiques des huiles préconisées pour trois types de moteurs et trois types de boîtes de vitesses différentes.*

13

LE REFROIDISSEMENT DES MOTEURS

Observons un système de refroidissement.

Le **moteur thermique** produit de la **chaleur** (énergie thermique). Nous verrons que pour le bon fonctionnement du moteur, il est nécessaire d'évacuer une partie de ces calories et de maintenir une **température constante**. Le bloc moteur et la culasse sont donc aménagés pour permettre la **circulation d'un fluide réfrigérant** qui sort du moteur par la **durit supérieure**, passe dans un **radiateur** (2, figure 13.2) soumis à l'air ambiant et retourne au moteur par la **durit inférieure** (figures 13.1 et 13.2).

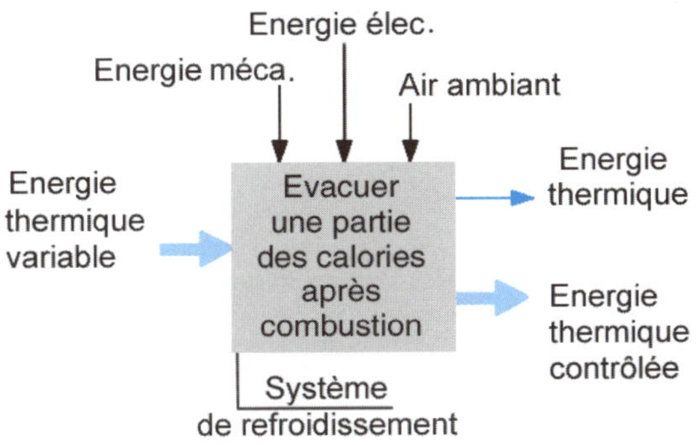

Fig. 13.1 – Fonction globale du système de refroidissement.

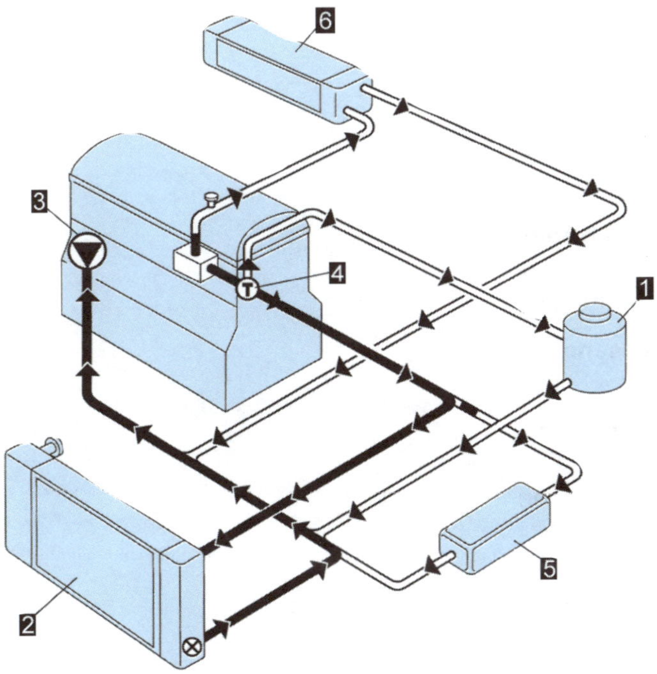

1. Vase d'expansion.
2. Radiateur.
3. Pompe à eau.
4. Thermostat.
5. Échangeur.
6. Radiateur de chauffage.

Fig. 13.2 – Système de refroidissement par liquide.

D'où la chaleur dégagée par le moteur provient-elle (figure 13.3) ?

Elle provient essentiellement de la **combustion des gaz** au temps explosion. La température au moment de l'inflammation atteint 2 000 °C. Au temps échappement, les gaz qui passent autour de la soupape et parcourent la tubulure sont encore à une température d'environ 800 °C.

On peut y ajouter, à une plus faible proportion, les divers **frottements**.

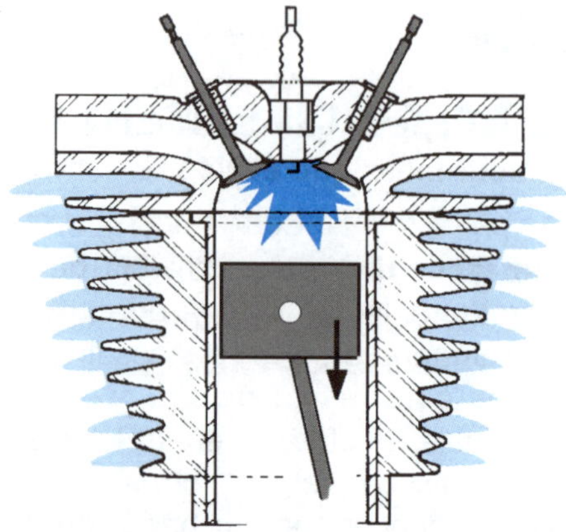

Fig. 13.3 – Refroidissement par air.

Cette chaleur est-elle compatible avec un fonctionnement normal du moteur ?

Bien que les températures indiquées soient des valeurs extrêmes, on peut considérer un dégagement moyen de chaleur de l'ordre de 800 °C, allant en décroissant au fur et à mesure de l'éloignement des éléments par rapport à la chambre de combustion.

En l'absence d'un système de refroidissement efficace, nous constatons :
- une **dilatation** des pièces provoquant une diminution des jeux, une difficulté de lubrification et un serrage ;
- une **diminution du taux de remplissage** par dilatation des gaz avant leur entrée dans la chambre ;
- l'**inflammation spontanée du mélange** air-essence (température d'auto-inflammation 400 °C) ;
- la formation de points chauds provoquant l'**auto-allumage** ;
- une modification des propriétés de métaux **(fluage, détrempage, fusion)** ;
- la **décomposition** et la carbonisation des **lubrifiants**.

La chaleur doit-elle être entièrement évacuée ?

Il est important de maintenir dans le moteur une **température de fonctionnement** régulière autant que possible afin de ne pas affecter son rendement thermique.

Elle favorise également la **vaporisation de l'essence** et permet une **combustion correcte**.

Une température de fonctionnement trop basse provoque :
- une combustion trop lente et incomplète (perte de puissance et pollution) ;
- une condensation des vapeurs d'essence ;
- l'essence liquide se trouvant sur les parois des cylindres dissout le film d'huile protecteur.

Comment évacuer la chaleur excédentaire ?

Les éléments constituant les parois de la chambre de combustion doivent être réalisés dans des métaux possédant une **bonne conductibilité thermique** et une **chaleur massique élevée**.

Les parois doivent être minces et offrir une **grande surface de contact** avec le fluide réfrigérant.

Le fluide doit circuler à une vitesse **proportionnelle** au dégagement des **calories**.

Remarque

Le rendement médiocre des machines thermiques s'explique par la perte considérable d'énergie provoquée par l'évacuation de ces calories.

Étudions le principe de fonctionnement du refroidissement par air (figures 13.4 et 13.5).

La **culasse** et les **cylindres** sont équipés d'ailettes offrant une grande surface de contact avec l'air.

Hormis pour les petits moteurs, la vitesse de passage de l'air est accentuée par la mise en place de **déflecteurs** (1) qui canalisent l'air propulsé par un **ventilateur**.

L'installation est parfois complétée par des **volets thermostatiques** (2) permettant de **réguler** l'évacuation des calories en fonction de la **température du moteur**.

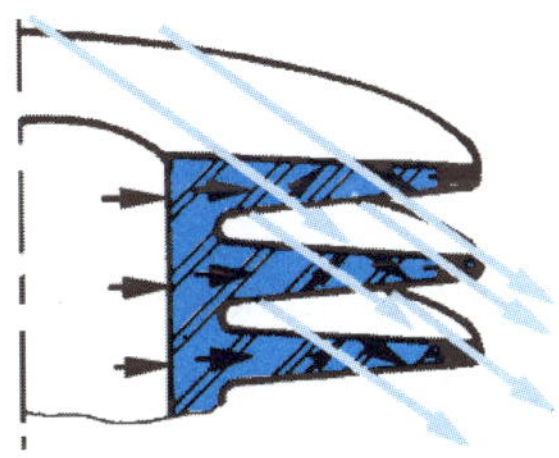

Fig. 13.4 – Les ailettes offrent une grande surface à l'air.

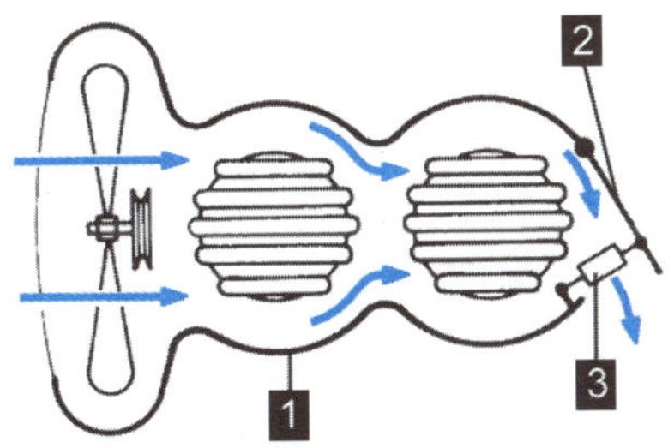

Fig. 13.5 – Moteur refroidi par air.

1. Tôles déflectrices.
2. Volet.
3. Thermostat.

Quels sont les avantages du système de refroidissement par air ?

Les avantages de ce système sont :
- la simplicité de constitution,
- le gain de poids,
- le peu de défaillance et d'entretien.

Système de refroidissement par eau.

Dans ce système (figure 13.6), l'eau sert **d'agent de transmission** des calories entre la chambre de combustion et l'air.

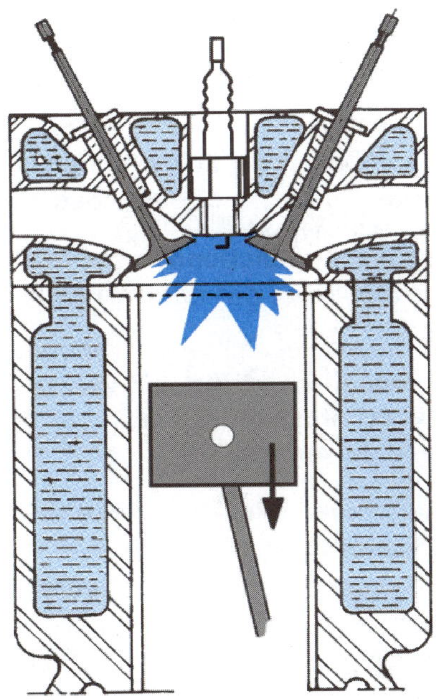

Fig. 13.6 – Refroidissement par eau.

La **culasse** et les **cylindres** comportent des **chambres d'eau**. La circulation de l'eau est assurée vers le **radiateur** où se produit l'**échange avec l'air** (figure 13.7).

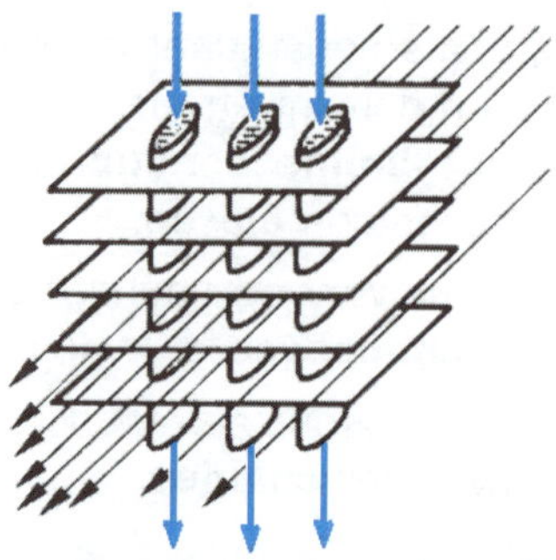

Fig. 13.7 – Faisceau de radiateur.

Comment l'eau circule-t-elle ?

L'eau se déplace dans le moteur du **bas** vers le **haut** par **différence de masse volumique** (figure 13.8).

Le mouvement est accéléré par une **pompe** à eau (2).

Le liquide chaud est dirigé vers la partie **supérieure** du radiateur et revient dans la partie **inférieure** au fur et à mesure de son **refroidissement** dans le radiateur (1).

Le radiateur est conçu de manière à offrir une **grande surface** de contact du liquide avec l'air.

La vitesse de passage de l'air est accélérée par un **ventilateur** (4). Celui-ci peut être ou non solidaire de l'arbre de pompe à eau.

Rappel

Les points de congélation et d'ébullition de l'eau sont respectivement de 0 °C et 100 °C.

L'évaporation forme un dépôt calcaire qui obstrue les fines canalisations du radiateur.

On utilise de préférence un **liquide spécial de refroidissement** composé d'eau déminéralisée et d'antigel toutes saisons.

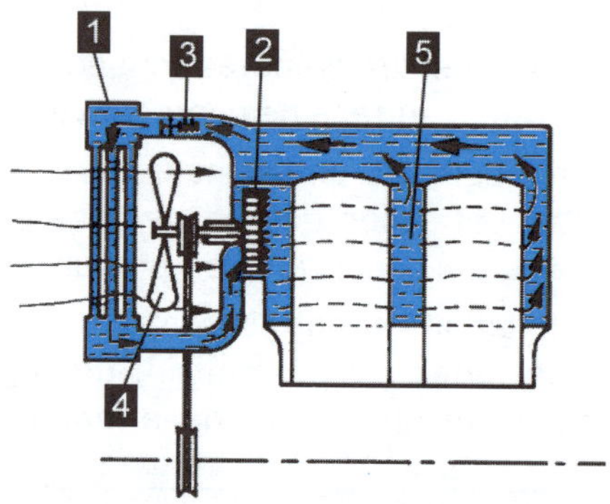

Fig. 13.8 – Moteur refroidi par eau.

1. Radiateur.
2. Pompe à eau.
3. Thermostat.
4. Ventilateur.
5. Chambre d'eau.

Peut-on reculer le point d'ébullition du liquide de refroidissement ?

Il est possible d'augmenter sensiblement la température de fonctionnement du moteur sans atteindre l'ébullition en maintenant le **circuit sous une légère pression** (figure 13.9).

On améliore ainsi la combustion et le rendement du moteur.

Ce résultat est obtenu par la mise en place d'une **soupape de pression** (3). La pression sera réglée par le **tarage de son ressort** (2).

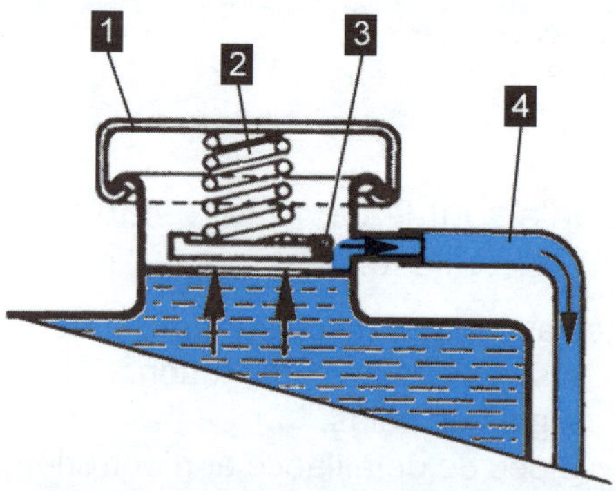

Fig. 13.9 – Circuit sous pression.

1. Bouchon de remplissage du radiateur.
2. Ressort taré.
3. Soupape.
4. Tube de trop plein.

Comment le niveau est-il maintenu constant dans le radiateur ?

Le niveau reste constant grâce à l'utilisation d'un vase d'expansion muni d'une **soupape à double effet** (figure 13.10).

• Lors de la **montée en température**, le liquide se dilate, le trop plein passe dans le vase (figure 13.11). Lorsque la pression de fonctionnement est atteinte, la soupape de pression quitte son siège.

• Lors du **refroidissement**, la **soupape de pression** est **fermée**, le liquide **se rétracte** et crée un vide dans le circuit. Lorsque la pression devient **inférieure** à la **pression atmosphérique**, la soupape de dépression s'ouvre.

Le liquide repart vers le radiateur par différence de pression.

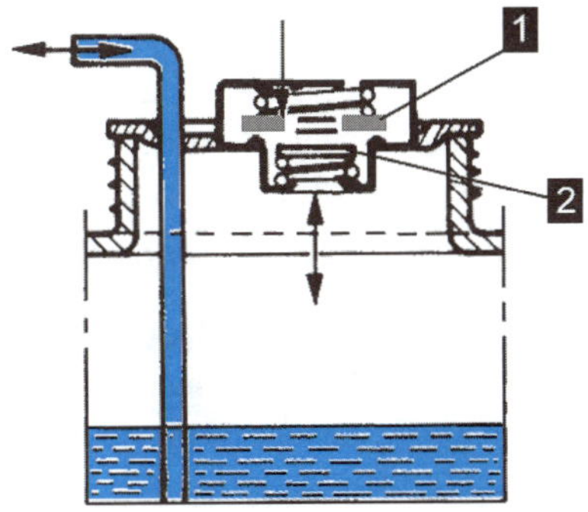

Fig. 13.10 – Soupape à double effet.

1. Soupape de pression.
2. Soupape de dépression.

Peut-on activer le réchauffement du moteur ?

Le fonctionnement à froid du moteur présente, comme nous l'avons vu, plusieurs inconvénients. On utilise un **thermostat** qui agit en interdisant **la circulation du liquide** de refroidissement tant que le moteur n'a pas atteint sa température de fonctionnement.

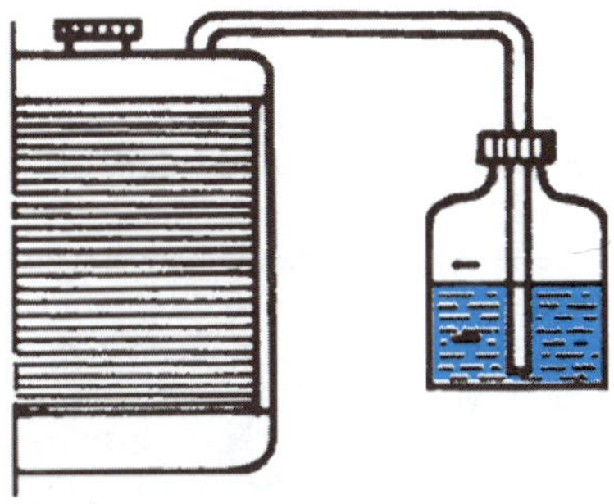

Fig. 13.11 – Circuit fermé avec vase d'expansion.

Quel est le principe du thermostat ?

Il s'agit d'une **soupape incorporée** dans le circuit dont l'ouverture est conditionnée par la température du liquide (figure 13.12). À froid, la **soupape est fermée**, le liquide qui ne peut circuler vers le radiateur, va s'échauffer rapidement.

La température de fonctionnement est atteinte. Le liquide chaud produit par exemple la **dilatation du soufflet métallique**.

Le **thermostat** s'ouvre à la température pour laquelle il a été conçu.

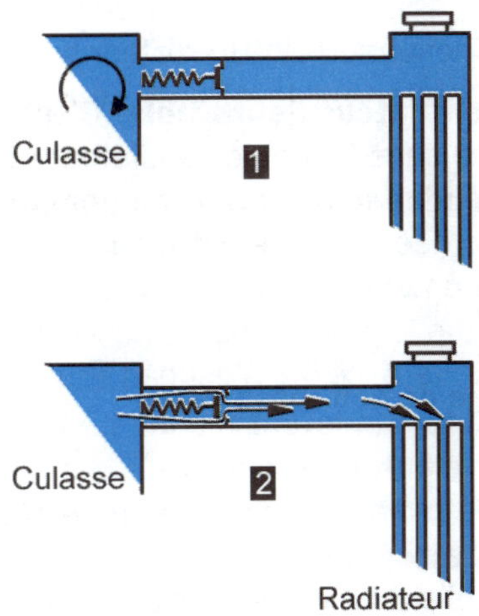

Fig. 13.12 – Fonctionnement du thermostat.

1. Moteur froid ou < 80 °C : thermostat fermé.
2. $t > 80$ °C : thermostat ouvert.

La vitesse de rotation du ventilateur doit-elle être proportionnelle à celle du moteur ?

Il peut être intéressant de **désolidariser le ventilateur** de la **pompe à eau**, la vitesse de cette dernière étant fonction de celle du moteur.

Choisissons quelques exemples caractéristiques :

Conditions de fonctionnement	Vitesse de rotation du moteur/ pompe à eau	Vitesse de passage de l'air dans le radiateur	Température du liquide dans le moteur	Thermostat	Ventilateur permanent	Ventilateur commandé
Départ	moyenne	moyenne	basse	fermé	tourne	arrêté
Moteur chaud sur route	élevée	élevée	normale	ouvert	tourne	arrêté
Moteur fatigué (pleine charge)	moyenne	moyenne	élevée	ouvert	tourne moins vite	tourne à vitesse élevée
Circulation urbaine	lente	presque nulle	élevée	ouvert	tourne lentement	tourne à vitesse élevée

Remarque

Le système par ventilateur commandé tient compte de la **température du liquide dans le radiateur**, cette température étant fonction :
- de la température du liquide dans le moteur,
- de l'ouverture ou non du thermostat,
- de la vitesse de rotation de la pompe à eau,
- de la vitesse de l'air traversant le radiateur.

Avantages du système par ventilateur commandé :

- **Régulation** plus précise de la température du liquide.
- Amélioration de la combustion (notamment en ville).
- **Économie d'énergie**, le ventilateur ne fonctionnant qu'au moment opportun.

Quel est le principe de fonctionnement de ce type de ventilateur ?

- **Ventilateur débrayable**. C'est un système intermédiaire dans lequel le ventilateur peut être **solidarisé** ou **désolidarisé** de l'**arbre de pompe à eau**. La liaison est effectuée par un **électro-aimant**. On évite ainsi le fonctionnement inutile du ventilateur à froid. Mais à chaud, lorsque le moteur tourne au ralenti, le ventilateur tourne lentement, ce qui n'est pas souhaitable.
- **Motoventilateur** (figure 13.13). Il s'agit d'un ventilateur **électrique** tournant à grande vitesse. Il est placé sur le radiateur, les **pales du ventilateur** étant très **près des faisceaux**. Sa vitesse de rotation est indépendante de celle du moteur. Il peut se trouver éloigné du moteur (moteur transversal).
- **Commande**. Dans les deux cas, la commande est effectuée par un **thermocontact électrique** placé sur le radiateur.

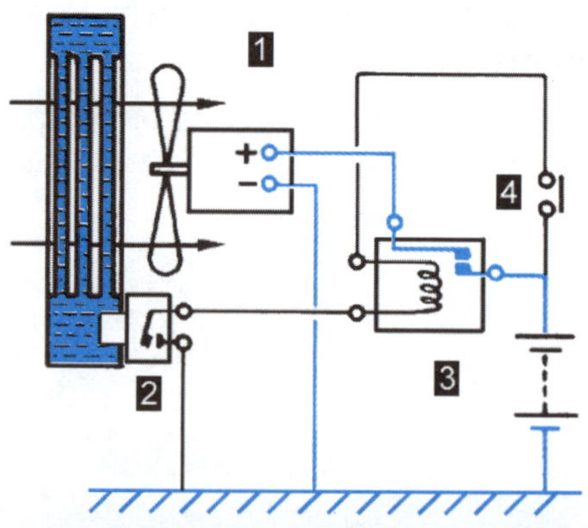

Fig. 13.13 – Commande du motoventilateur.

1. Motoventilateur.
2. Thermocontact.
3. Relais électrique.
4. Contact d'allumage.

Peut-on augmenter l'efficacité du système de refroidissement (figure 13.14) ?

En cas de service dur (véhicule de charge, traction d'une caravane), il est possible d'utiliser un radiateur offrant une **plus grande surface** à l'air ou de placer un **second motoventilateur** ou un ventilateur à deux vitesses.

Remarque

La forme du radiateur doit être compatible avec l'aérodynamisme du véhicule.

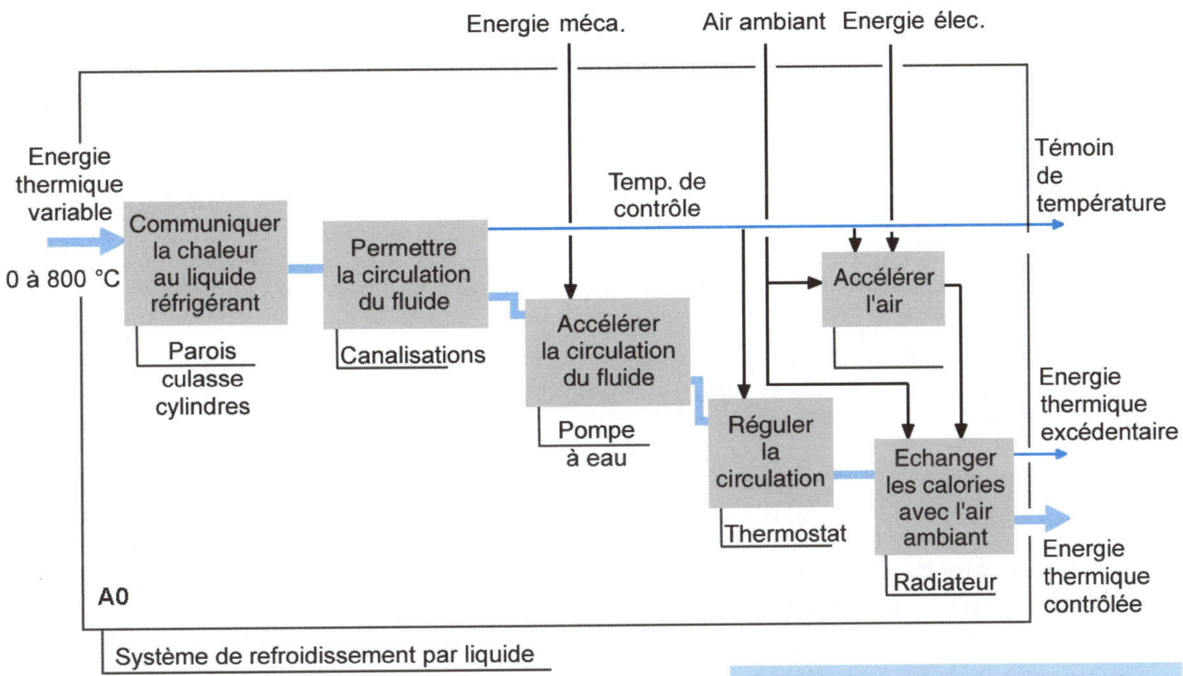

Fig. 13.14 – Analyse descendante du système de refroidissement par liquide. Niveau A0.

MÉMO

- **Origine de la chaleur**
  La chaleur dégagée par le moteur provient principalement de la combustion des gaz au temps explosion.
  On peut y ajouter les divers frottements mécaniques.
- **Inconvénients d'une chaleur exagérée**
  Une trop forte chaleur produit :
  - des dilatations,
  - une diminution du taux de remplissage,
  - l'auto-inflammation du mélange,
  - une modification des propriétés des métaux,
  - une décomposition des lubrifiants.
- **Réalisation du refroidissement**
  Le refroidissement s'effectue par contact des métaux constituant la chambre de combustion avec un fluide réfrigérant.
  Ces métaux doivent posséder une bonne conductibilité thermique.
  Les parois doivent être minces et offrir une grande surface de contact avec le fluide. Celui-ci doit circuler à une vitesse proportionnelle au dégagement des calories.
- **Refroidissement par air**
  La culasse et les cylindres sont munis d'ailettes, l'air est canalisé par des tôles déflectrices et accéléré par un ventilateur.
  La constitution du moteur est simplifiée. L'ensemble est plus léger et moins encombrant qu'un système de refroidissement par eau. Les pannes sont rares et il nécessite peu d'entretien.
- **Refroidissement par eau**
  Un liquide de refroidissement circule dans la culasse et autour des cylindres. Il est accéléré par une pompe à eau et refroidi dans un radiateur. L'air traversant le radiateur est activé par un ventilateur.
  Un thermostat facilite la montée en température du moteur.
  Le point d'ébullition est reculé grâce à une mise sous pression.
  Le niveau est maintenu constant grâce à un vase d'expansion muni d'une soupape à double effet.
  Le ventilateur peut être permanent ou commandé par un thermocontact électrique : ventilateur débrayable ou motoventilateur.

POUR ALLER PLUS LOIN

1. *Relevez les températures d'ouverture du thermostat, de mise en route et d'arrêt du moto-ventilateur sur un moteur de votre choix.*
2. *Recherchez le système employé pour effectuer le chauffage de l'habitacle dans les véhicules à refroidissement par air, et dans ceux à refroidissement par eau.*

TESTS

1• Citez deux types de graissage utilisés en automobile :	par .... par ....
2• Complétez le schéma d'une pompe à huile à engrenage en indiquant le sens de rotation des pignons et le sens de circulation de l'huile. Placez un clapet de décharge.	
3• Nommez les éléments du moteur graissés – par pression, – par graissage onctueux.	....
4• Citez les défauts produits par une température exagérée du moteur.	....
5• Citez les différents dispositifs utilisés pour effectuer le refroidissement des moteurs (refroidissement par eau).	....
6• Indiquez deux matières courantes utilisées pour la fabrication des culasses et des bloc-moteurs.	a. acier ☐ b. cuivre ☐ c. fonte ☐ d. aluminium ☐ e. magnésium ☐
7• Quels sont les deux qualités communes à ces matières ?	....
8• Quel élément facilite la montée en température du moteur ?	a. thermocontact ☐ b. thermostat ☐ c. sonde de température ☐
9• Quel élément commande la mise en fonctionnement du motoventilateur ?	a. thermocontact ☐ b. thermostat ☐ c. sonde de température ☐
10• Citez deux types de ventilateurs utilisés en automobile.	....

La carburation

CHAPITRE 5

14

LES COMBUSTIBLES ET LA COMBUSTION

Qu'appelle-t-on combustible ?

On nomme combustible, toute matière dont la combustion produit de l'**énergie calorifique**.

Quelles sont les origines des combustibles ?

Les combustibles sont formés principalement de **carbone** et d'**hydrogène** et peuvent être :
- d'origine **végétale** : bois, lignite, houille,
- d'origine **minérale** : pétrole (figure 14.1).

Fig. 14.1 – Raffinerie de Donges. Reformatage régénératif. (Document ELF. © Houlbreque).

Quelles sont les principales qualités demandées aux combustibles pour moteurs ?

Ces combustibles doivent :

• Posséder un haut **pouvoir calorifique** : quantité de chaleur (W), dégagée par la combustion de l'unité de masse (en joules par kilogramme).

• Dégager cette énergie dans un temps **très court**

$$P = \frac{W}{t}.$$

• Se présenter sous une forme compatible avec la combustion interne des moteurs.

Quels sont les combustibles qui répondent à ces conditions ?

On choisit les combustibles, **liquides** ou **gazeux**, dont le **mélange intime avec l'air** est aisé.

Ces combustibles sont appelés **carburants** ou hydrocarbures.

Ils proviennent :
- de la distillation du pétrole brut : essence, gazole,
- de réserves géologiques gazeuses : gaz naturel,

– de la distillation de végétaux : alcool éthylique,
– de la transformation de la houille : benzol, méthane,
– de réactions chimiques à partir d'hydrocarbures mis en présence, d'un catalyseur ou d'un autre élément : essence synthétique, essence de craquage, éthylène.

Comment les carburants pétroliers sont-ils obtenus ?

Le pétrole est une huile minérale naturelle très visqueuse et de couleur foncée. Il s'est formé au cours de centaines de millions d'années par un lent processus de décomposition de substances organiques.

Le **raffinage** est le traitement qui permet d'extraire les divers composants.

Le pétrole brut est soumis à une **première distillation** qui permet de séparer les produits en fonction de leur température d'ébullition.

On recueille successivement les vapeurs dégagées dans une **tour de distillation** (figure 14.2). Les produits sont récupérés en commençant par les plus légers comme le butane et le propane et en finissant par les huiles les plus lourdes et les graisses.

En fin d'opération, il ne reste que des résidus bitumeux.

Afin d'obtenir de plus grandes quantités d'essence, certains fuels peuvent être soumis à une **seconde distillation**.

Elle est effectuée sous pression en présence d'un catalyseur produisant une dislocation des molécules d'hydrocarbure. L'essence ainsi produite se nomme **essence de craquage** (ou de cracking).

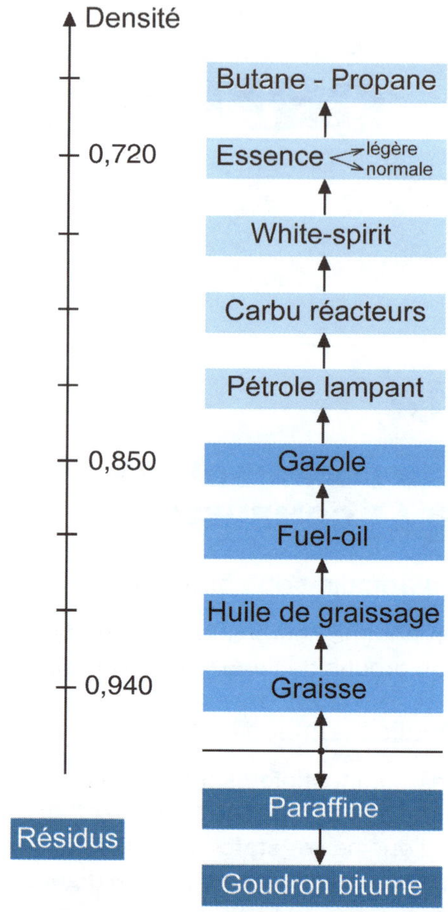

Fig. 14.2 – Classement des produits selon leur masse volumique (densité).

Quelles sont les caractéristiques physiques des carburants courants ?

Carburant	Pouvoir calorifique (cal/kg)	Densité	Température d'inflammation	Tendance à la détonation
essence	11 – 12 000	0,72	380 °C	dépend de son indice d'octane 84 à 100
alcool	5 – 7 000	0,8	460 °C	aucune
gazole	10 – 11 000	0,85	400 °C	dépend de son indice de cétane
benzol	10 000	0,9	420 °C	faible
gaz de pétrole liquéfié GPL	10 – 11 000	2,2	400 °C	faible

Pourquoi existe-t-il plusieurs types d'essences pour automobiles (figure 14.3) ?

Selon le type de performances recherchées, les constructeurs réalisent de moteurs diffèrents notamment dans :
- le rapport alésage/course,
- la cylindrée,
- le rapport volumétrique,
- la forme des chambres de combustion.

Fig. 14.3 – Les différents carburants disponibles en France.

Pour une combustion optimale, nous verrons que la **vitesse d'inflammation** doit être la **plus élevée possible sans atteindre la détonation**.

Les moteurs les plus sensibles à la détonation utilisent un carburant d'indice d'octane élevée.

Qu'est-ce que l'indice d'octane ?

L'indice d'octane est un nombre sans unité désignant la **résistance à la détonation** d'un carburant.

On obtient cet indice en comparant le comportement du carburant à tester avec ceux de l'**heptane** qui est très détonant et de l'**octane** qui détone difficilement (figure 14.4).

Remarque

Un carburant d'indice d'octane 90 est un carburant qui se comporte comme un mélange de 90 % d'octane et 10 % d'heptane.

Comment l'indice d'octane est-il augmenté ?

Pour augmenter l'indice d'octane, d'autres carburants sont incorporés à l'essence tels que l'alcool, le benzol, les essences de craquage, les essences synthétiques (le benzol améliore la miscibilité de l'alcool dans l'essence).

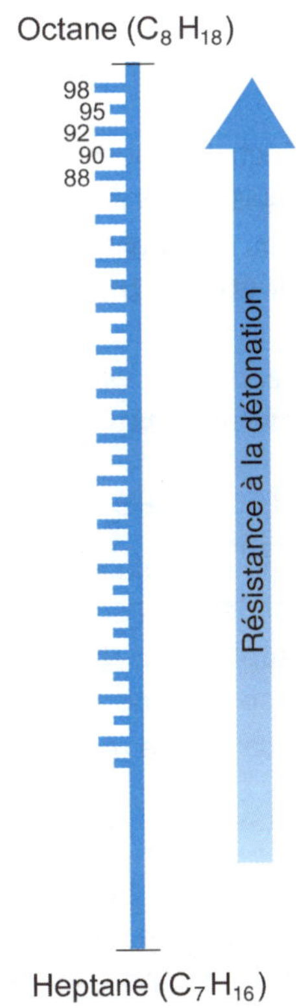

Fig. 14.4 – Indice d'octane : principe.

Dans certains cas, on peut ajouter dans de faibles proportions un additif à base de **plomb tétraéthyle**.

Quels sont les inconvénients de la présence de plomb dans l'essence ?

La présence de plomb tétraéthyle même dans de faibles proportions est :
- nuisible pour la santé,
- incompatible avec les catalyseurs d'échappement (pots catalytiques).

Quels sont les avantages de l'essence sans plomb ?

L'absence de plomb représente un progrès important en matière de pollution atmosphérique par diminution des polluants rejetés par les moteurs thermiques : les vapeurs de plomb disparaissent, et grâce à l'utilisation de l'injection d'essence et des pots catalytiques, les taux de CO (oxyde de carbone) et de HC (hydrocarbures imbrûlés) diminuent.

Remarque

L'utilisation de super classique dans un moteur catalysé détruit la matière active du pot catalytique.

Quelles sont les caractéristiques du gazole ?

Les carburants lourds comprennent :
- le mazout } moteurs et chaudières industriels
- le fuel }
- le gazole (véhicules à moteur Diesel)

Ils sont caractérisés par leur **indice de cétane**.

Il s'agit d'un nombre indiquant la **vitesse d'inflammation du gazole** par rapport à deux hydrocarbures étalons :
- le **cétane**, dont la vitesse d'inflammation est nulle,
- l'**alpha-méthyle-naphtalène** dont la vitesse est infinie.

Quelle est la nécessité de la combustion ?

Une machine thermique ne peut produire de travail que si elle possède deux sources de chaleur à des températures différentes (Loi de Carnot) :
- une **source chaude** (combustion),
- une **source froide** (milieu extérieur proche).

Qu'entend-on par combustion interne ?

La combustion est l'ensemble des phénomènes physiques, chimiques et thermodynamiques qui accompagnent la combinaison d'un **combustible** avec l'**oxygène**. Il y a combustion interne lorsque ces opérations se déroulent à l'intérieur même du moteur.

Quel est le rôle de la combustion ?

Le rôle de la combustion est de transformer l'énergie chimique potentielle contenue dans le carburant en **énergie thermique** ou **calorifique** (figure 14.5).

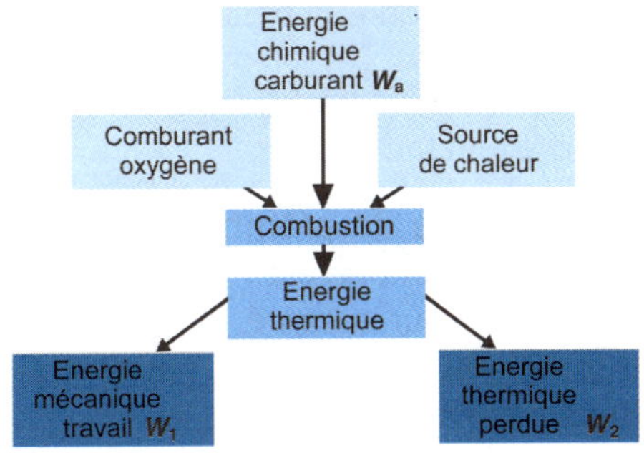

Fig. 14.5 – Transformation de l'énergie.

Comment réaliser cette combustion ?

Il est nécessaire de mettre en présence (figure 14.6) :
- un **carburant** à haut pouvoir calorifique,
- un **comburant** – l'oxygène de l'air,
- une **source de chaleur**.

Le carburant et le comburant doivent se combiner parfaitement.

L'ensemble des opérations permettant la préparation du mélange afin de le rendre combustible se nomme la **carburation**.

L'apport de chaleur permet d'amener le mélange carburé à sa **température d'inflammation**.

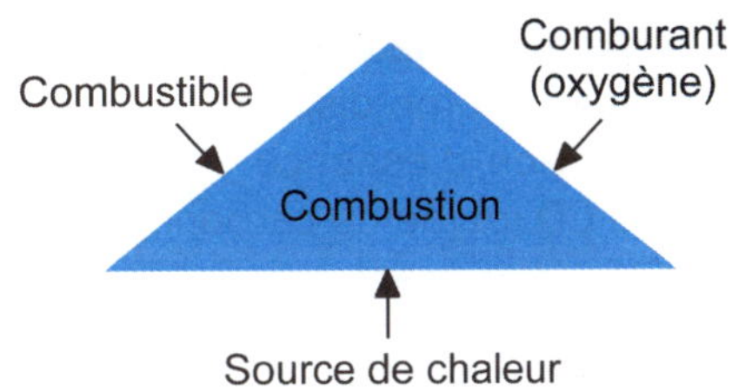

Fig. 14.6 – Les trois éléments nécessaires à la combustion.

Comment obtient-on un travail mécanique ?

L'**élévation de température** qui accompagne la combustion provoque une montée en **pression des gaz** contenus dans la chambre de combustion. La **force mécanique** communiquée au piston sera proportionnelle à cette pression et à la section intérieure du cylindre ($F = p\,S$) (figure 14.7).

L'énergie mécanique fournie par le moteur est proportionnelle à l'énergie contenue dans le **carburant** et à la **qualité** de la **combustion**.

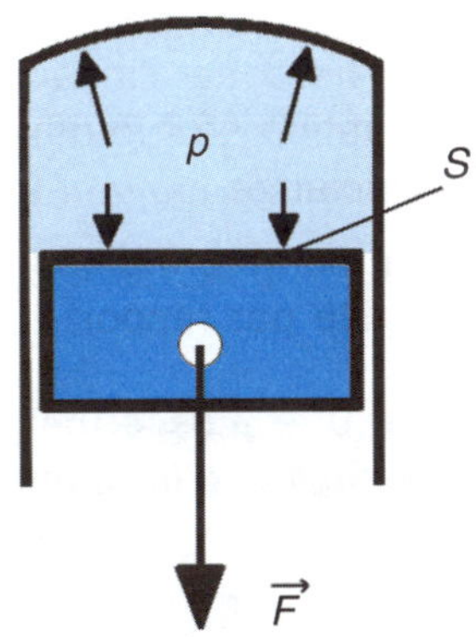

Fig. 14.7 – Transformation de l'énergie. $F = pS$

Quelles sont les transformations chimiques produites par la combustion ?

La combustion parfaite d'un carburant uniquement constitué d'heptane combiné à l'oxygène pur peut se traduire par l'équation chimique suivante :

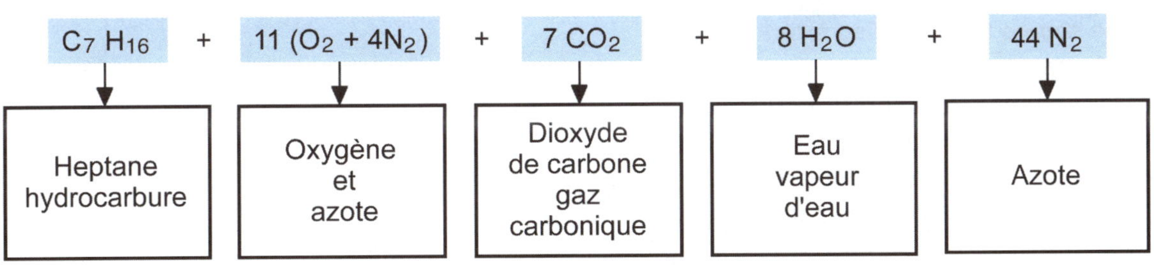

La combustion est-elle toujours parfaitement réalisée ?

De nombreux facteurs modifient les données de cette combustion théorique :

- l'air ne contient que **21 volumes d'oxygène** pour 78 d'azote (gaz neutre incombustible) ainsi que quelques gaz rares ;
- les carburants, notamment le super, contiennent des additifs qui modifient leur composition ;
- la combustion est souvent incomplète (vitesse de combustion insuffisante).

Comment la combustion se déroule-t-elle dans les moteurs à essence (figure 14.8) ?

Le mélange carburé (par carburateur ou par injection) est introduit dans les cylindres au temps d'admission.

La compression amène le mélange à une température légèrement **inférieure** à la **température d'auto-inflammation**.

L'**arc électrique** produit par la bougie d'allumage fournit le **complément de chaleur** au moment précis où le début de combustion est désiré.

Cet apport complémentaire de chaleur va permettre l'**inflammation** de la **couche de mélange** se trouvant à proximité immédiate de la bougie. La chaleur dégagée par cette combustion partielle produit un dégagement de chaleur qui permet l'inflammation de la couche suivante. L'opération se reproduit jusqu'à complète combustion du mélange.

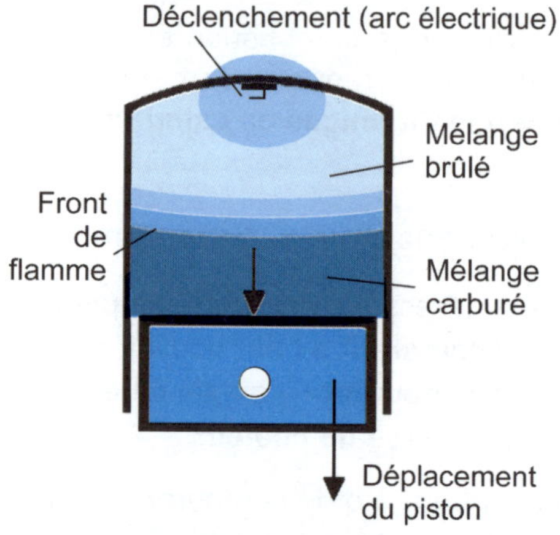

Fig. 14.8 – Propagation de la flamme. Poussée progressive sur le piston.

Quelle doit être la vitesse de combustion ?

Pour obtenir une **puissance** importante, il est nécessaire que la **vitesse d'inflammation soit très élevée** :

$$P = \frac{W}{t}.$$

La vitesse d'inflammation sera d'autant plus grande que :

- le **mélange** sera bien préparé (carburation) ;
- la **pression** et la **température** du mélange seront grandes.

Peut-on contrôler la combustion dans les moteurs à essence ?

Si nous supposons la carburation et le remplissage idéals et que nous déclenchons la combustion dans un vase clos, nous constatons que la combustion de la première couche a pour effet d'augmenter la **pression** dans la chambre, sachant qu'une élévation de pression provoque une augmentation de **température**. La pression dans la chambre devient si forte qu'il va se produire une **inflammation simultanée** de toute la masse.

On appelle ce phénomène la **détonation** (figure 14.9).

La détonation peut produire :
– une perte de puissance,
– un échauffement anormal du moteur,
– le fluage ou la fusion des éléments en contact avec la flamme,
– une fatigue des organes mécaniques.

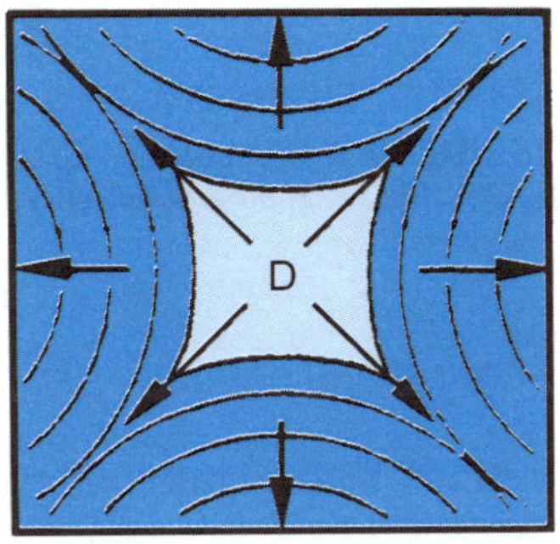

Fig. 14.9 – Principe de la détonation.

Quels sont les facteurs provoquant la détonation ?

• Une avance à l'allumage ou à l'injection trop importante (figure 14.10).

• Un rapport volumétrique trop élevé.

• Un carburant mal adapté.

• Un déplacement du piston trop lent par rapport au taux de remplissage.

• Une température anormale du moteur.

• Une présence de points chauds provoquant plusieurs fronts de flamme.

• Un mauvais brassage du mélange.

Nous devons faire la différence entre :

• **La détonation** qui est une vitesse de combustion très élevée provenant de l'inflammation brutale et globale de toute la masse.

• **L'autoallumage** qui est le déclenchement de la combustion sans qu'il soit nécessaire de provoquer un arc électrique.

• **L'autoinflammation** qui est l'inflammation spontanée du carburant injecté dans une atmosphère sous pression et température élevée (Diesel).

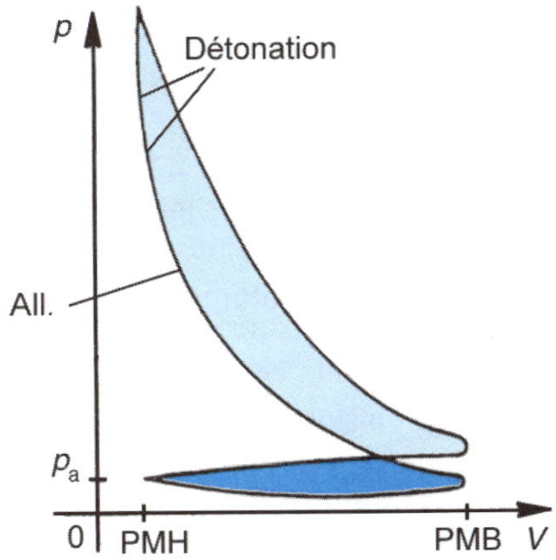

Fig. 14.10 – Avance à l'allumage trop importante.

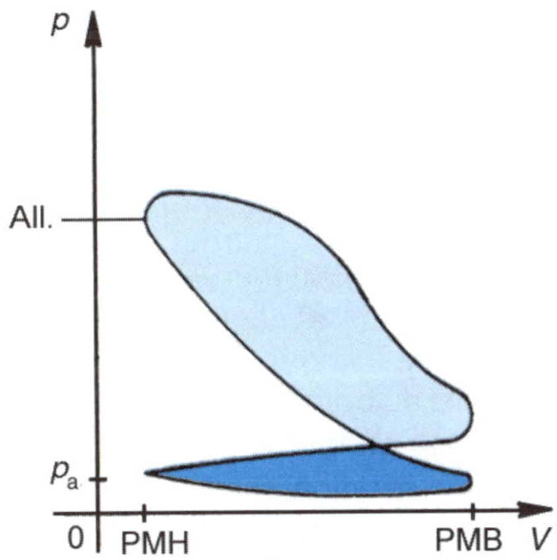

Fig. 14.11 – Allumage retardé, combustion trop lente.

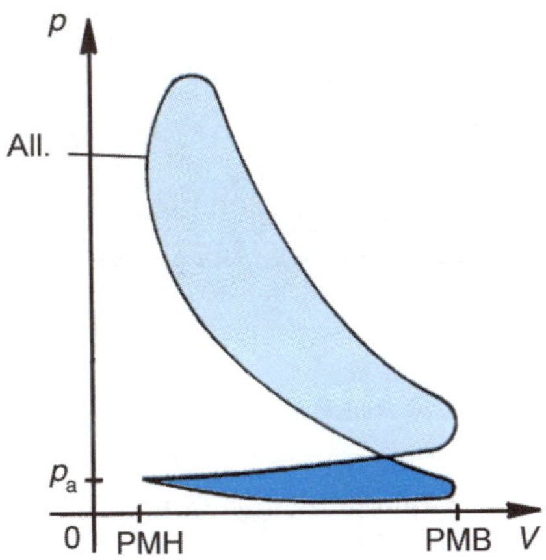

Fig. 14.12 – Combustion normale.

MÉMO

- **Origine des combustibles pour automobiles**
  Les combustibles pour moteurs sont d'origine végétale ou minérale. Ils se présentent à l'état liquide ou gazeux. Ils possèdent un haut pouvoir calorifique et dégagent cette énergie dans un temps très court.
  Ces combustibles sont appelés carburants ou hydrocarbures. Le traitement de la houille donne le benzol, le méthane. La distillation des végétaux produit l'alcool éthylique. La première distillation du pétrole permet de séparer le butane, le propane, l'essence, le gazole, etc.
  Certaines réactions chimiques réalisées à partir de pétrole ou de houille produisent l'essence synthétique, l'essence de craquage, l'alcool méthylique.
- **Caractéristiques de l'essence**
  L'essence pour les automobiles possède un haut pouvoir calorifique (12 000 cal/kg) et s'enflamme à une température de 380 °C. Sa résistance à la détonation dépend de son indice d'octane.
  L'indice d'octane est un nombre établi en comparant le carburant testé à deux hydrocarbures connus : l'heptane (très détonant) et l'octane (peu détonant).
  On augmente l'indice d'octane de l'essence par addition d'alcool, de benzol, d'essence de craquage et d'essence synthétique.
- **Caractéristiques du gazole**
  Le gazole possède un pouvoir calorifique de 10 000 kcal/kg, il s'enflamme spontanément à une température de 400 °C.
  L'indice de cétane est le nombre qui caractérise la vitesse d'inflammation du gazole par rapport à deux hydrocarbures connus : le cétane et l'alpha-méthyle-naphtalène.
- **Réalisation de la combustion**
  La combustion permet la transformation de l'énergie chimique contenue dans le carburant en énergie thermique ou calorifique. L'élévation de température qui accompagne la combustion provoque une montée en pression des gaz.
  La force communiquée au piston est proportionnelle à la pression des gaz et à la section intérieure du cylindre ($F = pS$).
  Pour réaliser une combustion, il faut mettre en présence un carburant, un comburant (oxygène de l'air) et une source de chaleur.
  Le front de flamme doit se déplacer à une vitesse élevée à la limite de la détonation.
  La vitesse d'inflammation sera d'autant plus grande :
  – que le mélange sera bien préparé (carburation),
  – que la pression et la température du mélange seront élevées.
- **Détonation**
  La détonation est l'inflammation simultanée de toute la masse. La détonation est provoquée par un remplissage trop important par rapport à la vitesse de recul du piston, un rapport volumétrique incompatible avec le carburant utilisé, trop d'avance à l'allumage, une température anormale du moteur.
- **Autoallumage**
  L'autoallumage est le déclenchement de l'allumage par d'autres éléments que la bougie.
- **Autoinflammation**
  L'autoinflammation est l'inflammation spontanée du mélange par élévation de la température.

POUR ALLER PLUS LOIN

1. *Effectuez une recherche sur deux carburants secondaires mais utilisés dans certains véhicules : le GPL et le Diester.*
2. *Indiquez quels sont les points à contrôler lorsqu'un moteur fait de l'autoallumage.*

15

LA CARBURATION

Qu'appelle-t-on la carburation ?

La carburation est l'ensemble des opérations réalisant le **mélange** intime du carburant avec l'air dans des **proportions précises** afin d'obtenir une **combustion rapide et complète** (figure 15.1).

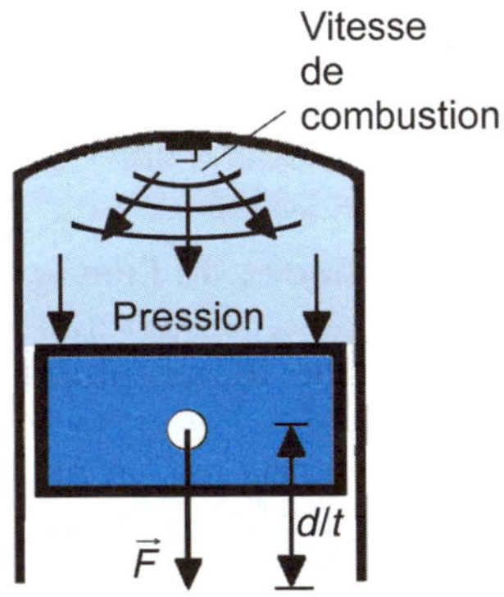

Fig. 15.1 – Combustion rapide :
- Montée en pression et détente rapides.
- Puissance.

Qu'est-ce qu'une bonne combustion ?

Les qualités requises pour une bonne combustion sont :
– brûler à une **très grande vitesse** à la limite de la détonation (puissance),
– dégager toute l'énergie latente contenue dans le carburant.

Quelles sont les opérations à effectuer pour réaliser cette carburation ?

• La quantité du carburant par rapport à l'air doit être soigneusement proportionnée ; nous appellerons cette opération le **dosage** (figure 15.2).

• Pour mélanger le carburant et l'oxygène, il est nécessaire que les deux corps se trouvent dans le même état physique (gazeux). Si le carburant est liquide, il devra être transformé en gaz ; cette opération est la **vaporisation** (figure 15.3).

• Chaque molécule du carburant devant, pour brûler, être entourée de molécules d'oxygène, il est nécessaire d'obtenir une parfaite **homogénéité** du mélange.

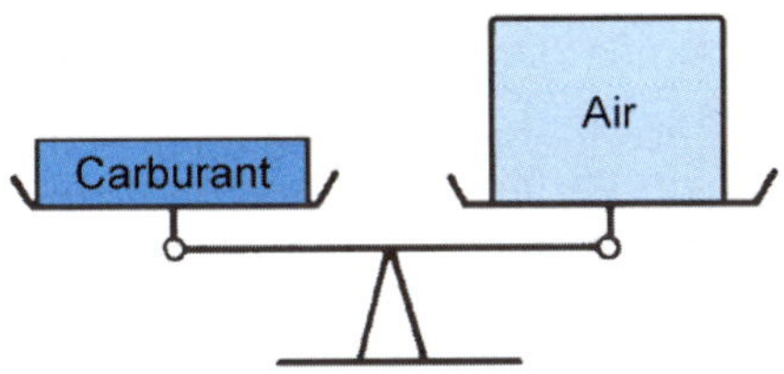

Fig. 15.2 – Dosage.

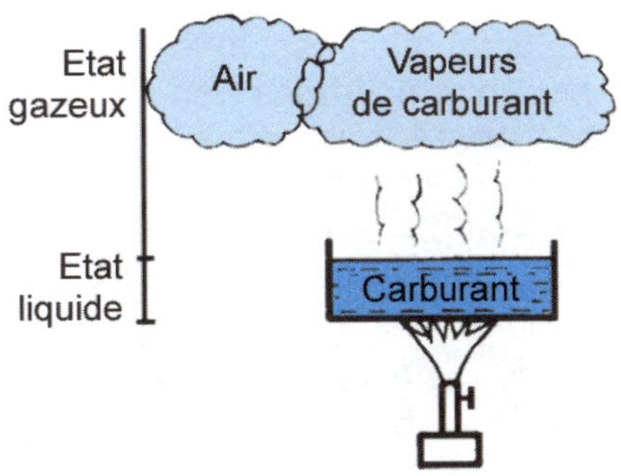

Fig. 15.3 – Vaporisation.

Comment détermine-t-on le dosage parfait ?

Prenons le cas de la combustion de l'essence et reportons-nous à l'équation chimique de combustion de ce carburant, nous trouvons :

$$C_7H_{16} + 11\,O_2 = 7\,CO_2 + 8\,H_2O$$

Si nous admettons que l'essence utilisée est uniquement composée d'**heptane** et que l'air ambiant contient, en masse, **23 % d'oxygène**, connaissant la masse atomique de chaque corps (carbone = 12, hydrogène = 1 et oxygène = 16) :

$(12 \times 7) + 16 = 100$ g d'heptane brûlent

dans $22 \times 16 = 352$ g d'oxygène

Ces 352 g d'oxygène étant contenus dans :

$$\frac{352 \times 100}{23} = 1\,530 \text{ g d'air,}$$

nous constatons qu'il faut 15,3 g d'air pour faire brûler 1 g d'essence.

Ce dosage constitue le **dosage parfait** (figure 15.4).

Remarque

Un mélange comportant un dosage de moins de 15,3 g d'air pour un gramme d'essence est appelé **mélange riche**. S'il comporte plus de 15,3 g d'air, nous le nommerons **mélange pauvre**.

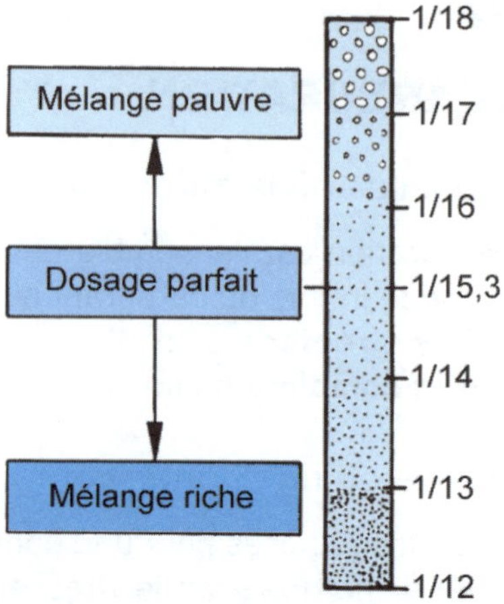

Fig. 15.4 – Dosage air/essence pour 1 g d'essence.

Comment détermine-t-on les dosages de fonctionnement (figure 15.5)?

Si nous alimentons un moteur placé sur un banc d'essai avec des mélanges d'air et d'essence différents, nous faisons les constatations suivantes :

• En dessous d'un dosage essence/air de 1/28 ainsi qu'au-dessus de 1/8, le mélange est incombustible ou ne permet aucune puissance (puisque $P = \mathscr{C}\,\omega$ et $\mathscr{C} = 0$).

• Si l'on enrichit, nous constatons que la puissance augmente ; la **puissance maximale** est obtenue avec un dosage de **1/12,5**. Si nous continuons à enrichir, la puissance diminue de nouveau pour tomber à zéro au dosage de 1/8. Nous constatons que le dosage de puissance maximale (1/12,5) est plus riche que le dosage parfait.

• Si nous cherchons le **rendement maximal** (meilleur rapport puissance/consommation), nous constatons que le dosage correspondant se situe au point de tangente de la droite O*x* dont l'origine est le O du diagramme, avec la courbe de puissance.

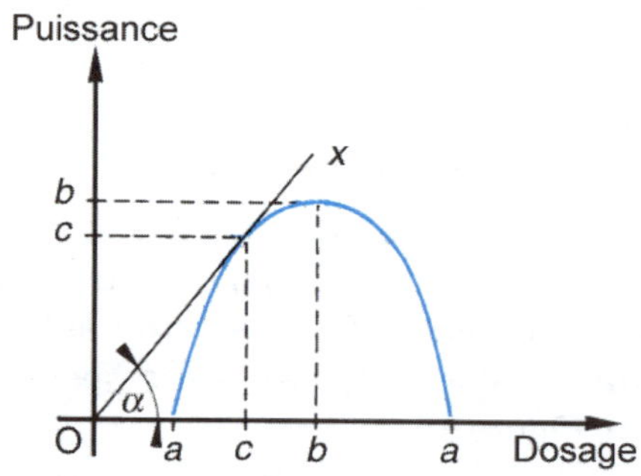

Fig. 15.5 – Conditions : remplissage et vitesse de rotation constants.

a. Limite de combustibilité.
b. Dosage de puissance maximale.
c. Dosage de rendement maximal.

Le dosage de puissance maximale est-il constant ?

La puissance maximale étant demandée lorsque le papillon des gaz est ouvert en grand (remplissage maximal), nous constatons que, quelle que soit la vitesse de rotation, le **dosage de puissance maximale reste le même** (1/12,5).

Quelles sont les variations du dosage de rendement maximal (figures 15.6 et 15.7) ?

Le rendement maximal est recherché dans des positions d'ouverture du papillon intermédiaires et des vitesses de rotation variables (donc un remplissage variable).

Nous pouvons observer que le meilleur rendement est obtenu avec des dosages d'**autant plus pauvres** que le **remplissage est bon**.

Exemple

1/18 à un taux de remplissage de 0,75.

Remarque

Si la puissance maximale est demandée, le dosage doit passer rapidement de 1/18 à 1/12,5 (figure 15.8).

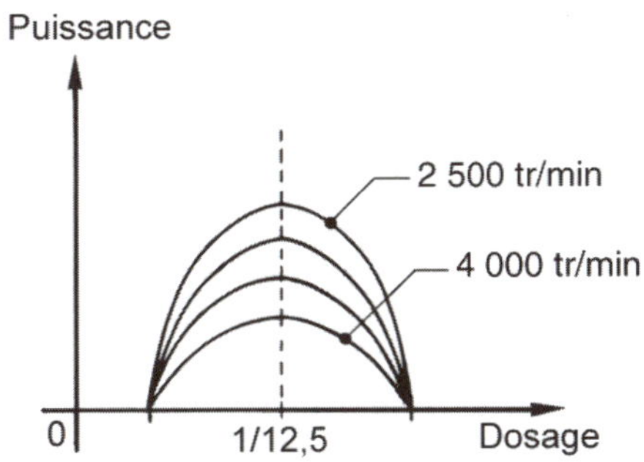

Fig. 15.6 – Dosage de puissance maximale.

- Ouverture du papillon maximale.
- Charges variables.

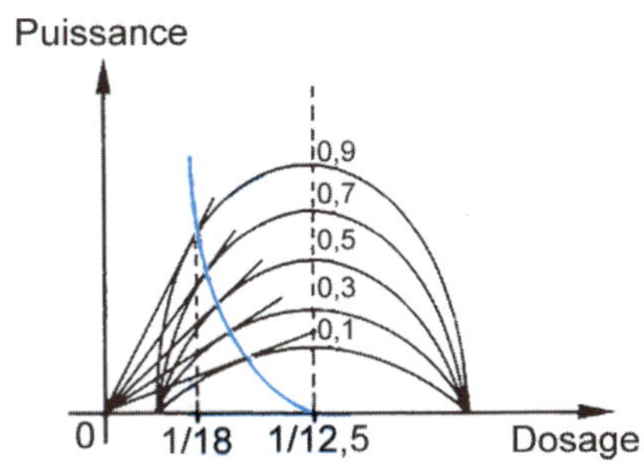

Fig. 15.7 – Dosages de rendement maximal en fonction de l'ouverture du papillon des gaz.

Comment obtenir une vaporisation correcte du carburant ?

Les phénomènes de vaporisation des liquides sont définis par la loi de Dalton qui s'établit ainsi :

$$P = \frac{KS\,(F - f)}{H}$$

où :

P est le poids du liquide vaporisé par seconde,
K est un coefficient variable avec la vitesse de renouvellement de l'air,
S, la surface libre de vaporisation,
$F - f$, la tension de vapeur,
H, la pression du milieu.

Le poids de carburant vaporisé peut donc être augmenté :

- par **une grande surface de contact avec l'air**. Cette condition est réalisée en pulvérisant le carburant en fines gouttelettes en un point où l'air circule à grande vitesse (figure 15.9) ;
- par **un apport de chaleur**. Toute évaporation produisant un abaissement de la température, il est nécessaire de réchauffer les vapeurs produites pour éviter leur condensation ;
- par **un abaissement de la pression**. Pour une température donnée, l'évaporation sera plus importante si la pression est basse (dépression).

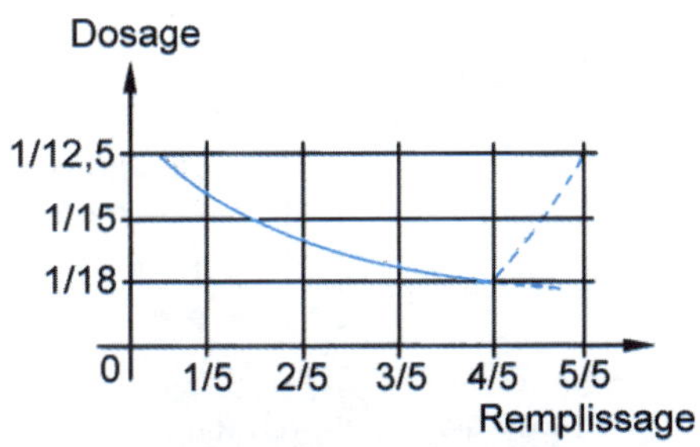

Fig. 15.8 – Courbe du dosage idéal.

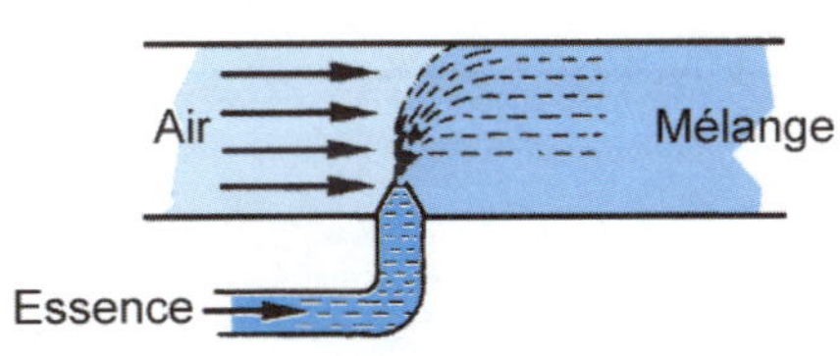

Fig. 15.9 – Pulvérisation dans un courant d'air vif.

Comment réalise-t-on l'homogénéité du mélange ?

Le mélange est parfaitement **homogène** lorsque le carburant est **complètement vaporisé** au moment de son inflammation.

La vaporisation devra se réaliser au fur et à mesure du cheminement du mélange dans les **tubulures d'admission** pour se terminer dans la **chambre de combustion**, le **brassage final** ayant lieu pendant la compression.

Remarque

La vaporisation du carburant produisant une dilatation du mélange, il y a intérêt à provoquer celle-ci le plus près possible des cylindres afin d'améliorer le taux de remplissage.

Par quels moyens réalise-t-on ces conditions ?

Les conditions que nous venons de définir peuvent être réalisées :
– par carburation externe : **carburateur**,
– par carburation interne : **injection du carburant** dans la tubulure d'admission (injection d'essence) ou directement dans les cylindres.

La fonction globale des différents systèmes de carburation (par carburateur ou par injection) est donc de réaliser un mélange chimiquement et physiquement préparé à la combustion dans toutes les plages d'utilisation du moteur (figure 15.10).

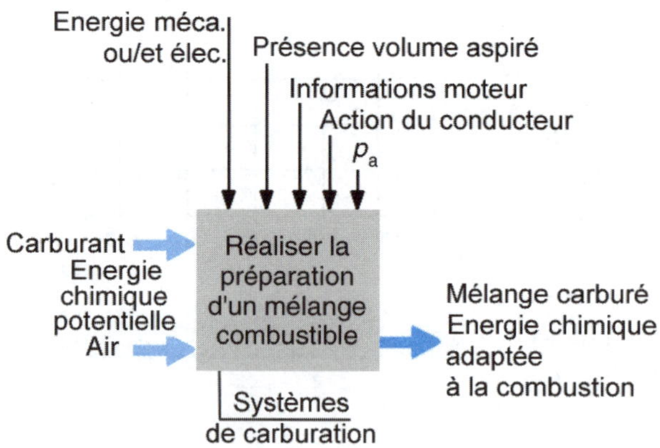

Fig. 15.10 – Fonction globale des systèmes de carburation.

Quels sont les éléments communs aux différents systèmes de carburation (figure 5.11) ?

On trouve toujours trois sous-ensembles :

• Un dispositif de stockage et de mise en pression régulée du carburant appelé système d'alimentation.

• Un dispositif dit de commande qui comprend :
– les éléments de mesure des paramètres (capteurs) et les éléments de commande du dispositif de dosage (électronique ou mécanique) ;
– les éléments permettant la réalisation des dosages, la pulvérisation et le brassage du mélange (partie opérative).

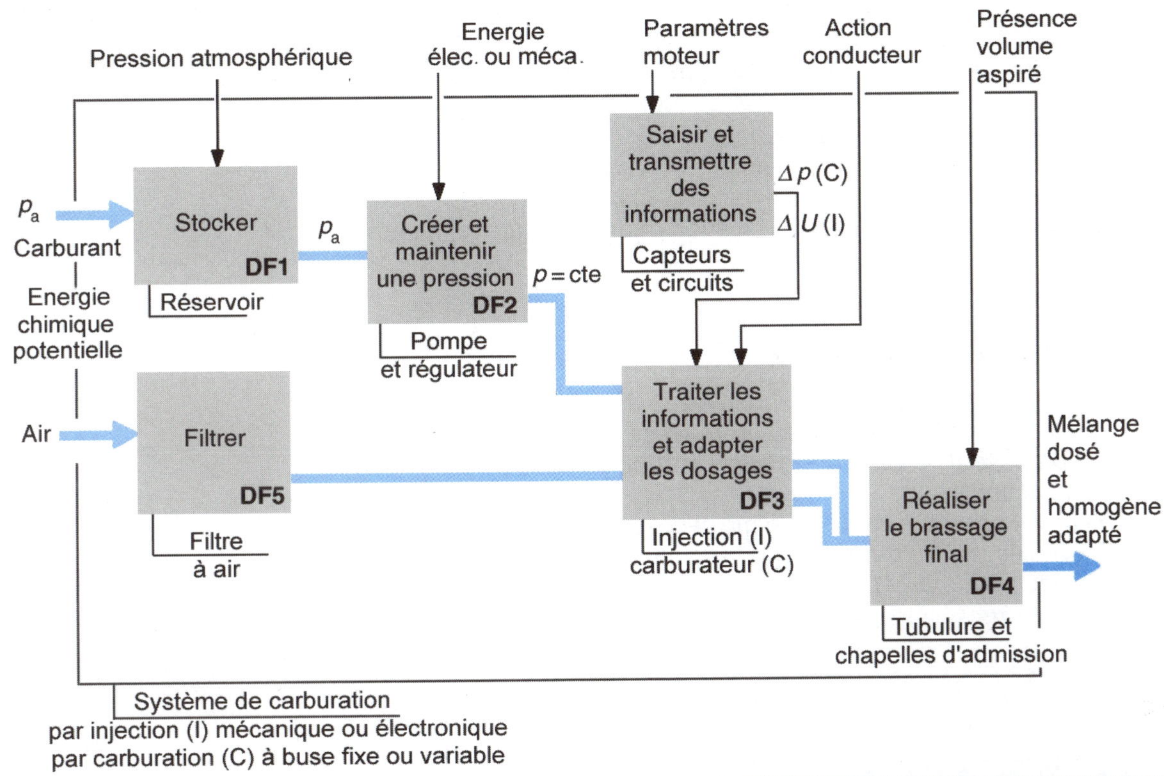

Fig. 15.11 – Analyse fonctionnelle généralisée des systèmes de carburation.
• Par injection (I) mécanique ou électronique.
• Par carburateur (C) à base fixe ou variable.

Remarque

Pour les systèmes d'injection électronique, on a considéré pour cette première analyse que le calculateur est inclus dans le descripteur fonctionnel DF3.

MÉMO

- **Définition**

La carburation est l'ensemble des opérations réalisant le mélange intime du carburant avec l'air dans les proportions précises afin d'obtenir une combustion rapide et complète.

- **Réalisation**

Il est nécessaire de réaliser :
– Le dosage du carburant et de l'air.
– Le dosage parfait pour un carburant composé d'heptane qui est de 1 g d'essence pour 15,3 g d'air.
– Le dosage de puissance maximale d'un moteur qui est de 1/12,5.
– Le dosage de rendement maximal qui varie entre 1/13 et 1/18 selon le taux de remplissage des cylindres.
– La vaporisation qui permet de faire passer le carburant de l'état liquide à l'état gazeux. Celle-ci est d'autant plus importante que la surface du carburant en contact avec l'air est importante, que la température de réchauffage est grande et que la pression du milieu est basse (dépression).
– L'homogénéité afin que chaque molécule d'essence soit entourée de molécules d'air. L'homogénéité est réalisée par un brassage du mélange dans les tubulures d'admission et se terminant dans la chambre de combustion au moment de la compression.

La carburation peut être réalisée par carburateur ou par injection.
Les différents systèmes de carburation se composent des mêmes sous-ensembles :
– dispositif de stockage et de mise en pression du carburant,
– éléments d'analyse des paramètres moteur, conducteur,
– système de dosage, de pulvérisation et de brassage du mélange.

POUR ALLER PLUS LOIN

1. *Sur le véhicule de votre choix, relevez dans la revue technique les caractéristiques de tous les éléments qui composent le système d'alimentation-carburation/injection.*
2. *Calculez le nombre de litres d'air nécessaires pour faire brûler un litre d'essence dans le cas du dosage de rendement maxi (1 g d'essence pour 18 g d'air).*

16

L'ALIMENTATION-CARBURATION PAR CARBURATEUR

Que comprend le circuit d'alimentation-carburation par carburateur ?

Le circuit (figure 16.1) comprend :
- le **réservoir** : stockage du carburant (autonomie) ;
- la **pompe à essence** : mise en pression régulée (0,2 à 0,3 bar), entraînement mécanique ou électrique ;
- le **carburateur** : préparation du mélange air/essence carburé.

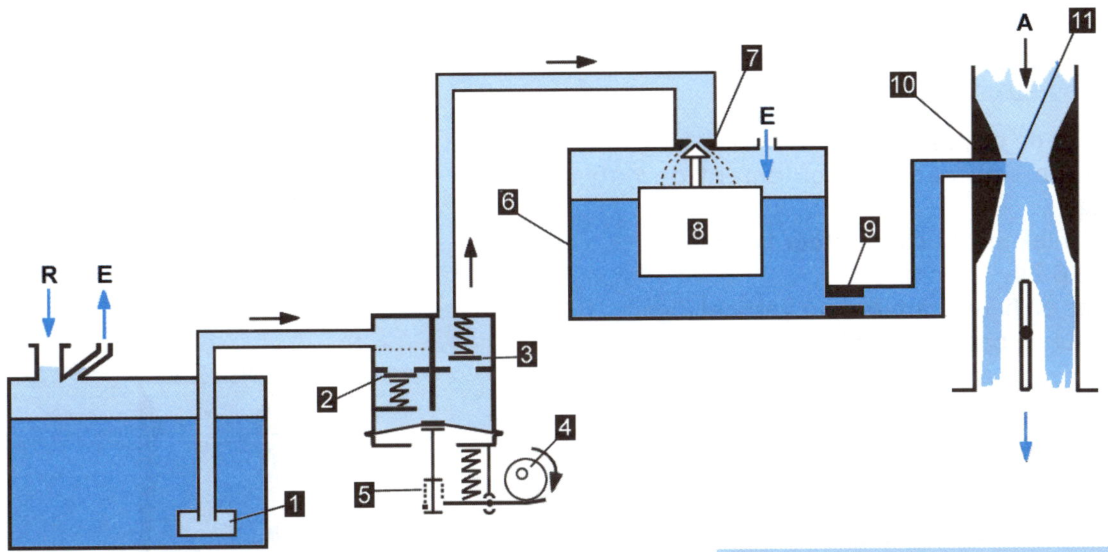

Fig. 16.1 – Principe du circuit d'alimentation-carburation par carburateur.

A. Air.
R. Remplissage.
E. Évents (mises à la pression atmosphérique).
1. Filtre à carburant.
2. Clapet d'aspiration.
3. Clapet de refoulement.
4. Entraînement mécanique (exemple : excentrique sur arbre à cames).
5. Système d'autorégulation.
6. Cuve à niveau constant.
7. Pointeau.
8. Flotteur.
9. Gicleur.
10. Buse dans corps du carburateur.
11. Giclage.

Quel est le principe de fonctionnement du carburateur ?

Le carburateur fonctionne par différence de pression entre :
- la cuve qui est soumise à la pression atmosphérique,
- la buse qui crée une pression inférieure à la pression atmosphérique.

Le carburant circulera donc de la pression la plus élevée (cuve) vers la pression la plus basse (buse).

Comment le mélange est-il réalisé ?

L'air circule dans le corps du carburateur de l'**amont** vers l'**aval**. Le mélange s'effectue dans une zone appelée **chambre de carburation**. Le **giclage** de l'essence est situé dans la zone la plus exposée au courant d'air et dont la pression est inférieure à la pression atmosphérique.

Remarque

Pour faciliter la compréhension, nous appellerons dépression toute pression inférieure à la pression atmosphérique.

La dépression la plus forte est enregistrée légèrement en aval du point le plus resserré à une distance correspondant au tiers du diamètre de la buse ($H = D/3$).

La **buse** possède un profil particulier, l'angle amont étant plus ouvert que l'angle aval (figure 16.2).

La dépression est :
- inversement proportionnelle au diamètre de la buse,
- proportionnelle à la vitesse du passage de l'air.

Quelles sont les différentes dispositions données aux carburateurs ?

Les types de disposition des carburateurs sont donnés par rapport au sens d'écoulement de l'air et du mélange :
- horizontalement : **carburateur horizontal** (figure 16.2),
- de bas en haut : **carburateur vertical** (figure 16.3),
- de haut en bas : **carburateur inversé** (figure 16.4).

Le carburateur le plus couramment utilisé étant le carburateur inversé, nous continuerons notre étude par ce type de carburateur.

Comment le dosage est-il réalisé dans ce carburateur inversé (figure 16.5) ?

L'**essence** est calibrée par un **gicleur** dont le débit est connu.

Le débit de l'**air** est calibré par la section de passage permise par la **buse**.

Le **papillon des gaz** permet de faire varier la quantité de mélange admise dans les cylindres, donc de faire varier le remplissage.

Les conditions d'une bonne carburation sont-elles remplies ?

Nous constatons que les conditions nécessaires pour réaliser une bonne carburation sont réalisées :
- l'essence jaillit par différence de pression entre celle qui règne dans la cuve et celle de la chambre de carburation ;
- la dépression permet une bonne vaporisation ;

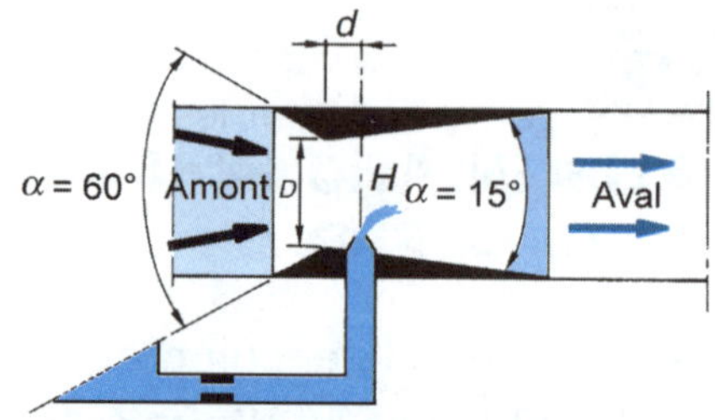

Fig. 16.2 – Forme de la buse.

Disposition horizontale.
H. Chambre de carburation.

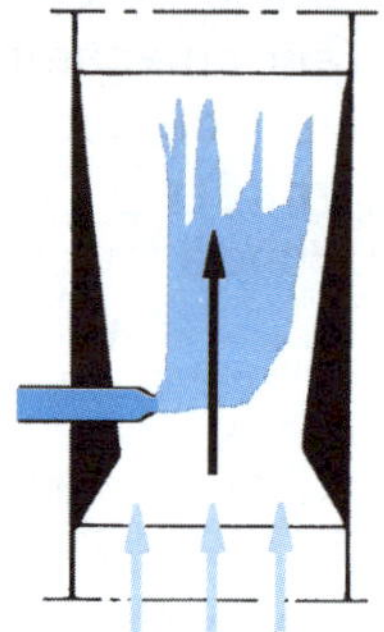

Fig. 16.3 – Disposition verticale.

L'air circule de bas en haut (peu utilisée).

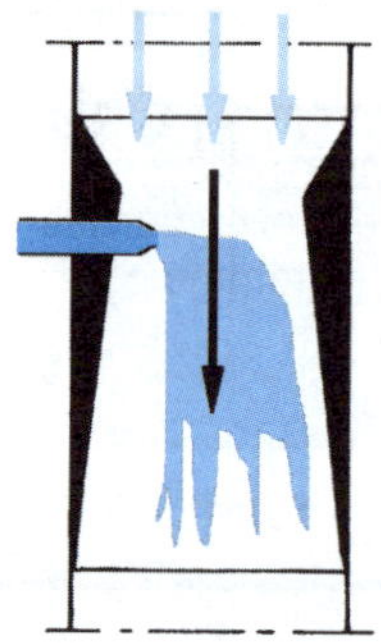

Fig. 16.4 – Disposition inversée.

L'air circule de haut en bas.

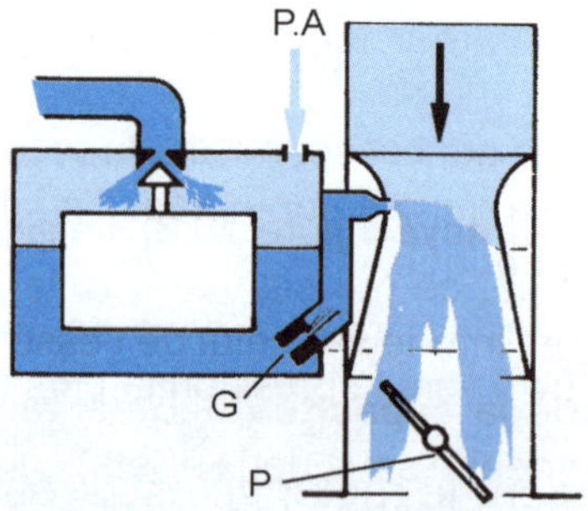

Fig. 16.5 – Carburateur inversé.

G. Gicleur (principal).
P. Papillon des gaz (action du conducteur).

– le contact avec l'air est augmenté par atomisation de l'essence grâce à la vitesse de l'air ;
– le dosage est réglé par les sections de passage autorisées par le gicleur pour l'essence et par la buse pour l'air.

Le dosage reste-t-il constant à tous les régimes ?

Dans les carburateurs à buse constante, la dépression varie en fonction du régime du moteur.

L'essence et l'air n'ayant pas la **même densité**, ceux-ci n'obéissent pas aux mêmes lois de dynamique des fluides.

Si le réglage est effectué pour obtenir un dosage correct à une valeur de dépression donnée, il est **impossible de conserver ce dosage à toutes les dépressions**, donc à tous les régimes.

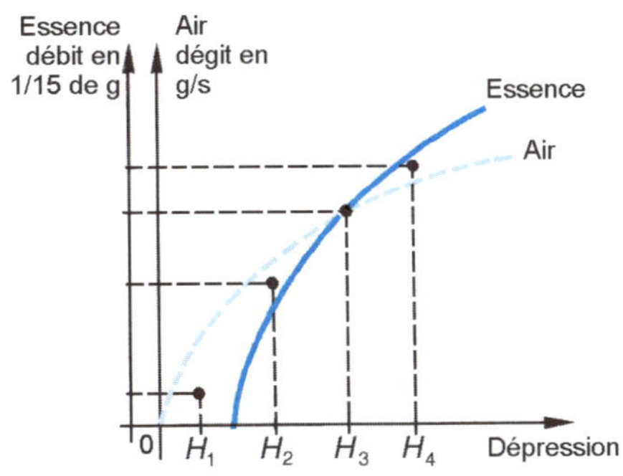

Fig. 16.6 – Débit de l'air et de l'essence en fonction de la dépression.

Comparons les débits de l'air et de l'essence.

Si nous examinons la courbe (figure 16.6), nous constatons :
– qu'à la dépression H_1, le débit de l'essence n'est pas amorcé,
– qu'en H_2, le mélange est pauvre,
– qu'en H_3, le dosage est correct,
– qu'en H_4, le mélange est riche.

Remarque

Pour permettre la comparaison des deux courbes, il est nécessaire d'exprimer les débits ; en grammes pour l'air et en 1/15 de gramme pour l'essence.

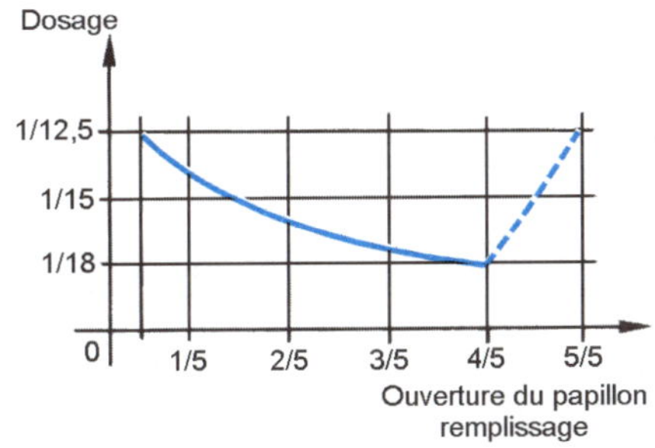

Fig. 16.7 – Rappel de la courbe de dosage idéal.

En conclusion :

Le carburateur doit être équipé d'un dispositif tendant à compenser les variations de dosage en fonction de la dépression.

Ce dispositif doit également tenir compte du fait qu'un bon rendement nécessite un **dosage** d'autant **plus pauvre** que le **remplissage est bon** (figure 16.7).

Quels sont les dispositifs qui permettent la correction automatique du dosage ?

1. **Gicleur noyé** (figure 16.8). Le gicleur principal est mis en charge, ce qui signifie que le niveau auquel il est placé est inférieur à celui de l'essence.

Dès que la **capacité** (tube de garde) est déjaugée, le gicleur débite sous deux effets :
– celui de la **différence de pression** entre la chambre de carburation et la cuve ;
– celui de la **pression exercée** par la colonne d'essence en charge au-dessus du gicleur.

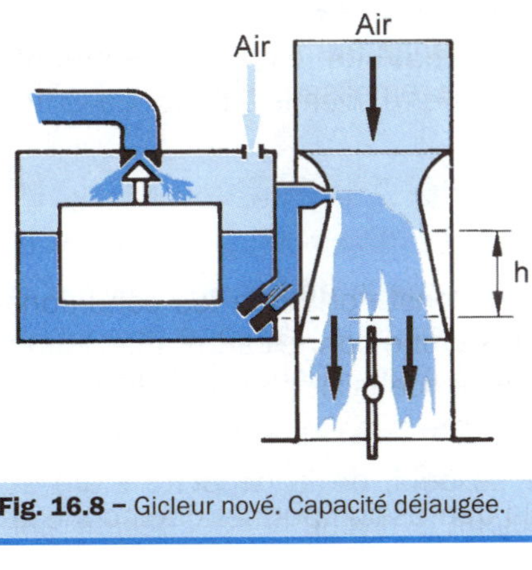

Fig. 16.8 – Gicleur noyé. Capacité déjaugée.

Ce dispositif permet au gicleur de commencer à **débiter** sous une **plus faible dépression**, il est ainsi possible d'utiliser un gicleur de diamètre inférieur. Sa courbe de débit sera plus aplanie que l'échelle horizontale du diagramme.

Le débit d'essence sera ainsi :
- plus riche aux faibles dépressions,
- plus proche de la courbe d'air aux dépressions plus élevées.

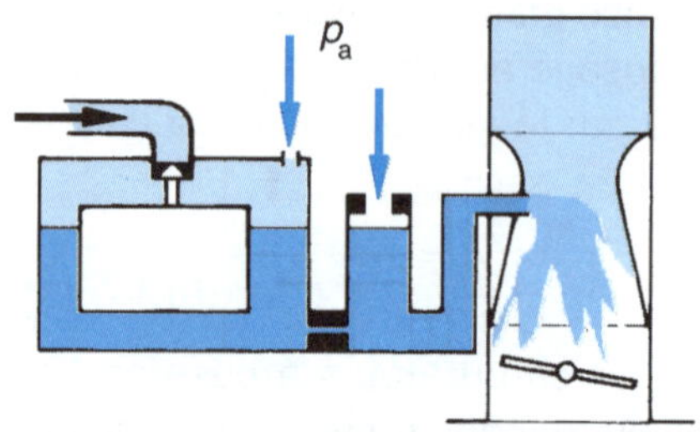

Fig. 16.9 – Principe de la mise en dérivation.

2. **Mise en dérivation** (figure 16.9). Le gicleur principal est placé en amont d'un **circuit d'air** comportant **deux chambres**, l'une soumise à la **pression atmosphérique** et l'autre placée dans la chambre de carburation et soumise aux **variations de pression**.

Le gicleur n'est plus soumis directement à la dépression et débite en **parallèle** (en dérivation) avec un circuit d'air.

Aux faibles dépressions, le gicleur débite selon le principe du gicleur noyé (mélange riche). Aux dépressions moyennes, les deux capacités déjaugent et permettent à l'air de pénétrer (**appauvrissement** du mélange) (figure 16.10).

Lorsque la **dépression augmente**, le débit d'air passant dans la dérivation augmente proportionnellement, évitant la tendance à l'enrichissement du mélange.

Ce dispositif permet également l'**émulsion** de l'essence, favorisant ainsi sa vaporisation.

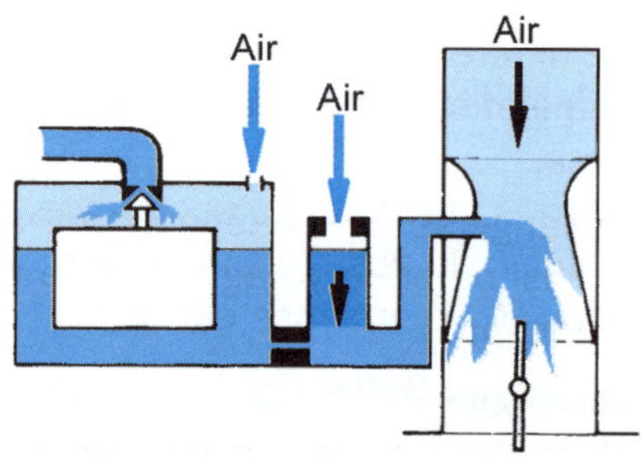

Fig. 16.10 – Action de la dérivation.

3. L'**automaticité à émulsion étagée**. Le principe de la mise en dérivation est perfectionné par :
- une entrée d'air étagée,
- la concentricité des deux capacités.

Disposition des éléments (figure 16.11).

Le **tube d'émulsion étagée** est percé de trous latéraux, ceux-ci étant situés **au-dessous du niveau** du carburant lorsque le moteur est arrêté.

Le calibreur d'air du tube d'émulsion, appelé **ajutage d'automaticité**, est situé **en amont de la buse** afin de ne pas être soumis à l'effet de la dépression.

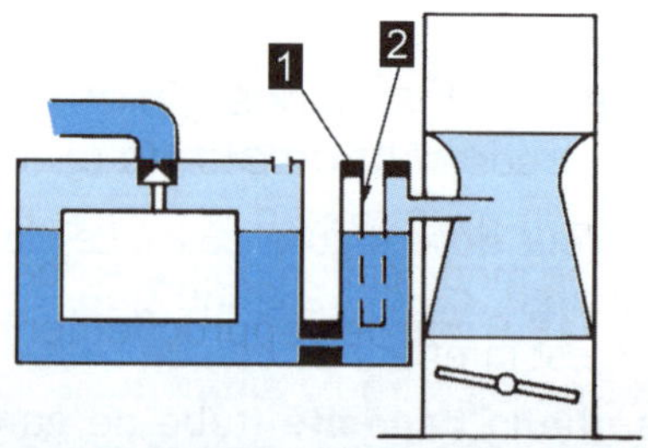

Fig. 16.11 – Principe du carburateur à gicleur noyé avec mise en dérivation par tube d'émulsion étagée :

1. Ajutage d'automacité.
2. Tube d'émulsion.

Fonctionnement de l'émulsion étagée (figure 16.12).

1. Lorsque la dépression devient suffisante, l'essence située dans la capacité (autour du tube d'émulsion) débite dans la chambre de carburation un mélange riche.

2. Le débit de la capacité étant supérieur à celui du gicleur, le niveau baisse, découvrant les **premiers trous**

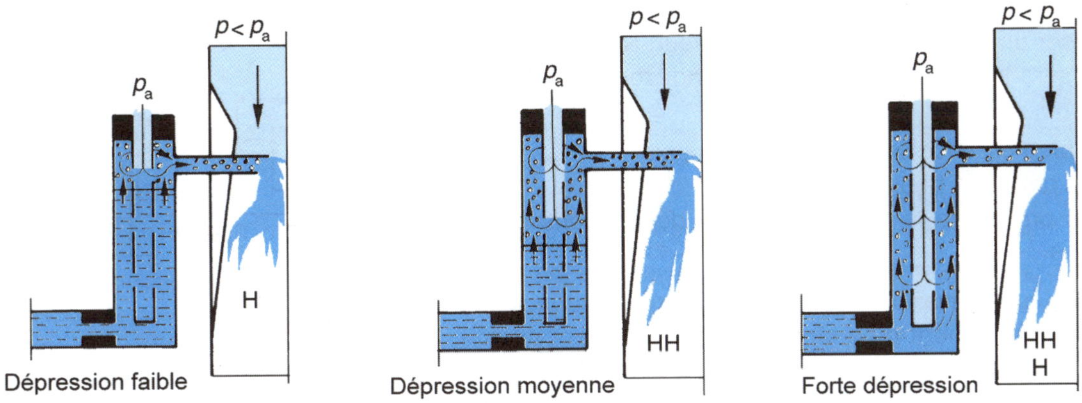

Fig. 16.12 – Fonctionnement de l'émulsion étagée.

du **tube d'émulsion**. L'air circule par les trous, poussé par la différence de pression entre son point d'entrée à l'ajutage et son point de sortie dans la chambre de carburation.

Le mélange se trouve légèrement **appauvri**. La **dérivation** ainsi obtenue va agir comme nous l'avons vu précédemment.

3. Si la dépression augmente, **une deuxième série de trous** est découverte, le mélange **s'appauvrit** et la dérivation fonctionne avec un passage d'air plus important. Au fur et à mesure que la dépression augmente, l'opération se répète, appauvrissant progressivement le mélange, augmentant la section de passage d'air dans la dérivation.

4. Lorsque tous les trous sont débouchés, l'action de la **dérivation** est **maximale** et la richesse du mélange est maintenue à des valeurs proches du **dosage de meilleur rendement**.

5. Si la dépression diminue sensiblement, les capacités se remplissent et l'automaticité est à nouveau prête à fonctionner

Grâce à ces deux dispositifs (gicleur noyé et mise en dérivation avec tube d'émulsion étagée), nous constatons une modification de la courbe du diagramme de la figure 16.6 par le rapprochement de la courbe d'essence de la courbe d'air (figure 16.13).

Cette disposition permet, dans les carburateurs à buse fixe et pression variable, d'approcher au mieux la courbe de dosage idéal.

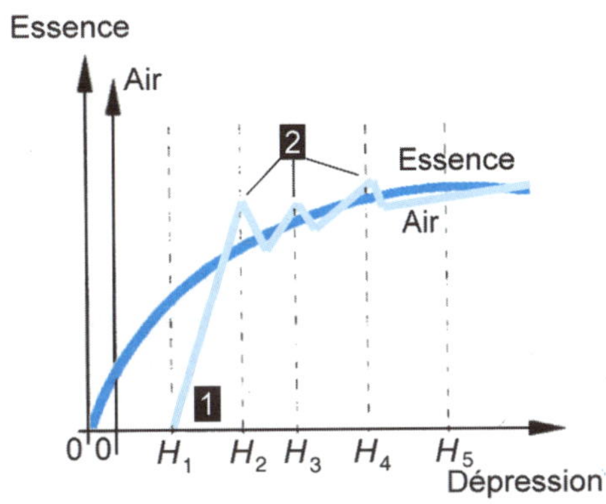

Fig. 16.13 – Débit d'essence et d'air avec automaticité.

1. Amorçage de l'essence.
2. Ouverture des trous du tube d'émulsion.

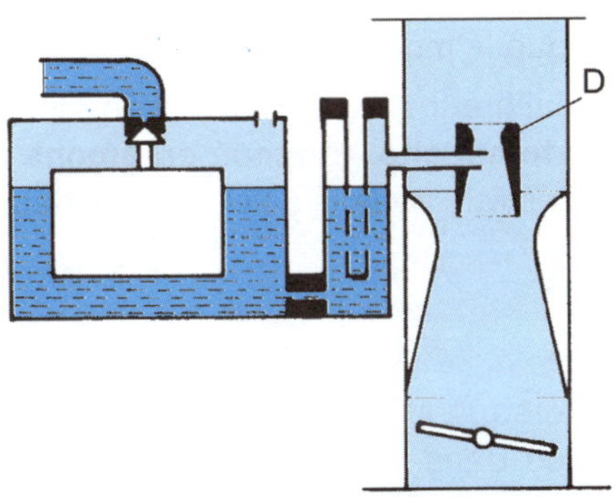

Fig. 16.14 – La double buse favorise l'amorçage du circuit principal.

D. Double buse.

MÉMO

- **Description**

Le circuit d'alimentation-carburation par carburateur comprend :
– le réservoir (stockage du carburant),
– la pompe à essence (mise à pression régulée du carburant),
– le carburateur (préparation du mélange air/essence).

- **Fonction du carburateur**

Le carburateur réalise le mélange de l'air et de l'essence avec un dosage optimal à tous les régimes du moteur.

- **Réalisation**

Le niveau dans la cuve est maintenu constant grâce à un pointeau actionné par un flotteur. Une mise à l'air libre est pratiquée dans la partie supérieure de la cuve.
Une buse au profil particulier crée une dépression dans la chambre de carburation, favorable à la vaporisation de l'essence.
Les différentes dispositions des carburateurs sont : horizontal, vertical, inversé.
Afin d'obtenir le dosage désiré, l'air est calibré par la section intérieure de la buse et l'essence par la section intérieure du gicleur.
Le papillon des gaz permet de faire varier la quantité de mélange admise dans les cylindres.

- **Automatisation du circuit principal**

Les débits de l'air et de l'essence étant différents en fonction de la dépression, le circuit principal du carburateur doit comporter un dispositif d'automaticité des dosages qui comprend :
– Un gicleur noyé : gicleur placé en fond de cuve et qui débite sous l'effet de la dépression, ajouté à celui provenant de la mise en charge du gicleur.
– Une mise en dérivation : ce dispositif permet de diminuer la dépression agissant sur le gicleur afin de réduire le débit d'essence.
– Une émulsion étagée : permet d'augmenter la section de passage de l'air dans la dérivation proportionnellement à la dépression donc contrôler le débit d'essence par rapport à celui de l'air, afin de respecter la courbe de dosage idéal.

POUR ALLER PLUS LOIN

1. *Recherchez, pour le véhicule de votre choix, les caractéristiques du circuit d'alimentation-carburation par carburateur.*
2. *À l'aide de la figure 16.1, représentez la pompe à essence en position d'aspiration.*

17

LES AUTRES CIRCUITS DU CARBURATEUR

Pourquoi les carburateurs comportent-ils plusieurs circuits ?

Tout système de carburation doit permettre au moteur de fonctionner dans toutes les conditions d'utilisation du véhicule :
- conduite de meilleur rendement (sans accélérations brutales),
- ralenti (rotation sans puissance),
- accélérations brutales et vitesses élevées,
- départ moteur froid.

Le carburateur remplit ces fonctions grâce à ces différents circuits :
- pour le meilleur rendement, le circuit principal ;
- pour le ralenti, le circuit de ralenti ;
- pour l'accélération et la puissance, les correcteurs de richesse ;
- pour le moteur froid, le départ à froid.

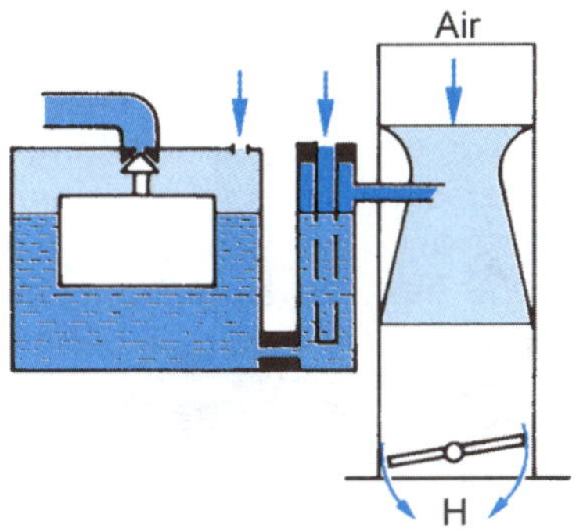

Fig. 17.1 – Faible dépression. Amorçage du circuit principal impossible.

Le ralenti

Quel est le rôle du ralenti ?

Il est de maintenir le moteur en rotation, l'énergie demandée servant essentiellement à vaincre les divers frottements.

Le circuit principal peut-il fonctionner au ralenti ?

Non, car le papillon des gaz est presque **fermé** et la dépression qui règne dans la chambre de carburation est insuffisante pour provoquer l'amorçage du carburant (figure 17.1).

Comment le dosage est-il réalisé (figure 17.2) ?

Le **carburant** est calibré par un **gicleur de ralenti** (2), l'air est dosé par l'entrebaîllement du papillon des gaz.

Une certaine quantité d'air pénètre par un orifice appelé **calibreur d'air du ralenti** (3) dont le rôle est :
- de faciliter l'émulsion du carburant,
- de permettre le désiphonnage de la canalisation lorsque le moteur est arrêté.

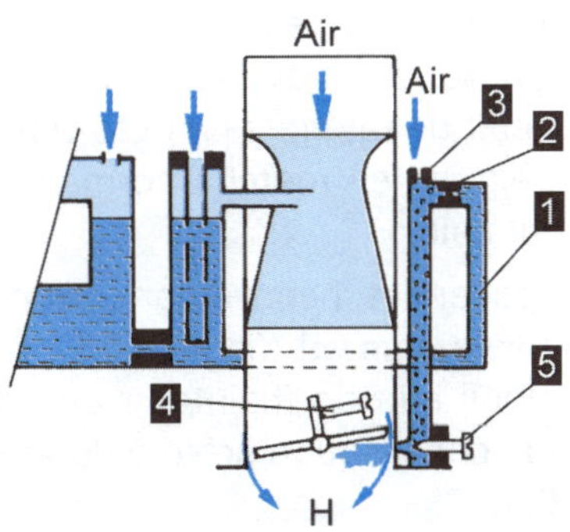

Fig. 17.2 – Fonctionnement du ralenti.

1. Circuit de ralenti.
2. Gicleur de ralenti.
3. Calibreur d'air du ralenti.
4. Vis de butée du papillon.
5. Vis de richesse.

Qu'appelle-t-on progression du ralenti ?

Lorsque le conducteur accélère progressivement, le papillon des gaz admet une plus grande quantité d'air. La section de passage du carburant restant la même, il s'ensuit un appauvrissement du mélange.

Pour remédier à cet inconvénient, des trous appelés trous **de progression** ou **de progressivité** (également *by pass*) sont pratiqués dans le corps du carburateur (figure 17.3). Ainsi, à chaque position du papillon correspond un débit d'essence permettant de maintenir un dosage correct (figure 17.4 a, b et c).

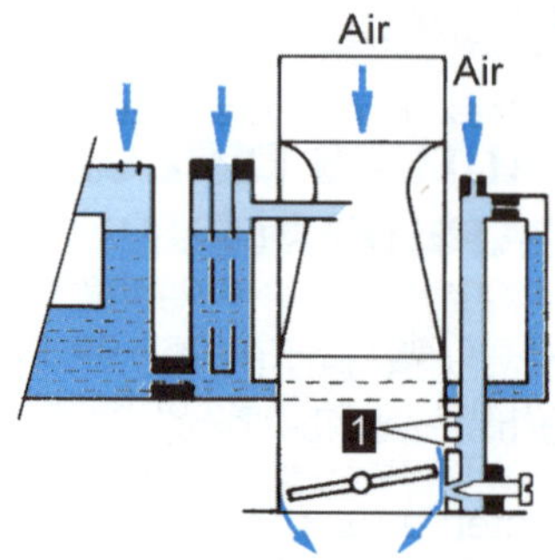

Fig. 17.3 – Trous de progression (1).

Que se passe-t-il lorsque tous les orifices sont débouchés ?

Le régime moteur ayant augmenté, la dépression au col du diffuseur devient suffisante pour permettre l'**amorçage du circuit principal** (figures 17.4 a, b et c).

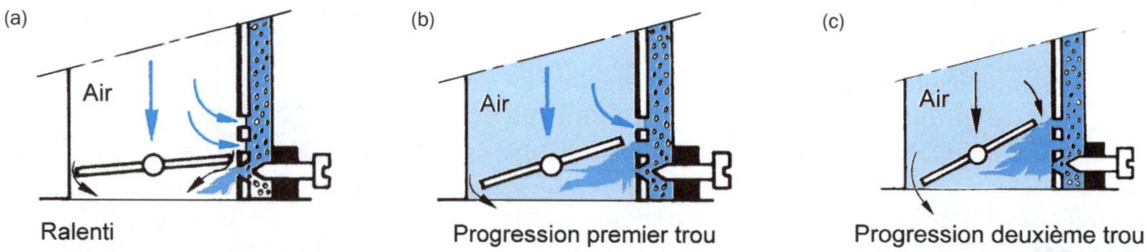

Fig. 17.4 – Progression du ralenti.

Que se produit-il si le conducteur relâche l'accélérateur ?

Quand le conducteur relâche l'accélérateur, le papillon des gaz se remet en position de ralenti. La canalisation du circuit de ralenti ayant été vidée par la forte dépression règnant en marche normale, il est possible que le moteur cale.

Pour palier cet inconvénient, un orifice, appelé **trou de non-renversement** (figure 17.5), permet d'équilibrer les pressions afin de maintenir une colonne de carburant dans la canalisation prête à débiter dès la retombée du papillon.

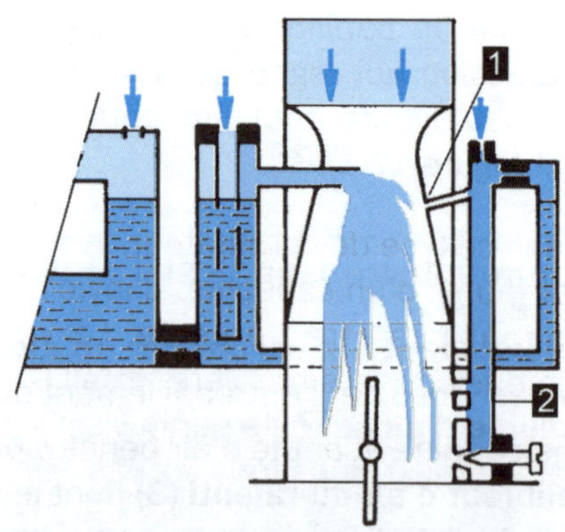

Fig. 17.5 – Accélération.

1. Trou de non-renversement.
2. Colonne d'essence en équilibre.

La carburation au ralenti est-elle toujours parfaitement réalisée ?

La richesse du mélange au ralenti est difficilement contrôlable, ce qui provoque une combustion incomplète et l'émission de **gaz polluants** dont la valeur dépasse le seuil tolérable fixé par la loi.

Quelles sont les causes de cette carburation incorrecte ?

1. La **vitesse de passage de l'air** et la valeur de la dépression au col du circuit de ralenti **ne sont pas constantes** pour diverses raisons :
– les tolérances de fabrication d'un carburateur à l'autre produisent des variations de position de la tranche de papillon par rapport à l'orifice de ralenti ;
– la retombée du papillon est plus ou moins correcte en fonction du degré de déformation du corps de carburateur dues aux variations de température ;
– les entrées d'air additionnelles proviennent du jeu de l'axe de papillon.

2. L'échauffement du carburant dans la cuve et dans le circuit principal provoque des vapeurs d'essence qui, aspirées par le moteur, déclenchent un enrichissement exagéré.

Quels sont les moyens utilisés pour remédier à ces défauts ?

Les normes antipollution de plus en plus sévères et l'incitation aux économies d'énergie ont amené les constructeurs à apporter diverses améliorations (figure 17.6) :
– le circuit de ralenti comporte une **canalisation d'air indépendante** débouchant directement sous le papillon des gaz. Ce dernier est alors **hermétiquement** fermé ;
– le débit d'air est contrôlé par une **vis d'air de ralenti** améliorant la stabilité du dosage (6) ;
– l'homogénéisation du mélange est également améliorée grâce à une vitesse élevée de passage de l'air au point de sortie de l'essence ;
– les vapeurs de cuve et d'émulseur sont condensées ou déviées hors de la zone d'aspiration par un dispositif de dégazage (1, 2 et 3).

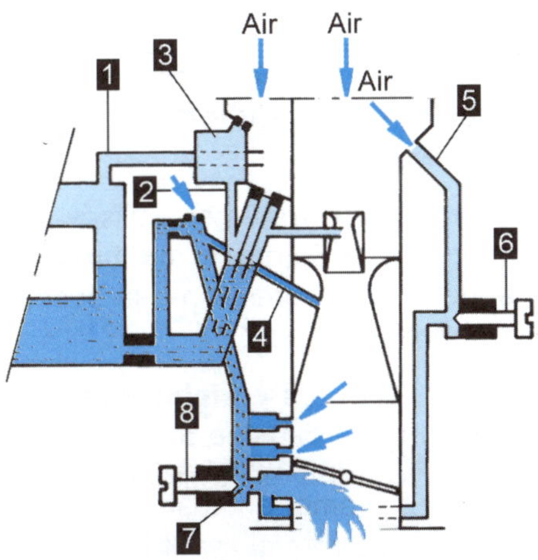

Fig. 17.6 – Exemple de carburateur dit « dépollué » ou antipollution.

1. Mise à l'air et dégazage de la cuve.
2. Dégazage de l'émulseur.
3. Condenseur.
4. Non-renversement.
5. Canalisation d'air du ralenti.
6. Vis de réglage de débit d'air.
7. Orifice de mélange air/essence.
8. Vis de richesse.

Comment reconnaît-on un carburateur à circuit d'air de ralenti ?

Dans ce type de carburateur, la vis de butée de papillon est munie d'un capuchon d'inviolabilité et ne doit absolument pas être déréglée. La vis d'air (6), de forte dimension, se situe vers le milieu du carburateur. Le **volume d'air** se règle par la vis (6). La **richesse** se règle par la vis (8), dans tous les cas.

Comment les reprises sont-elles assurées ?

Les reprises sont assurées par un circuit indépendant dont l'orifice de l'injecteur débouche en amont de la buse.

• **Papillon fermé** (figure 17.7). La membrane de la pompe recule, poussée par son ressort et permet l'admission d'une certaine quantité d'essence.

• **Ouverture du papillon** (figure 17.8). La came fait basculer le levier, qui pousse sur la membrane. Le carburant est injecté.

Prenons l'exemple d'une pompe à membrane et commande par came :
– le début d'injection est déterminé par le profil de la came ;
– la quantité injectée par la position de recul de la membrane de pompe ;
– le temps d'injection par la section du gicleur de pompe et le tarage du ressort de piston.

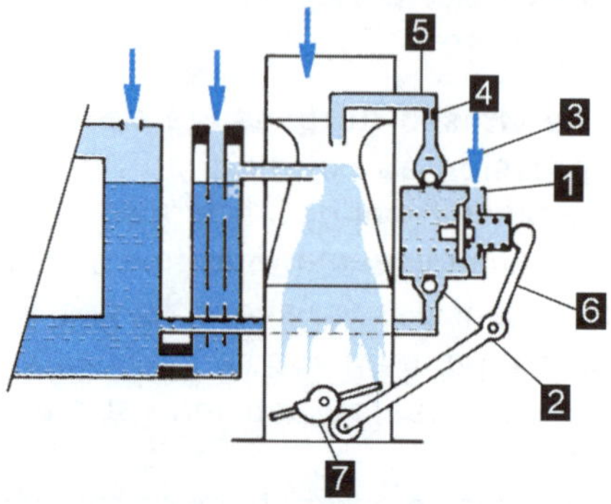

Fig. 17.7 – Circuit de pompe de reprise. Papillon fermé.

1. Pompe.
2. Clapet d'aspiration.
3. Clapet de refoulement.
4. Gicleur de reprise.
5. Injecteur de pompe de reprise.
6. Levier de commande de pompe.
7. Came de commande du levier.

Quels sont les autres dispositifs d'enrichissement ?

Certains dispositifs permettent de faire **varier la richesse** dans des conditions particulières de fonctionnement, notamment lorsque le conducteur demande au moteur de fournir sa puissance maximale.

Les principaux systèmes utilisés sont les **éconostats**, comportant un **injecteur calibré** dont le débit est commandé par la dépression à la buse, lorsque celle-ci est importante (figure 17.9).

Il existe aussi les **enrichisseurs commandés**. Mis en action par une **capsule à dépression**, ils viennent augmenter le débit et la richesse du circuit principal (figure 17.10).

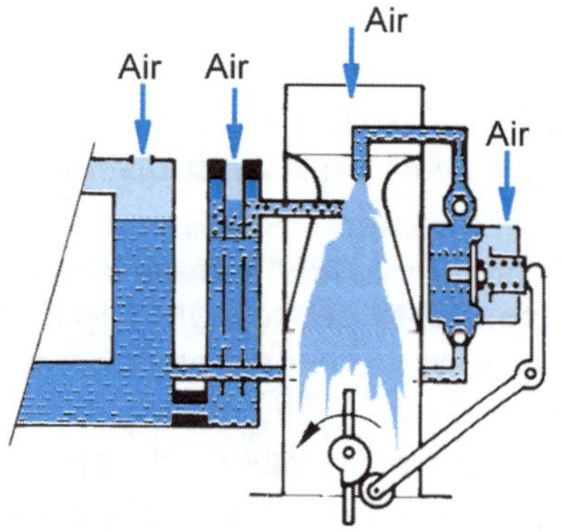

Fig. 17.8 – Reprise. Papillon ouvert.

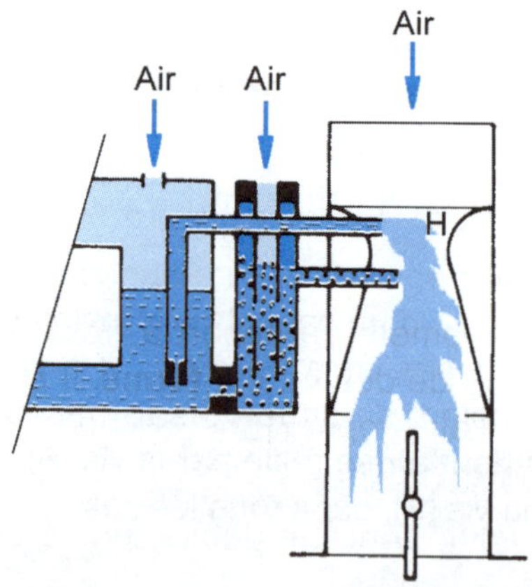

Fig. 17.9 – Enrichisseur de puissance : l'éconostat.

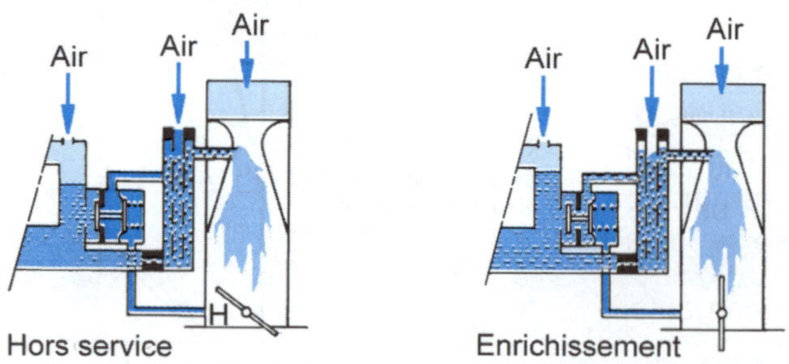

Fig. 17.10 – Enrichisseur à commande pneumatique.

Le départ à froid

Quelles sont les difficultés présentées par le départ à froid ?

Au moment du départ, le moteur est entraîné à faible vitesse par le démarreur.

En hiver, le démarreur tourne plus lentement, la batterie perdant de sa capacité proportionnellement à l'abaissement de la température.

La **dépression** qui règne dans la chambre de carburation à ce moment, est **insuffisante** pour permettre l'amorçage du circuit principal.

La carburation peut-elle s'effectuer correctement à froid ?

Nous avons vu que la vaporisation du carburant absorbait une grande quantité de chaleur. Si le mélange n'est pas réchauffé, il **se condense**. Le carburant redevenu liquide se dépose sur les parois froides des tubulures et des cylindres. Les cylindres reçoivent donc un **mélange pauvre**.

Le dosage du mélange doit donc être modifié pour le départ à froid. La **richesse doit être importante** au moment du départ et diminuer progressivement au fur et à mesure du réchauffage du moteur.

Quels moyens utilise-t-on pour pallier cet inconvénient ?

• On constate cependant une certaine dépression en **aval du papillon** des gaz si celui-ci est **fermé**. On fait déboucher en ce point un circuit indépendant mais peu employé, appelé **circuit de starter** (figure 17.11).

• On peut créer une dépression suffisante au col du diffuseur en plaçant en **amont** un **second papillon** appelé **volet de départ** (figure 17.12).

Quel est le principe de fonctionnement du volet de départ à froid ?

1. Au moment du départ à froid, le papillon supérieur, ou volet de départ, est **fermé**. Il permet un certain passage d'air proportionnel à l'aspiration produite par les cylindres.

Le circuit principal débite, grâce à la dépression ainsi créée à la buse.

Le dosage est riche car l'air qui pénètre est freiné grâce au ressort de maintien du volet.

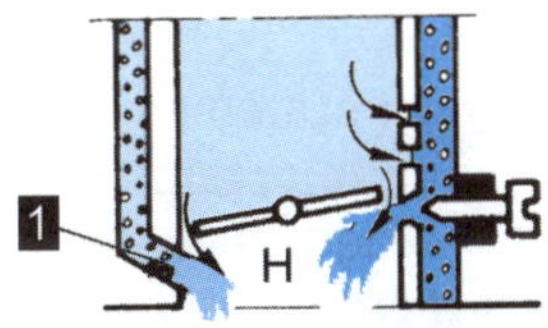

Fig. 17.11 – Embouchure du circuit de starter (1).

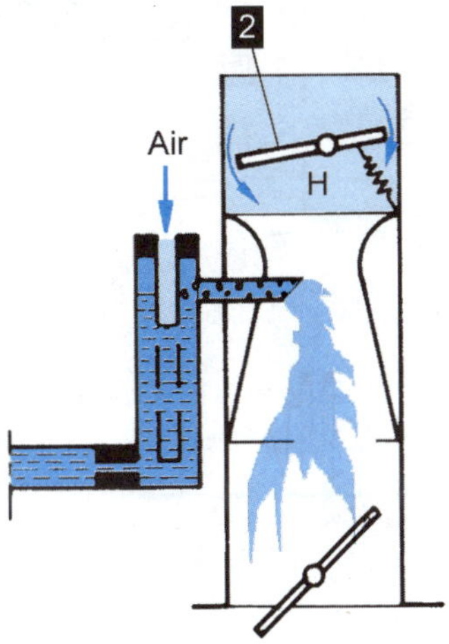

Fig. 17.12 – Volet de départ (2).

Afin que la dépression située sous le papillon des gaz puisse s'élever jusqu'au circuit principal, il est nécessaire d'**entrouvrir** suffisamment le papillon des gaz (ouverture positive).

Un dispositif de synchronisation est donc nécessaire pour effectuer simultanément la fermeture du volet de départ et l'ouverture positive du papillon des gaz (figure 17.13).

2. Après démarrage, l'aspiration des cylindres augmente le passage d'air au volet et permet l'admission d'une plus grande quantité d'air. La richesse diminue.

3. Une position intermédiaire de la commande maintient un ralenti accéléré permettant la montée en température du moteur.

4. Le dispositif est mis hors service dès que le moteur tient au ralenti.

La commande du volet peut être :
- **manuelle** (tirette au tableau de bord),
- **automatique** (en fonction de la température du moteur).

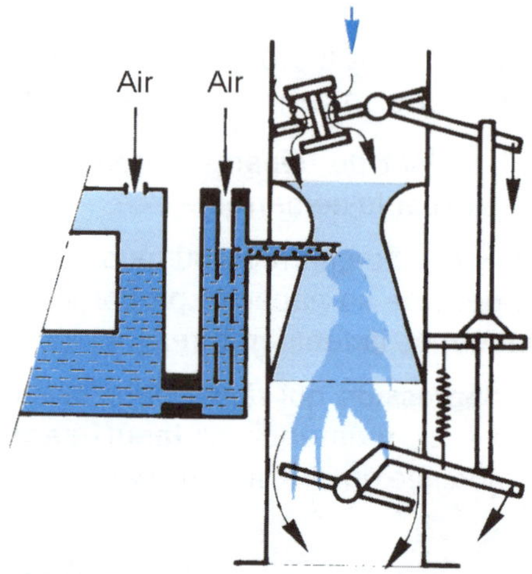

Fig. 17.13 – Synchronisation du volet de départ et du papillon des gaz.

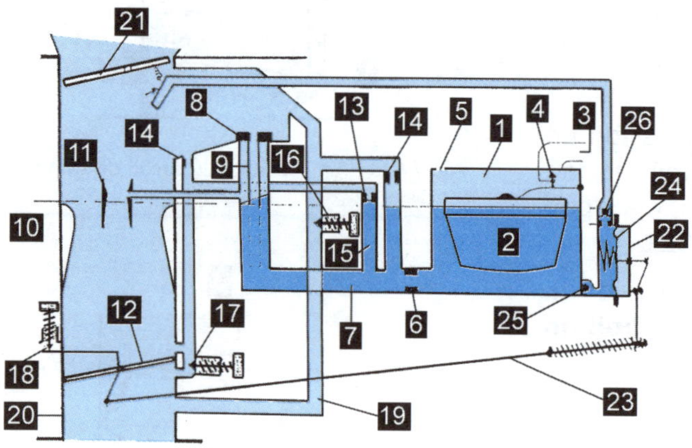

- **Cuve à niveau constant**
1. Cuve.
2. Flotteur.
3. Arrivée.
4. Pointeau.
5. Mise à la PA.
- **Circuit principal**
6. Gicleur principal.
7. Circuit principal.
8. Ajutage d'automaticité.
9. Tube d'émulsion étagé.
10. Buse.
11. Double buse.
12. Papillon des gaz.
- **Circuit de ralenti**
13. Gicleur de ralenti.
14. Calibreurs d'air.
15. Circuit de ralenti.
16. Vis de volume d'air.
17. Vis de richesse.
18. Vis de butée de papillon.
19. Circuit d'air du ralenti.
20. Corps du carburateur
- **Départ à froid**
21. Volet de départ.
- **Circuit de reprise**
22. Corps de pompe de reprise.
23. Commande de pompe.
24. Membrane.
25. Clapet d'aspiration.
26. Clapet de refoulement.

Fig. 17.14 – Carburateur schématique : récapitulation.

Les carburateurs double corps

Qu'entend-on par carburateur double corps ?

Il s'agit d'un carburateur qui, comme son nom l'indique, comporte deux corps de carburateurs munis chacun de tous les éléments d'un circuit principal. Une partie de leur alimentation est commune, la cuve notamment.

Il existe deux familles de carburateurs double corps :

- **à ouverture des papillons simultanée,**
- **à ouverture des papillons décalée ou différenciée.**

Quels sont les avantages présentés par ces carburateurs ?

1. **Carburateur double corps à ouverture simultanée des papillons** (figure 17.15). Ce carburateur se comporte comme **deux carburateurs indépendants** ayant chacun un circuit principal et un circuit de ralenti fonctionnant comme nous venons de l'étudier plus haut. La section de passage du mélange vers les cylindres peut être augmentée, améliorant ainsi le remplissage.

Le mélange accède aux cylindres par des canalisations plus **courtes** et **mieux disposées**, ce qui améliore la répartition du mélange dans les cylindres (figures 17.16 et 17.17).

Si l'on monte deux carburateurs à double corps de ce type sur un moteur à quatre cylindres en ligne, nous constatons que chaque corps alimente un cylindre par une canalisation très courte. Les **pertes par condensation** sont diminuées, le remplissage et la répartition du mélange sont améliorés, il en résulte une nette amélioration des **reprises** et de la **puissance** (figure 17.18).

Remarque

Ce système qui permet de tirer une plus grande puissance du moteur, notamment à hauts régimes, présente des inconvénients :
- prix de revient élevé ;
- dosages imprécis à bas régimes ;
- plus de pollution et de consommation dans les régimes intermédiaires ;
- la synchronisation des richesses des différents corps est délicate à réaliser.

Pour ces raisons, les véhicules à carburateurs sont principalement équipés de carburateurs double corps à ouverture différenciée (ou compound).

2. **Carburateurs double corps à ouverture décalée ou différenciée** (figure 17.19). Dans ce type de carburateur, **chaque corps joue un rôle distinct**.

Le premier corps, ou **corps primaire**, se comporte comme un carburateur simple dont les caractéristiques permettent une conduite économique (diamètre de la buse et des gicleurs réduits).

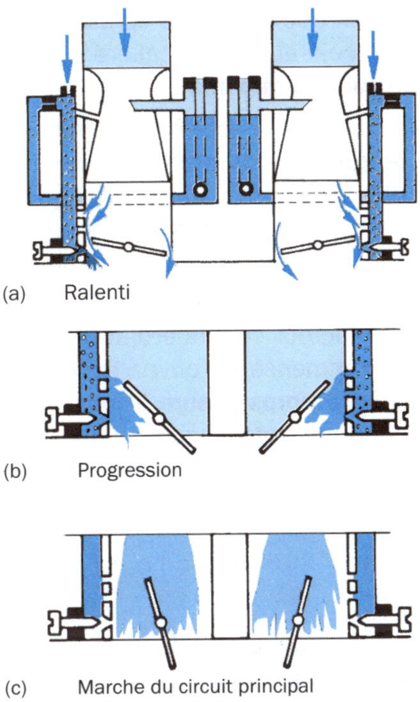

Fig. 17.15 – Carburateur double corps à ouverture simultanée.

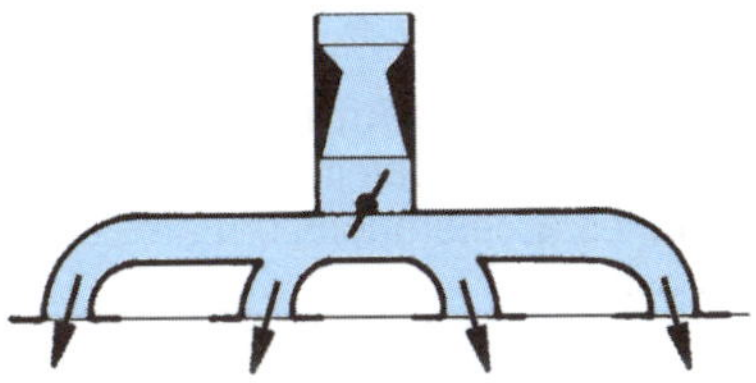

Fig. 17.16 – Carburateur simple corps.

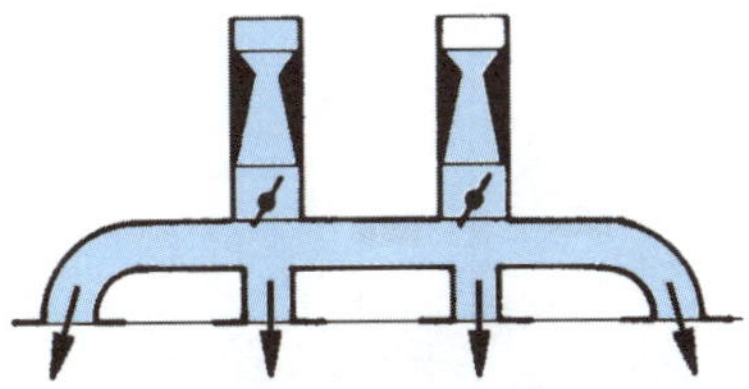

Fig. 17.17 – Carburateur double corps à ouverture simultanée.

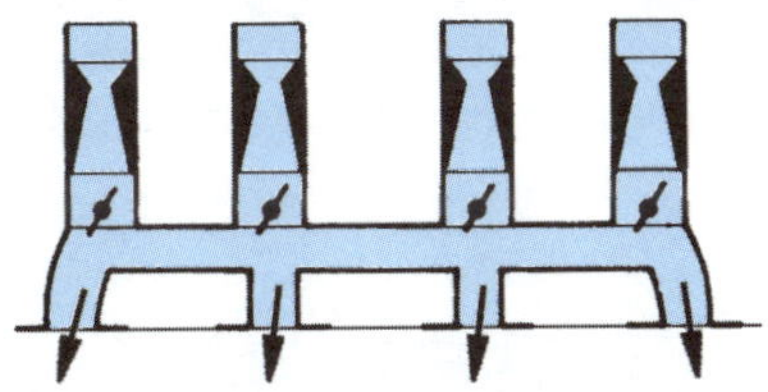

Fig. 17.18 – Montage à deux carburateurs double corps.

Le deuxième corps, ou **corps secondaire**, qui n'entre en action que lorsque le conducteur appuie plus à fond sur l'accélérateur, est calibré pour permettre d'utiliser la **puissance maximale** du moteur.

Si le conducteur accélère progressivement, le dispositif de **progression du premier corps** permet au moteur de monter en régime, jusqu'à ce que la dépression soit suffisante pour permettre l'amorçage du circuit principal. En maintenant cette position, le véhicule roule en conduite économique.

Le conducteur continue d'accélérer, le papillon secondaire commence à s'ouvrir, le circuit de **progression du deuxième corps** assure le passage sans appauvrissement du mélange jusqu'à ce que l'ouverture du papillon soit suffisante pour assurer l'amorçage du deuxième circuit principal.

Comment obtient-on l'ouverture du deuxième corps ?

Le papillon secondaire peut être commandé :

- **mécaniquement** par le papillon primaire lorsque celui-ci atteint une certaine ouverture,
- **par la dépression** qui règne dans la tubulure d'admission.

Remarque

Ce type de carburateur a permis l'abaissement de la consommation des moteurs de 0 à 90 km/h si le conducteur évite les accélérations brutales et ne joue que sur le premier corps.

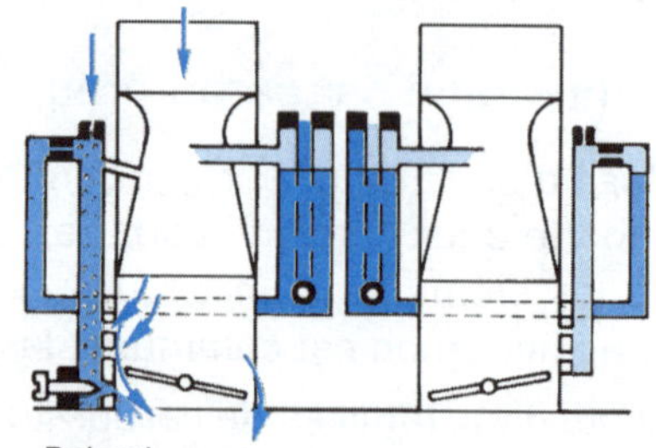

(a) Ralenti

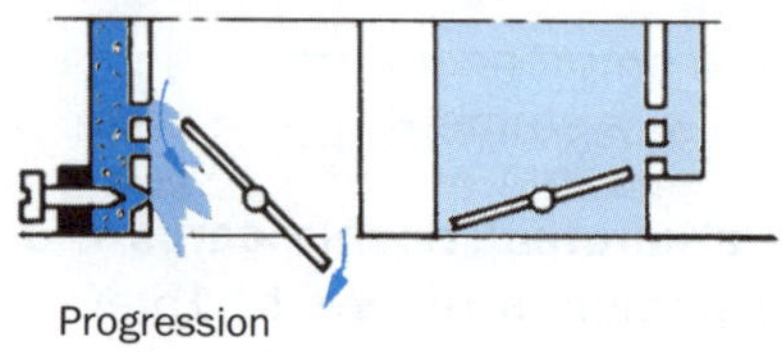

(b) Progression

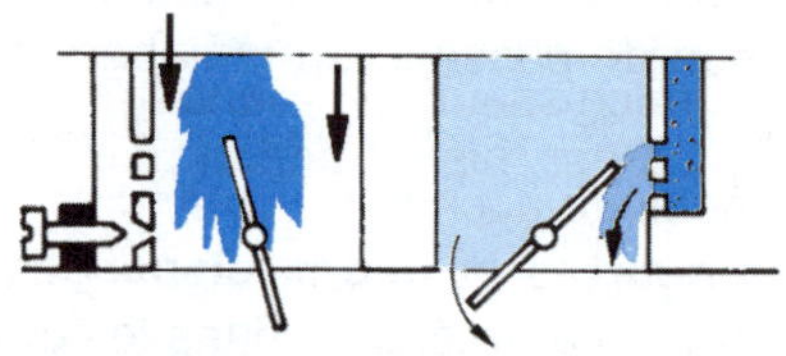

(c) Ouverture du 2e corps

Fig. 17.19 – Carburateur double corps à ouverture différenciée.

MÉMO

- **Le ralenti**

Il est réalisé par un circuit indépendant, débouchant en aval du papillon des gaz.

• Le calibrage de l'air se fait :

– soit par une vis d'air agissant sur un circuit d'air indépendant,

– soit par une vis de butée de papillon agissant sur l'entrebaîllement du papillon des gaz.

• Calibrage de l'essence : l'essence émulsionnée par un calibreur d'air est dosée par la vis de richesse. Un dispositif de progression admet une quantité de carburant supplémentaire au fur et à mesure de l'ouverture du papillon, afin de maintenir un dosage constant pendant l'accélération.

- **Les correcteurs de richesse**

Ils comprennent principalement : la pompe de reprise et les enrichisseurs.

– Le système de reprise comprend : une pompe à membrane ou à piston, un dispositif de commande et un injecteur. Il a pour fonction de compenser le manque d'essence, lors des accélérations brutales.

– Les enrichisseurs comprennent principalement les éconostats et les enrichisseurs commandés.

L'éconostat est un petit circuit qui débouche en amont de la buse et qui débite dès que la dépression en ce point atteint une valeur déterminée. C'est un enrichisseur de pointe à circuit indépendant.

L'enrichisseur commandé a pour fonction d'augmenter le débit et la richesse du circuit principal. Il est mis en action par une capsule commandée par la dépression qui règne en aval du papillon des gaz.

- **Le départ à froid**

Il peut être obtenu par starter ou volet de départ. Le starter est un circuit auxiliaire avec mise en dérivation dont les calibrages des gicleurs permettent un mélange riche. Son circuit débouche en aval du papillon des gaz.

Le volet de départ est placé en amont de la buse. Lorsqu'il est fermé, il augmente la dépression au niveau de la buse et oblige le circuit principal à débiter un mélange riche. Le papillon des gaz est entrebaîllé automatiquement par l'ouverture positive afin de laisser passer l'aspiration des cylindres.

Le starter ou le volet de départ peuvent être à commande manuelle ou automatique.

- **Les carburateurs à double corps**

Ils comprennent :

– les doubles corps à ouverture simultanée (deux corps identiques fonctionnant ensemble et alimentés par une seule cuve) ;

– les doubles corps à ouverture différenciée dont chacun des corps joue un rôle distinct (premier corps : conduite économique ; premier plus deuxième corps : puissance élevée).

POUR ALLER PLUS LOIN

1. *Recherchez, pour le véhicule à carburation de votre choix, la méthode de réglage du ralenti.*
   Indiquez : le type de véhicule, le type de moteur, le régime de ralenti, le pourcentage de CO, la méthode.
2. *Expliquez le fonctionnement d'un starter automatique et effectuez les schémas nécessaires.*
3. *Recherchez sur un carburateur à ouverture différenciée, le dispositif qui permet la mise en action du deuxième corps. Effectuez un schéma fonctionnel.*

18

LES SYSTÈMES D'INJECTION D'ESSENCE

Par quels moyens peut-on fournir au moteur un mélange carburé ?

Pour que les cylindres reçoivent un mélange parfaitement combustible, il faut :
- effectuer un dosage air/essence adapté à toutes les conditions de fonctionnement (vitesse de rotation, charge, température) ;
- rendre le mélange parfaitement homogène (atomisation) ;
- le répartir uniformément dans les différents cylindres.

Comment la carburation est-elle réalisée ?

La carburation peut s'effectuer :
- par carburateurs à buse constante ou variable (figure 18.1),
- par injection monopoint ou multipoints (figures 18.2 et 18.3).

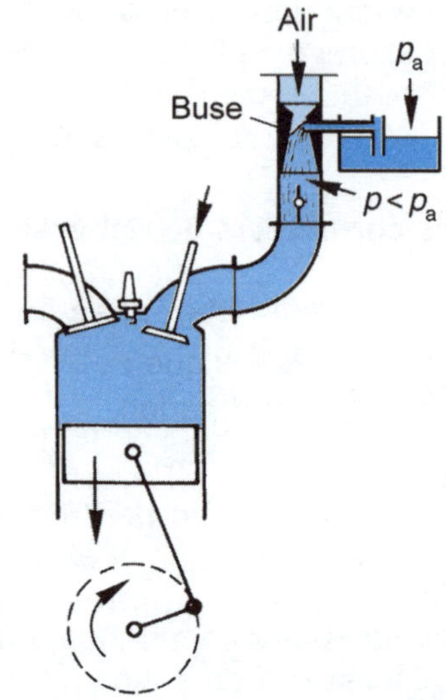

Fig. 18.1 – Carburation par carburateur.

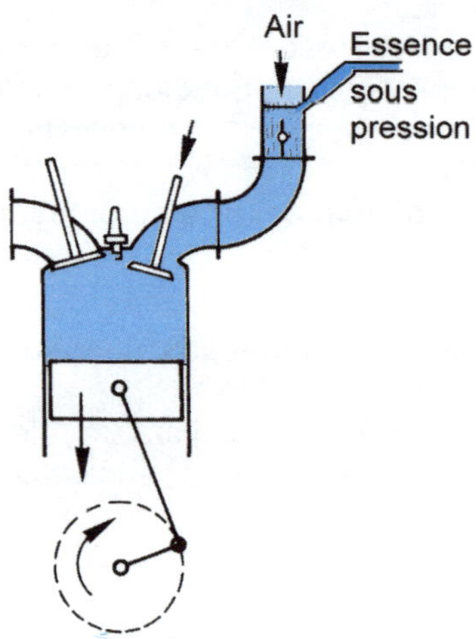

Fig. 18.2 – Carburation par injection monopoint.

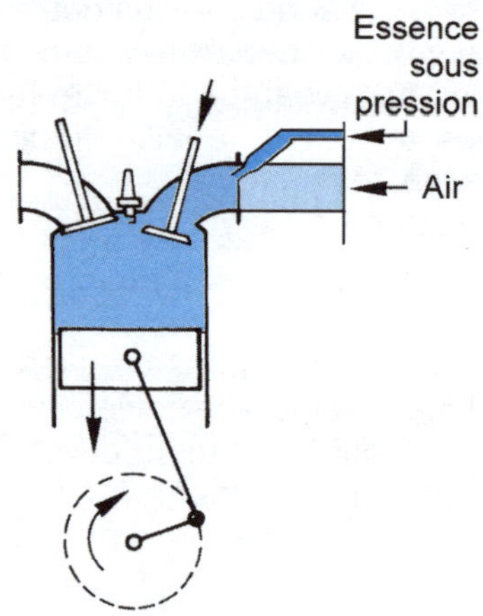

Fig. 18.3 – Carburation par injection multipoints.

Quelles sont les critiques à apporter au fonctionnement des carburateurs ?

• Les dosages ne sont pas parfaitement respectés à tous les régimes car :

- le débit des gicleurs est conditionné par la différence de pression entre la buse et la cuve ;
- le débit n'est pas directement proportionnel à la dépression.

Ces phénomènes nécessitent des correcteurs de richesse tels que la mise en dérivation.

• Ces dispositifs permettent d'approcher la courbe de dosage idéale mais ne peuvent y parvenir parfaitement du fait de leur entrée en fonctionnement par palier (émulsion étagée).

Quelles sont les améliorations apportées par les systèmes d'injection (figures 18.4 et 18.5) ?

Le débit du ou des injecteurs n'est plus conditionné par la différence de pression buse/cuve.

Il est le résultat d'une analyse permanente des paramètres moteurs tels que :
- la fréquence de rotation,
- le volume d'air admis,
- la position du papillon des gaz,
- la température du moteur.

La quantité de carburant nécessaire à la combustion instantanée est donc calculée avec une grande précision.

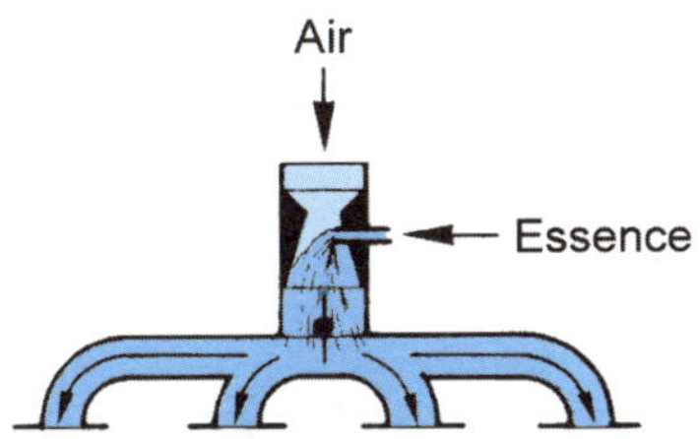

Fig. 18.4 – Carburateur et injection monopoint : cheminement du mélange.

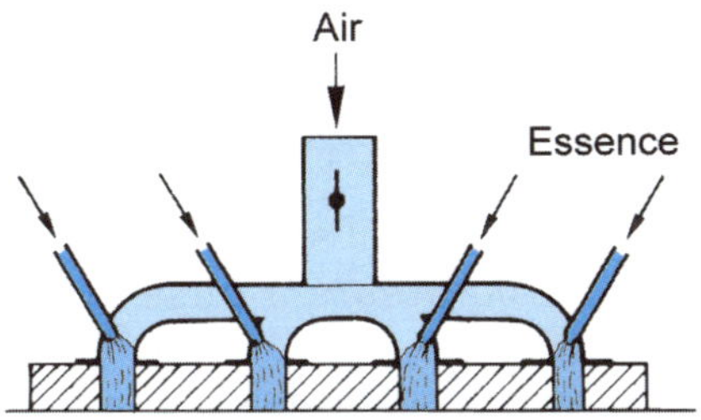

Fig. 18.5 – Injection multipoint :
- cheminement plus direct,
- répartition uniforme.

Quels sont les avantages de la carburation par injection ?

On relève trois types d'avantages :

– La combustion est améliorée par un dosage plus précis à tous les régimes.

– Le couple et la puissance sont supérieurs, à cylindrée égale, grâce à une légère augmentation du rapport volumétrique sans risque d'autoallumage et à un meilleur remplissage (sauf en monopoint).

– La consommation est plus faible ainsi que la pollution, grâce à la qualité du mélange et à la mise en place de catalyseur de gaz d'échappement (sauf en injection mécanique).

Enfin, pour les injections multipoints, on constate une augmentation de la souplesse du moteur, due à une répartition uniforme du mélange dans les différents cylindres.

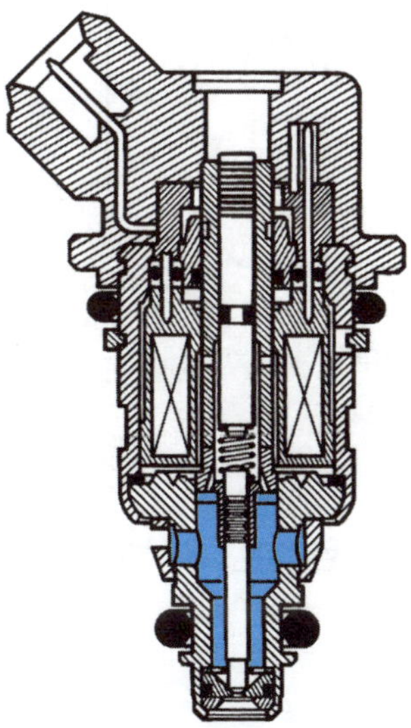

Fig. 18.6 – Coupe d'un injecteur essence (Document Renault).

Quels sont les dispositifs les plus couramment utilisés en automobile ?

Nous rencontrons principalement :
- l'injection continue mécanique (en voie de disparition),
- l'injection discontinue électronique (monopoint ou multipoints).

Observons le système d'injection mécanique continue (figures 18.7 et 18.8).

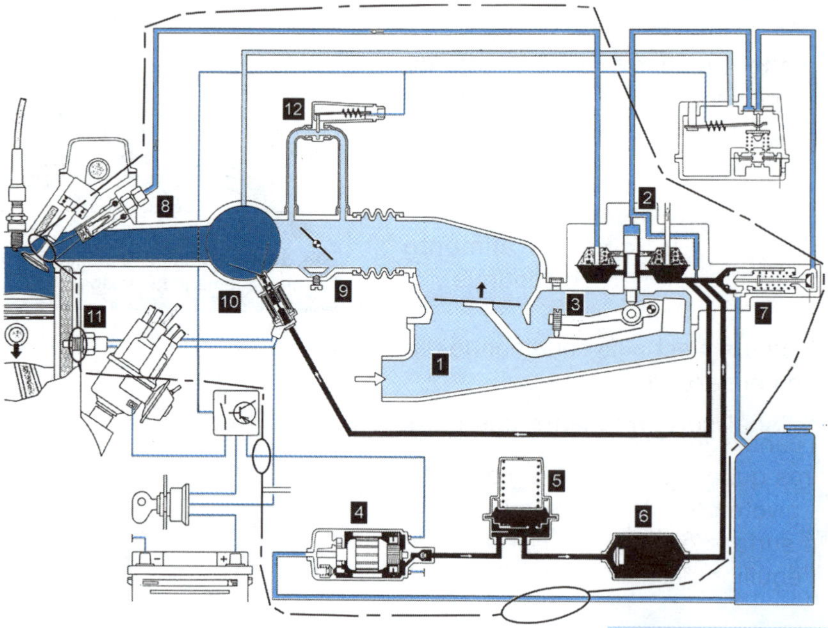

1. Débitmètre.
2. Doseur-distributeur.
3. Vis de richesse du ralenti.
4. Pompe à carburant.
5. Accumulateur de carburant.
6. Filtre à carburant.
7. Régulateur de pression d'alimentation.
8. Injecteur.
9. Vis de régime ralenti.
10. Injecteur de départ à froid.
11. Thermocontact temporisé.
12. Commande d'air additionnelle.

Fig. 18.7 – Frontière d'étude (document Bosch).

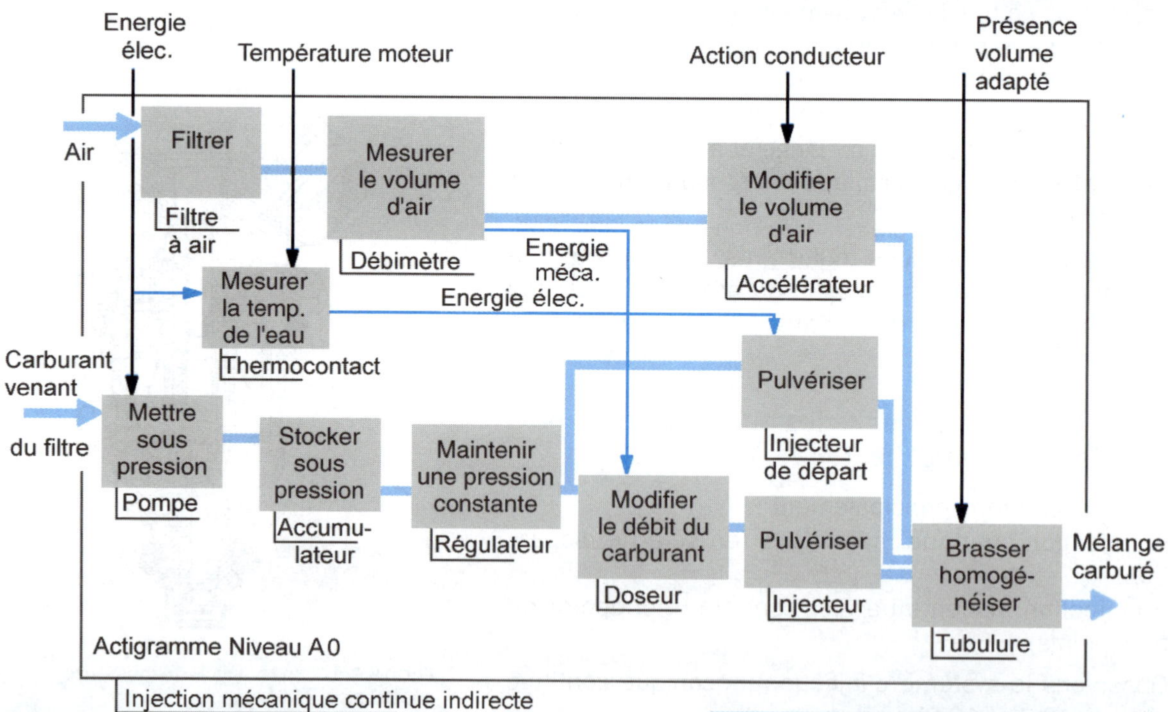

Fig. 18.8 – Analyse descendante.

Quel est le principe de fonctionnement de l'injection mécanique ?

En actionnant l'accélérateur, le conducteur règle le débit d'air. L'injection est continue dans la tubulure. Un **étrangleur** de section variable (tiroir de dosage) règle le débit de carburant ; ce réglage est **mécanique** et dépend de la position relative du **plateau du débitmètre** placé en amont du papillon. Un **injecteur** alimente continuellement chaque cylindre (injection continue).

Comment le débitmètre mécanique fonctionne-t-il (figure 18.9) ?

Un plateau obstrue la canalisation venant du filtre à air, il est monté sur un bras qui agit comme une balance : d'un côté de l'axe de pivotement, la force de l'air dont la pression agit sur la surface du plateau ($F = pS$) ; de l'autre, une masse d'équilibrage dont la force agit en contrepoids.

Le basculement de l'axe du plateau sera donc proportionnel à la pression de l'air exercée sur le plateau.

Comment le dosage de l'essence est-il effectuée ?

Le déplacement du plateau du débitmètre agit sur le **tiroir du doseur**. Le déplacement du tiroir permet le passage du carburant par un orifice **plus ou moins réduit**. La pression d'injection est réglée par le **régulateur** de pression du carburant (figure 18.10).

Observons le système d'injection électronique monopoint (figures 18.11 et 18.12 page suivante).

Quelle est la situation du boîtier papillon ?

Le boîtier papillon est placé sur la bride de la pipe d'admission à l'emplacement initial du carburateur (figure 18.13).

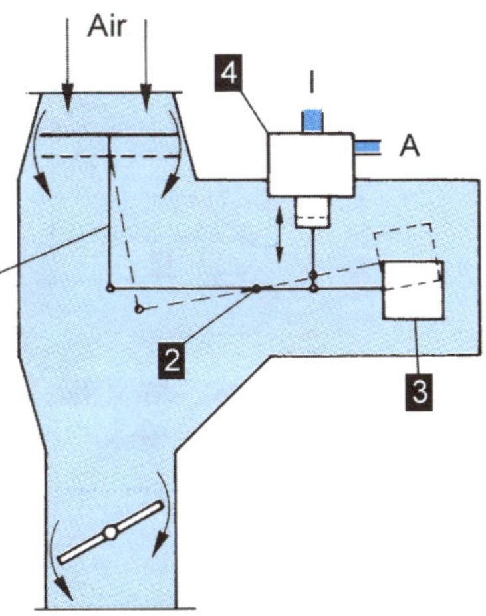

Fig. 18.9 – Débitmètre mécanique.

1. Plateau et tige du débitmètre d'air.
2. Axe de pivotement.
3. Contrepoids.
4. Doseur distributeur.

A. Arrivée carburant.
I. Vers injecteur.

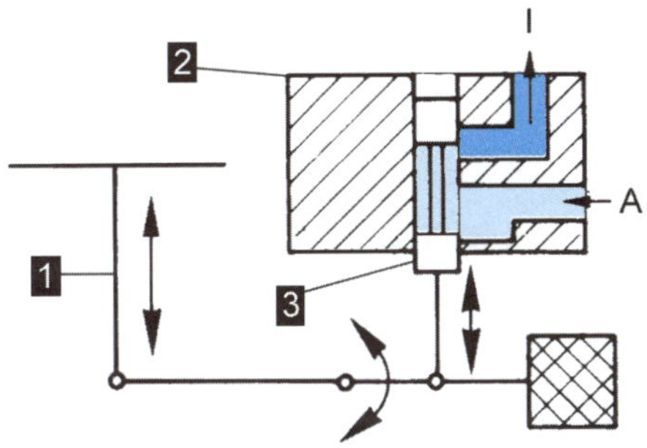

Fig. 18.10 – Doseur : fonctionnement.

1. Débitmètre d'air.
2. Doseur distributeur.
3. Tiroir de dosage.

A. Arrivée du carburant sous pression.
I. Vers un des injecteurs.

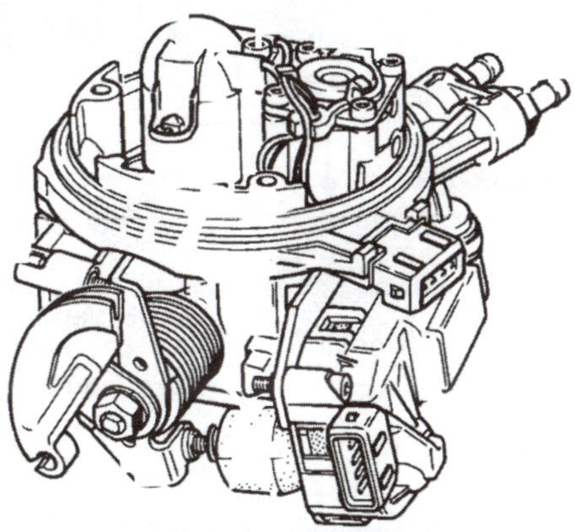

Fig. 18.13 – Boîtier papillon (Document Renault).

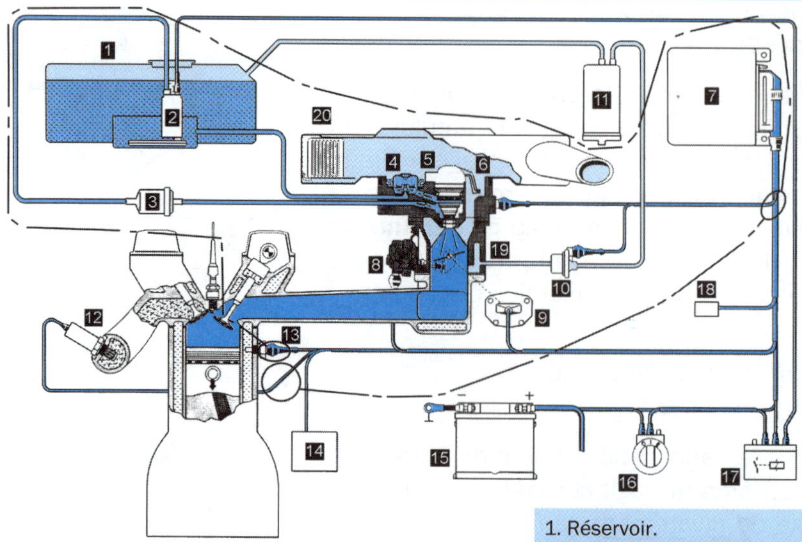

1. Réservoir.
2. Pompe à carburant.
3. Filtre à carburant.
4. Régulateur de pression.
5. Injecteur électromagnétique.
6. Soude de température d'air.
7. Calculateur d'injection.
8. Micromoteur de régulation du ralenti.
9. Potentiomètre de position du papillon.
10. Électrovanne de commande de purge canister.
11. Absorbeur de vapeurs à essence (canister).
12. Sonde à oxygène.
13. Sonde de température d'eau.
19. Boîtier papillon.
20. Filtre à air.

Fig. 18.11 – Organisation du système d'injection électronique monopoint. Frontière d'étude.

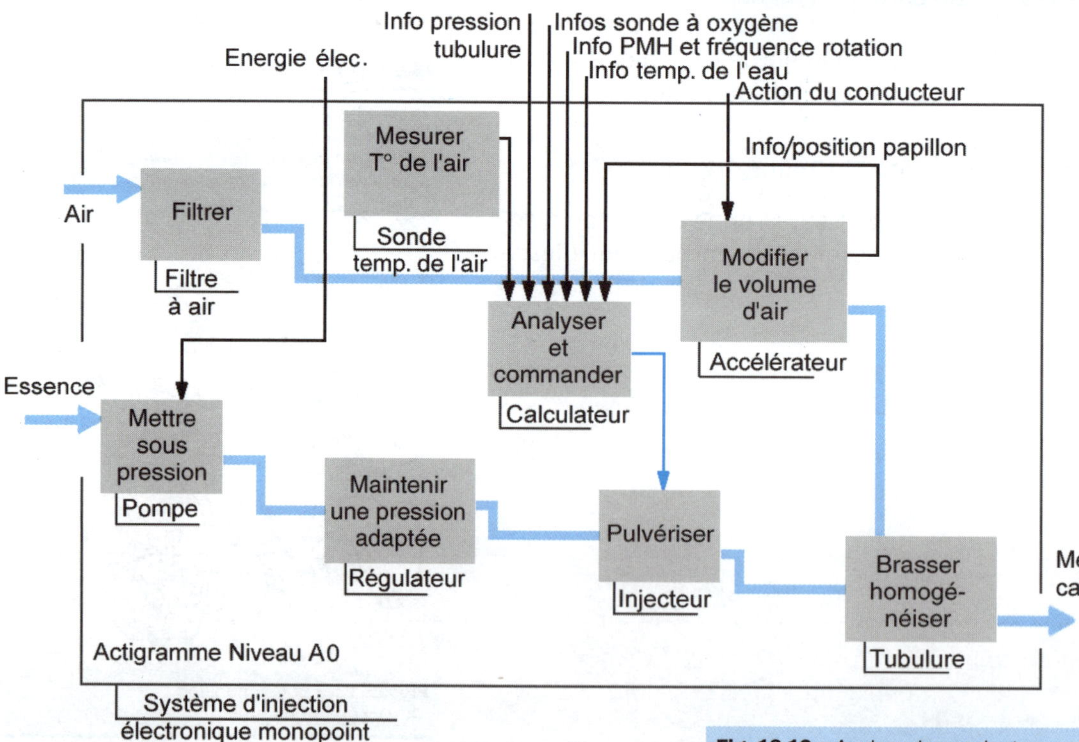

Fig. 18.12 – Analyse descendante.

Quel est le principe de fonctionnement du boîtier papillon ?

Le carburant sous pression arrive de la pompe électrique au point A (figure 18.14).

Sa pression est maintenue constante grâce au régulateur de pression.

Si la pression dépasse le seuil prédéterminé, la bille se soulève et laisse échapper un volume de carburant (R). Lorsque la pression normale est rétablie, la bille se repositionne sur son siège.

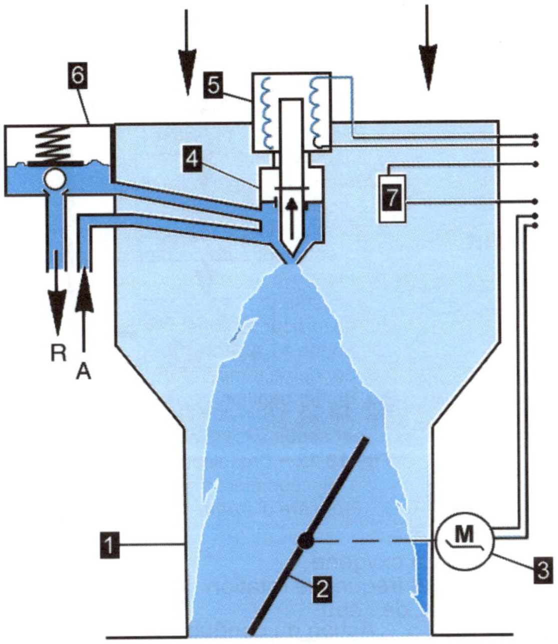

1. Corps.
2. Papillon des gaz.
3. Micromoteur de ralenti.
4. Injecteur.
5. Électro-aimant de l'injecteur.
6. Régulateur de pression.
7. Sonde de température d'air.

Fig. 18.14 – Le boîtier papillon.

L'injecteur est actionné par un électro-aimant dont le solenoïde est commandé par le calculateur électronique.

La quantité injectée sera proportionnelle au temps d'excitation du solenoïde.

Ce temps d'excitation est déterminé par le calculateur en fonction des paramètres reçus (figure 18.12).

Comment le ralenti est-il obtenu ?

Lorsque le conducteur relâche l'accélérateur, l'injecteur est mis en débit mini (excitation mini) par le calculateur. La position du papillon des gaz est alors contrôlée par le micromoteur de régulation du ralenti.

Comment le départ à froid est-il obtenu ?

Le calculateur reçoit une information de température de la sonde. Si le liquide est froid, le calculateur permettra un temps d'injection plus long, ce qui aura pour effet d'enrichir le mélange. La richesse sera ensuite diminuée au fur et à mesure de l'augmentation de la température du liquide de refroidissement.

Quel est le rôle de la sonde à oxygène ?

La sonde à oxygène appelée aussi **sonde lambda** a pour rôle de **mesurer la teneur en oxygène** des gaz d'échappement et d'en informer le calculateur (figure 18.15).

Ce dernier modifiera le temps d'excitation de l'injecteur en fonction des informations reçues de la sonde afin d'enrichir ou d'appauvrir le mélange.

Quelle est la position de la sonde à oxygène ?

La sonde est fixée sur la tubulure d'échappement **avant le pot catalytique**.

Quelles critiques peut-on apporter à l'injection électronique monopoint ?

L'injection monopoint présente de gros avantages par rapport au carburateur :
– une **richesse contrôlée** grâce au pilotage électronique de l'injecteur, le calculateur tenant compte d'un grand nombre de paramètres ;
– une **diminution sensible de la pollution** grâce à l'adjonction d'une sonde à oxygène et d'un pot catalytique.
L'inconvénient majeur reste, comme pour le carburateur, l'éloignement du lieu d'injection par rapport à la soupape d'admission, ce qui induit :
– des risques de recondensation du mélange lorsque la tubulure est froide ;
– des pertes d'énergie par oxydation du carburant pendant son trajet avant sa combustion ;
– lorsque la tubulure est chaude, une dilatation des molécules d'essence pendant leur trajet (diminution du remplissage).

Si ce système présente des avantages certains en matière de pollution et de fiabilité, il ne favorise pas une baisse très sensible de la consommation.

Observons un système d'injection électronique discontinu multipoints (figures 18.16 et 18.17).

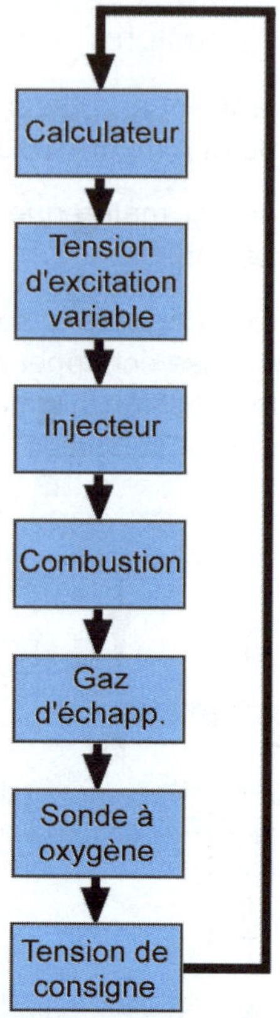

Fig. 18.15 – Principe du contrôle de la richesse par sonde à oxygène (ou lambda).

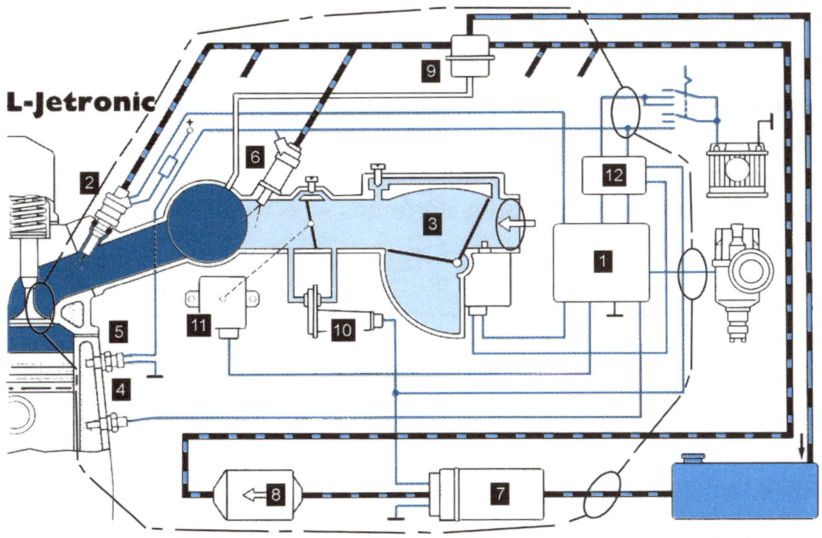

1. Appareil de commande électronique (calculateur).
2. Injecteur.
3. Sonde de débit d'air.
4. Sonde de température.
5. Thermo-contact temporisé.
6. Injecteur de départ à froid.
7. Pompe électrique à carburant.
8. Filtre à combustible.
9. Régulateur de pression de carburant.
10. Commande d'air additionnel.
11. Contacteur de papillon.
12. Ensemble de relais.

Fig. 18.16 – Organisation du système d'injection électronique discontinu multipoints. Frontière d'étude.

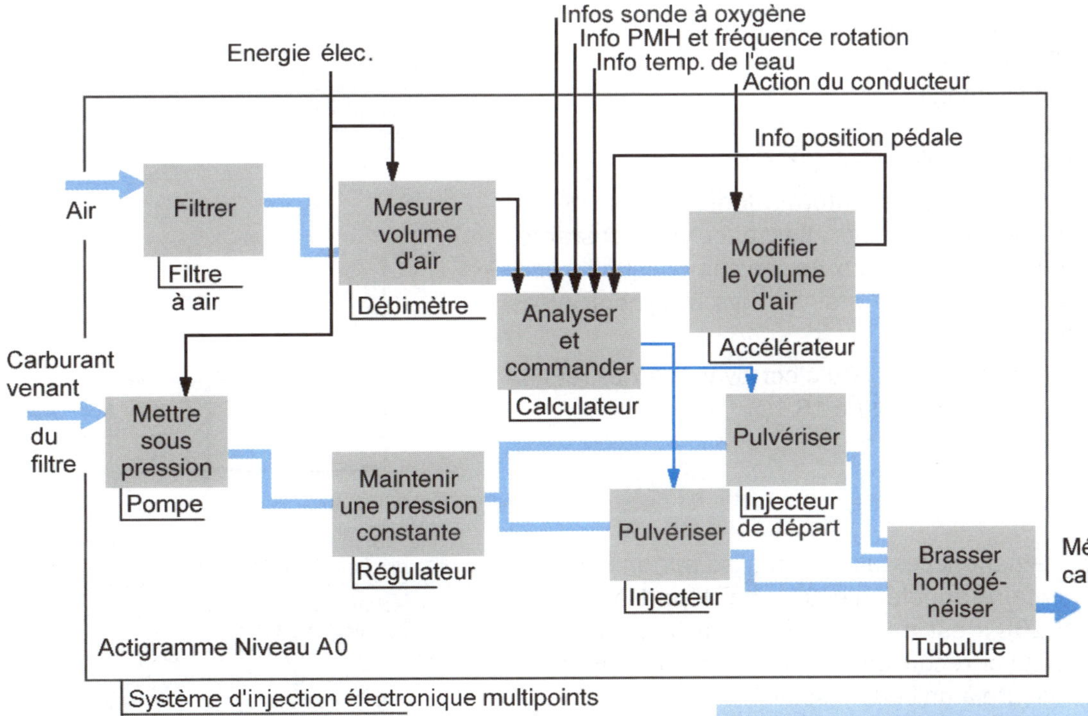

Fig. 18.17 – Analyse descendante.

Quel est le principe de fonctionnement du système d'injection électronique multipoints ?

En actionnant l'accélérateur, le conducteur règle le débit d'air. Le **débitmètre** (en amont du papillon) mesure ce débit et transmet un signal électrique au **calculateur** ; ce signal est transformé en créneaux qui excitent les **injecteurs électromagnétiques** pendant un temps plus ou moins long.

Chaque créneau est synchronisé et adapté au cycle, ainsi chaque cycle reçoit-il une quantité de carburant bien définie.

Les injecteurs électromagnétiques sont alimentés sous une pression constante.

Comment s'effectue le réglage du débit d'air ?

Un papillon placé dans la tubulure est relié mécaniquement à la pédale d'accélérateur. Il est muni d'un potentiomètre. Un canal en dérivation règle le débit d'air du ralenti.

Comment la mesure du débit d'air est-elle réalisée en marche normale ?

L'extrémité de l'axe du volet de débit est reliée à un potentiomètre (figure 18.18). Chaque débit d'air se traduit par une valeur précise en Ohm, lue par le calculateur entre les bornes A et B.

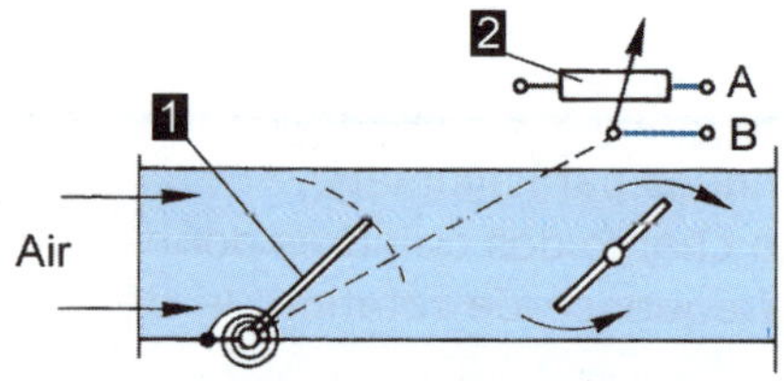

Fig. 18.18 – Principe du débitmètre électrique.

1. Volet de débit.
2. Rhéostat.

Comment le dosage de l'essence est-il effectué ?

En marche normale, le calculateur reçoit un certain nombre d'informations sur :
- le point d'allumage,
- le débit d'air,
- la position du papillon des gaz, etc.

Après traitement de ces informations, les injecteurs, dont la section de passage d'essence est constante, sont soumis à des créneaux de tension constante pendant des temps plus ou moins longs et synchronisés avec le cycle.

Les injecteurs sont munis d'électrovannes qui réagissent à ces excitations (figure 18.19).

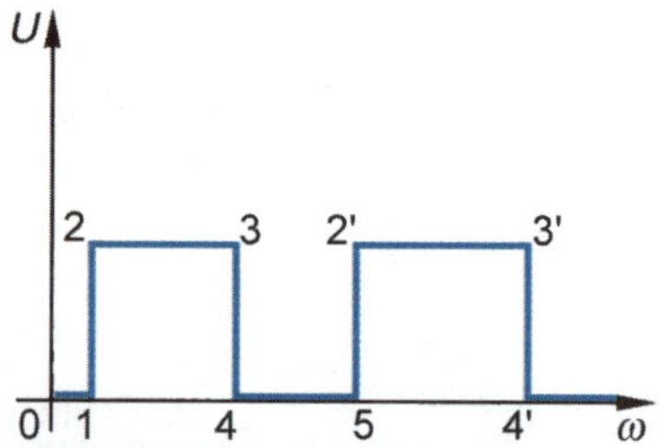

Fig. 18.19 – Régulation des créneaux de commande électronique des injecteurs.

ω : Rotation du vilebrequin.
1. Top début d'injection.
1 → 2. Tension d'excitation de l'injecteur.
2 → 3. Temps d'excitation de l'injecteur.
3 → 4. Chute de la tension d'excitation.

Quels sont les dispositifs qui permettent de réaliser le départ à froid ?

L'enrichissement nécessaire est réalisé par un injecteur supplémentaire appelé injecteur de départ à froid (6 figure 18.16). Il est mis en action par le calculateur lorsque celui-ci reçoit une information : température d'eau inférieure à un certain seuil.

Fig. 18.20 – Moteur à injection essence (Document Citroën).

Comment la fonction reprise est-elle assurée ?

Le calculateur analyse en permanence les deux principaux paramètres qui sont :
– la fréquence de rotation du moteur par les impulsions données par l'allumage,
– la charge des cylindres donnée par les rapports entre la fréquence de rotation, le débit d'air, la position du papillon des gaz.

La correction de la richesse est ainsi réalisée dans toutes les conditions d'utilisation :
– recherche du meilleur rendement (conduite économique),
– reprises,
– puissance maximale.

Quel est le principe de fonctionnement du système de ralenti ?

La retombée du papillon des gaz en position ralenti provoque, de la part du calculateur, la mise en débit minimal des injecteurs.

L'air nécessaire passe par une canalisation indépendante dont le débit est réglable par une vis de volume d'air.

MÉMO

- **Principe**

Les systèmes d'injection ont pour principe commun un dosage plus précis du carburant par une mesure permanente :
– du volume d'air aspiré par les cylindres,
– de la charge du moteur,
– de sa température, etc.
Ils présentent les avantages suivants :
– augmentation des performances du moteur (puissance, couple),
– réduction de consommation et de taux de polluants,
– amélioration de la souplesse du moteur.

- **L'injection mécanique multipoints**

L'air est dosé par un papillon placé dans la tubulure d'admission. Le carburant est calibré par un doseur dont le tiroir est commandé par le déplacement du débitmètre d'air placé dans la tubulure d'admission. Le doseur reçoit le carburant d'une pompe électrique par l'intermédiaire d'un régulateur de pression. Les injecteurs débitent en permanence un carburant dont la pression et le débit sont déterminés par le débit de l'air et sa pression absolue.

- **L'injection électronique monopoint**

Le terme monopoint signifie que le système ne comporte qu'un seul injecteur par opposition au système multipoints qui comporte un injecteur par cylindre.
L'injection monopoint comporte un boîtier papillon, positionné en amont de la tubulure d'admission (collecteur), et sur lequel est monté l'injecteur.
Le débit de l'air est mesuré par un potentiomètre lié au papillon des gaz et par un manomètre de pression placé sur la tubulure.
Ces informations sont transmises au calculateur qui signale :
– la fréquence de rotation du moteur,
– la température d'eau,
– la température d'air d'admission,
– la teneur en oxygène des gaz d'échappement.
Le calculateur analyse ces informations et transmet à l'injecteur électromagnétique une tension de commande dont le début, la durée et la fin de l'injection sont fonctions des paramètres d'entrée.

- **L'injection électronique multipoints**

Le débit de l'air est dosé par un papillon et mesuré par un débitmètre à potentiomètre placés dans la tubulure d'admission. Le calculateur reçoit des informations sous forme de signaux électriques sur : le débit, la pression et la température de l'air, la température de l'eau, le déclenchement de l'allumage, la vitesse d'ouverture du papillon, la vitesse de rotation du moteur. Il transforme ces informations en une tension de commande des injecteurs électromagnétiques, dont le début, la durée et la fin de l'injection sont fonctions des paramètres d'entrée.

- **Les dispositifs complémentaires**

Les systèmes d'injection comportent en outre :
– un dispositif de départ à froid automatique (fonctionnement intermittent),
– un système de reprise (intermittent),
– un dispositif de correction de richesse (permanent).
Le ralenti est assuré par une canalisation d'air additionnelle et par un débit réduit des injecteurs (injections multipoints).
En monopoint, il est assuré par un débit réduit de l'injecteur et le contrôle de l'entrebaîllement du papillon des gaz par un micromoteur de ralenti.

POUR ALLER PLUS LOIN

1. *Recherchez le type d'injection utilisé sur le moteur de votre choix. Relevez toutes les caractéristiques du moteur et de son équipement d'injection.*
2. *Décrivez le fonctionnement d'un pot catalytique.*
3. *Recherchez le principe de fonctionnement, sur un véhicule qui en est équipé, du système d'injection double : essence/G.P.L.*

TESTS

1• Nommez les deux principaux éléments constituant les carburants.	H = ... C = ...
2• L'indice d'octane d'un carburant correspond à :	a. son pouvoir calorifique ☐ b. sa résistance à la détonation ☐ c. son degré d'évaporation ☐
3• Quels sont les avantages de l'essence sans plomb ?	....
4• Quelles sont les principales qualités demandées au mélange carburé ?	1 .... 2 .... 3 ....
5• Dans un carburateur, quels sont les éléments qui permettent le dosage en marche normale ?	1. de l'air : .... 2. de l'essence : ....
6• Dans un système d'injection électronique, quels sont les éléments qui permettent le dosage en marche normale ?	1. de l'air : .... 2. de l'essence : ....
7• Quelle est la fonction de la sonde à oxygène ?	a. produire de l'oxygène ☐ b. mesurer l'oxygène ☐ c. purifier les gaz ☐
8• Quels sont les deux corps résultant de la combustion parfaite d'un carburant (2 réponses) ?	a. l'hydrogène ☐ b. le gaz carbonique ☐ c. l'oxyde de carbone ☐ d. l'oxygène ☐ e. l'octane ☐

L'allumage des moteurs à essence

CHAPITRE 6

19

PRINCIPE DE L'ALLUMAGE ÉLECTRIQUE

Quelle est la fonction de l'allumage ?

La fonction de l'allumage est de produire un **apport de chaleur** dont **l'énergie** est suffisante pour déclencher l'inflammation du mélange gazeux en fin de compression (figure 19.1).

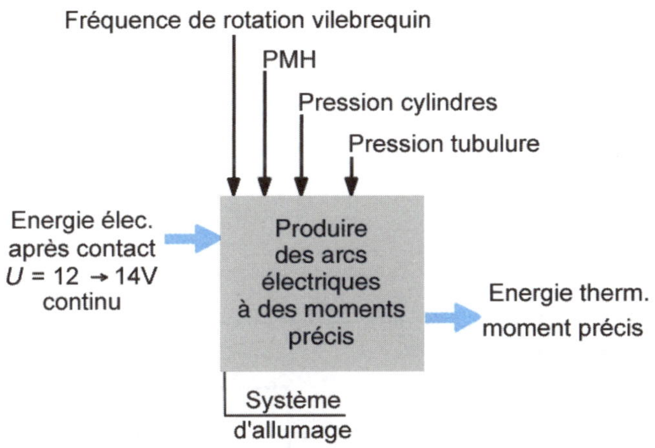

Fig. 19.1 – Fonction globale du système. Niveau A – 0.

Sous quelle forme cette énergie est-elle produite ?

Cette énergie est produite sous la forme d'un **arc électrique**. Pour être conducteur d'électricité, l'air doit être **ionisé**. L'air se trouvant dans la chambre en fin de compression ne peut être ionisé, afin de permettre le passage de l'arc, qu'à condition que le courant ait une **haute tension** (force électro-magnétique (f.é.m.) élevée).

Par quel moyen cette haute tension est-elle produite (figure 19.2) ?

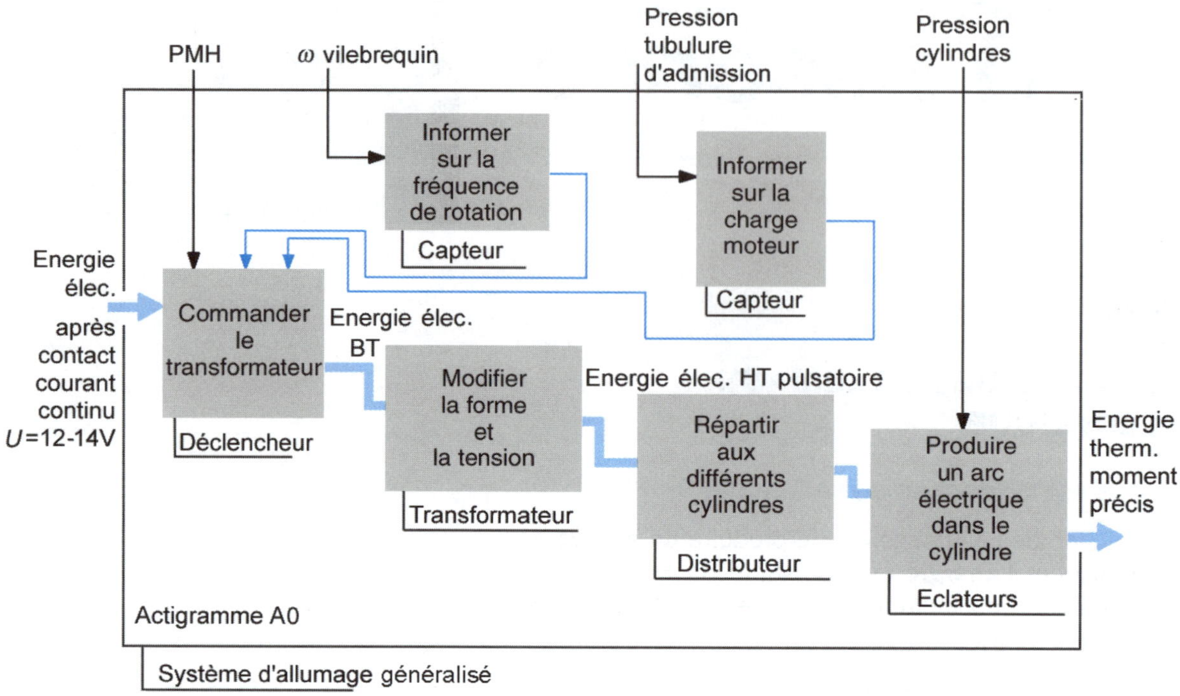

Fig. 19.2 – Analyse descendante généralisée des systèmes d'allumage.

Si nous partons du générateur placé à bord du véhicule, nous pouvons disposer d'un courant de tension $U \simeq 12$ V. Pour atteindre 10 à 15 kV, il faut multiplier environ par 1 000 la tension de départ. Pour réaliser cette opération, on utilise un **transformateur** de type particulier appelé **bobine d'induction** ou **bobine d'allumage**.

Quel est le principe utilisé par la bobine d'allumage ?

Le phénomène utilisé est la création d'un courant induit dans un bobinage par **variation de flux magnétique**.

Comment les variations de flux magnétique sont-elles produites ?

Observons la figure 19.3.

Si nous plaçons un **enroulement électrique** (2) autour d'un **noyau de fer doux** (3), nous constatons l'apparition d'un **champ magnétique** autour du noyau lorsque

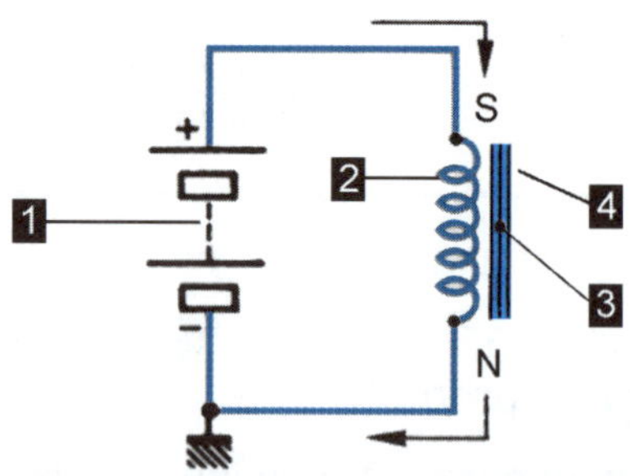

Fig. 19.3 – Production d'un champ magnétique.

1. Générateur.
2. Solénoïde.
3. Noyau de fer doux.
4. Champ magnétique polarisé par le sens du courant.

l'enroulement est parcouru par un courant électrique et la disparition du magnétisme lorsque le courant est coupé.

Le flux magnétique est l'unité de mesure de la valeur du champ magnétique, il s'exprime en **webers** et son symbole est Φ (phi). Pour un bobinage donné à tension constante, la valeur du flux magnétique est **proportionnelle à l'intensité du courant**. Les variations de flux magnétique seront donc exactement proportionnelles aux variations d'intensité du courant :

$$\Delta\,\Phi \text{ équivalent à } \Delta I$$

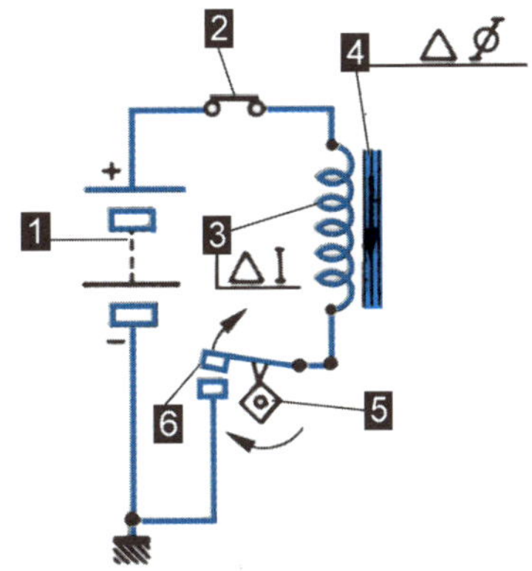

Fig. 19.4 – Schématisation du circuit primaire.

1. Batterie.
2. Contact d'allumage.
3. Bobinage primaire.
4. Noyau magnétique.
5. Arbre porte-cames.
6. Rupteur.

ΔI = variation d'intensité électrique.
$\Delta\Phi$ = variation du flux magnétique.

Par quel moyen provoque-t-on les variations d'intensité dans le bobinage primaire (figure 19.4) ?

Dans un système d'allumage classique, les coupures intermittentes sont réalisées par un **rupteur** (figure 19.5), placé sur la ligne de retour à la masse du bobinage. Son ouverture et sa fermeture sont provoquées par les cames de l'allumeur. Dans le système d'allumage à impulsion, cette coupure sera réalisée par le module, dans l'allumage électronique intégral par le calculateur.

Comment obtient-on la création d'un courant induit ?

Si l'on enroule autour du noyau un **second bobinage** isolé du premier, on constate qu'à chaque fois qu'il y a **variation de flux magnétique**, il y a **création d'un courant électrique induit** dans le bobinage secondaire.

Comment donner une haute tension à ce courant ?

La f.é.m. du courant secondaire sera d'autant plus grande que :

– la **variation de flux** dans le noyau $\left(\frac{\Delta\,\Phi}{\Delta t}\right)$ sera **importante et rapide** ;

– le **rapport** entre les **nombres de spires** des bobinages $\left(\frac{N_2}{N_1}\right)$ sera **grand**.

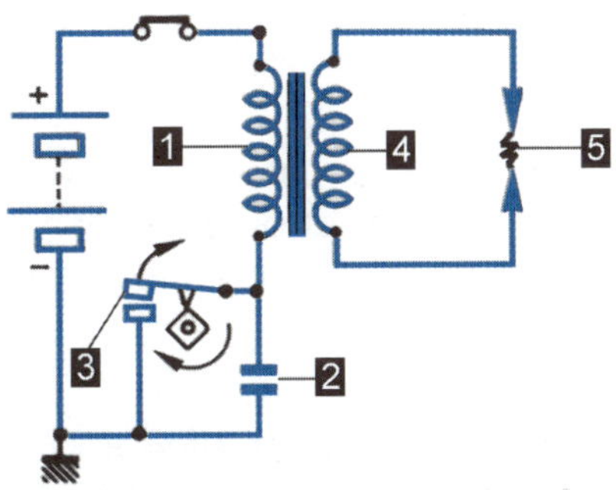

Fig. 19.5 – Circuit d'allumage à rupteur.

1. Bobinage primaire de nombre spires N_1.
2. Condensateur.
3. Rupteur.
4. Bobinage secondaire tel que $N_2 > N_1$.
5. Arc électrique de f.é.m. :

$$\frac{\Delta\,\Phi}{\Delta t} \cdot \frac{N_2}{N_1}.$$

Par quel moyen une variation de flux importante peut-elle être réalisée ?

Pour un circuit donné, la valeur du flux magnétique est proportionnelle à l'intensité du courant. On utilise donc un bobinage primaire **peu résistant**.

La **loi d'Ohm** définit que $I = \frac{U}{R}$. Ainsi, si R diminue, I augmente.

Peut-on augmenter sans inconvénient l'intensité du courant primaire ?

Si l'intensité dans le primaire est trop élevée, il se produit un **échauffement** anormal du bobinage par **effet Joule**. De plus, au moment de l'écartement des contacts du rupteur, il risque de se produire une **étincelle importante** (figure 19.6).

On constate alors une détérioration rapide des grains de contact.

La résistance du circuit primaire sera donc calculée en faisant un compromis entre un remplissage magnétique important et un échauffement du bobinage non préjudiciable à l'installation.

Remarque

Il faut tenir compte que les contacts ne sont fermés que pendant 60 % du temps et que le temps de fermeture diminue avec l'augmentation de la vitesse de rotation du moteur.

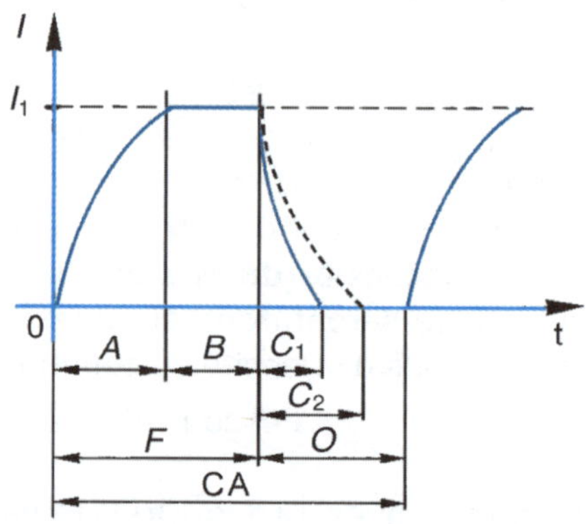

Fig. 19.6 – Variations d'intensité dans le circuit primaire.

I_1 : intensité maximale.
A : temps de remplissage.
B : temps d'intensité maximale.
C_1 : temps de rupture avec condensateur.
C_2 : temps de rupture sans condensateur.
F : temps d'ouverture des contacts.
O : temps d'ouverture.
CA : cycle d'allumage.

L'installation et le départ du courant primaire s'effectuent-ils dans un temps très court ?

Dans un circuit comportant un bobinage, l'établissement et le départ du courant sont freinés par une autoinduction appelée self-induction.

Le courant de self-induction est une force contre-électromotrice qui s'oppose à l'installation du courant qui lui a donné naissance.

Ce phénomène retarde donc le remplissage de la bobine ainsi que le temps de rupture. L'étincelle qui peut se produire aux contacts du rupteur au moment de l'ouverture est un effet visible de la self-induction.

Un condensateur monté en parallèle avec le rupteur absorbe temporairement le courant de self. Il supprime l'étincelle au rupteur diminuant ainsi le temps de rupture.

Au moment de la rupture, grâce à l'action conjuguée de la self-induction et du condensateur, nous obtenons une tension temporaire dans le bobinage primaire de l'ordre de 300 V.

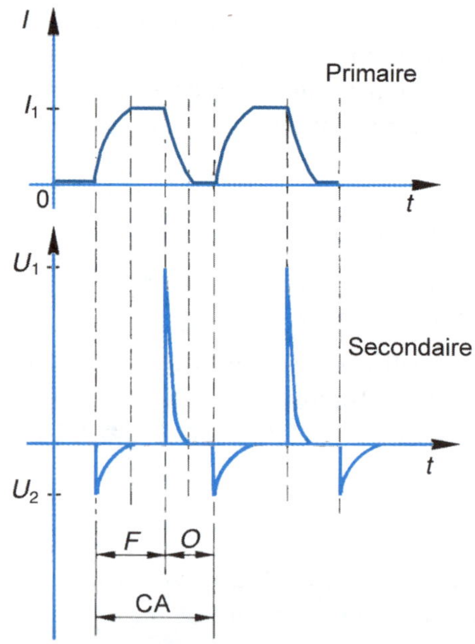

Fig. 19.7 – Oscillogrammes.

U_1 : f.é.m. induite pendant le temps de rupture.
U_2 : f.é.m. induite inverse tant que dure la variation de I à la fermeture.
F : temps de fermeture. Pourcentage de Dwell.
O : temps d'ouverture.

Quelle est la tension disponible en sortie de bobine d'allumage (figure 19.7) ?

La f.é.m. disponible au bobinage secondaire peut être de l'ordre de 30 kV.

Exemple

Bobinage primaire 300 spires.
Bobinage secondaire 30 000 spires.

$$\text{f.é.m. primaire} \times \frac{N_2}{N_1} = \frac{300 \times 30\,000}{300} = 30\,000 \text{ V.}$$

Nous constatons que la tension du primaire qui entre dans le rapport n'est pas celle de la batterie mais celle de la f.é.m. de self.

Quelles sont les autres conséquences de l'effet de self-induction ?

Le temps de remplissage magnétique de la bobine ayant considérablement augmenté à cause de l'effet de self, on a été amené à calculer quel était le temps idéal de fermeture des contacts par rapport au cycle d'allumage.

Le temps de fermeture des contacts pour un allumage à rupteur doit être de **63 % du temps** total imparti à un cycle d'allumage (ouverture + fermeture).

Ce rapport porte le nom de **pourcentage de Dwell**.

Qu'est-ce que l'angle de came ?

L'angle de came est l'**angle** parcouru par la came pendant que les contacts sont **fermés** (figure 19.8).

Exemple

Pour un moteur à quatre cylindres, puisqu'il doit se produire quatre ruptures par tour de l'arbre d'allumeur, l'angle imparti à un cycle d'allumage est de 360/4 = 90°. Pour calculer l'angle correspondant à un temps de fermeture de 63 %, il suffit d'effectuer :

$$90 \times \frac{63}{100} = 57° \text{ environ,}$$

d'où l'on peut tirer la formule générale :

$$\text{angle de came} = \frac{360}{N} \times \frac{63}{100}.$$

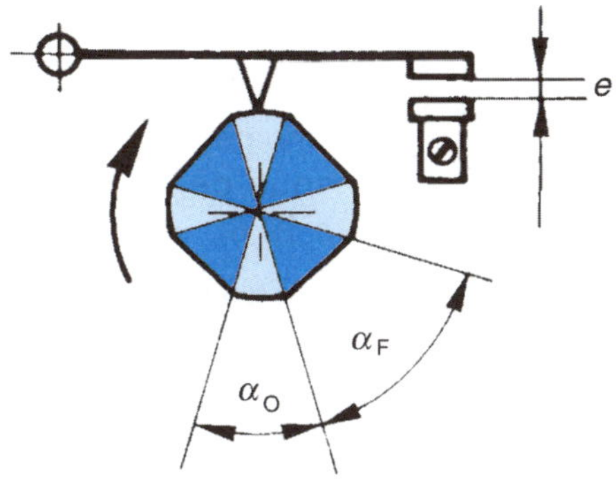

Fig. 19.8 – Angle de came (α_F).

e : écartements des contacts, si e augmente, α_F diminue.

Le remplissage magnétique de la bobine est-il constant ?

Plus la vitesse de rotation du moteur augmente et plus le **temps imparti** à chaque ouverture et fermeture **diminue** (figure 19.9). À haute vitesse, le **remplissage** de la bobine **diminue** progressivement ; les étincelles ont alors de moins en moins d'énergie.

Remarque

À 6 000 tr/min, une bobine pour moteur quatre cylindres doit fournir $\frac{6\,000 \times 4}{2}$ = 12 000 étincelles par minute soit 200 par seconde.

Ce dispositif ne peut donc pas être utilisé pour des moteurs très rapides. Il en est de même si l'on multiplie le nombre des cylindres.

Ceci explique en partie l'évolution vers les allumages électroniques.

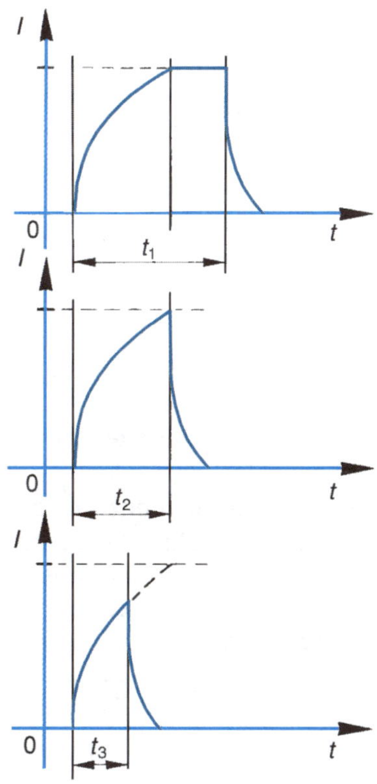

Fig. 19.9 – Remplissage magnétique de la bobine.

t_1 : temps de fermeture à bas régime.
t_2 : temps de fermeture à haut régime.
t_3 : temps de fermeture en surrégime : ΔI insuffisant.

Comment les étincelles sont-elles réparties vers les différents cylindres ?

Lorsque le moteur ne comporte que deux cylindres, la bobine peut alimenter les **deux bougies en série** (figure 19.10). Dans les autres cas, on trouve un **distributeur** dont le **rotor** permet le passage successif des étincelles vers les différents cylindres. La **disposition des fils** permet de respecter l'**ordre d'allumage** du moteur.

Remarque

Les moteurs à 4 cylindres à allumage électronique sont souvent équipés de 2 bobines à double sortie.
Comme dans les bicylindres, l'étincelle perdue au temps fin échappement début admission, réalise la disrupture.

Qu'entend-on par disrupture ?

La disrupture est réalisée par une coupure du circuit dans une zone soumise à la pression atmosphérique.

Elle peut être aménagée :
- sur le fil de bougie,
- dans la bougie elle-même,
- entre le doigt de distribution et les plots du distributeur,
- par une étincelle perdue dans un cylindre.

La disrupture permet :
- une augmentation de la tension d'allumage,
- une réduction de la durée de l'étincelle.

Quelles sont les qualités demandées aux bougies d'allumage ?

Les principales qualités requises par les bougies sont :
- de posséder une **résistance en série** permettant une **tension d'arc élevée**,
- d'être parfaitement **isolantes** (fuites possibles vers la masse avant les électrodes),
- d'**évacuer rapidement la chaleur** vers le circuit de refroidissement afin d'éviter les risques d'auto-allumage ainsi que la fusion des électrodes. La tension d'arc est fonction notamment de l'**écartement des électrodes** et de leur état (figure 19.12).

L'isolement est réalisé grâce à la présence d'un isolateur moulé dans une matière spéciale et exempt de fissure.

L'évacuation des calories est réalisée par le **contact** plus ou moins direct du **bec isolant avec le culot**, ce dernier étant vissé dans la culasse en un point où le circuit de refroidissement est proche.

Si le bec isolant est long, la chaleur devra parcourir une plus grande distance avant d'être évacuée. Ce type de

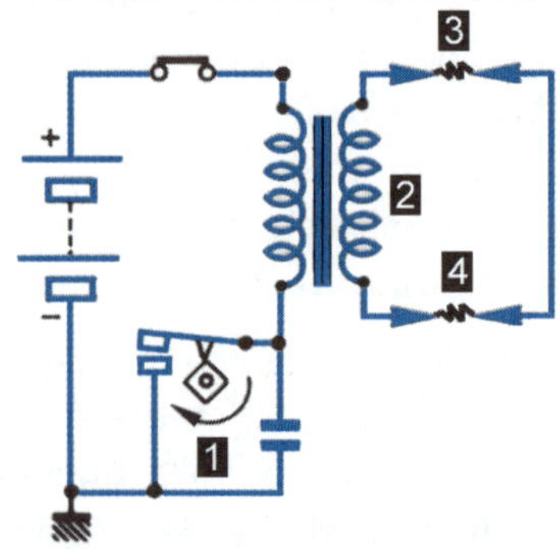

Fig. 19.10 – Principe de l'allumage à rupteur pour moteur à 2 cylindres.

1. Came à 2 bossages.
2. Bobinage secondaire à double sortie.
3. Étincelle du cylindre en fin de compression.
4. Étincelle de disrupture.

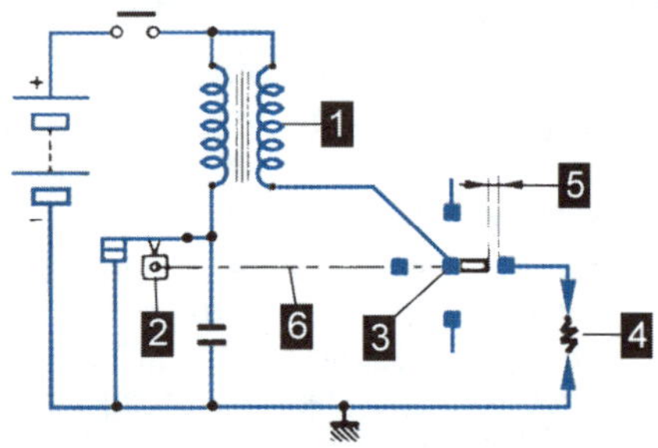

Fig. 19.11 – Circuit d'allumage à rupteur pour moteur à quatre cylindres.

1. Bobine d'allumage.
2. Rupteur.
3. Distributeur.
4. Électrode de bougie.
5. Distributeur.
6. Axe de rotation commun à (2) et à (3).

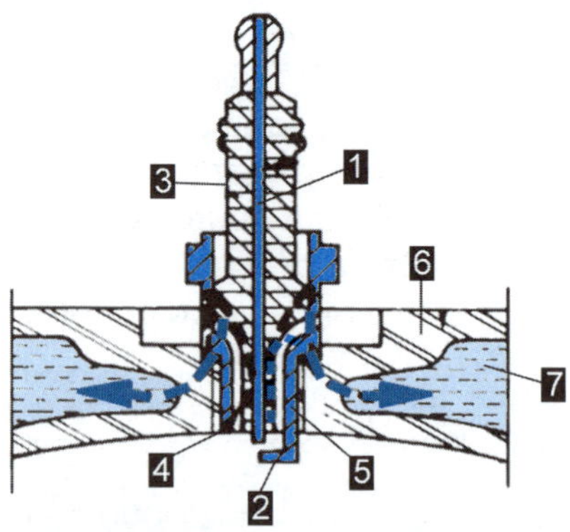

Fig. 19.12 – Bougie.

1. Électrode.
2. Électrode de masse.
3. Isolant.
4. Bec.
5. Culot.
6. Culasse.
7. Circuit de refroidissement.
--- Trajet de la chaleur.

bougie est appelé **bougie chaude**. Inversement, plus le bec isolant est près du culot et plus la bougie est dite **froide** (figure 19.13).

Chaque moteur doit être équipé du type de bougie dont le **degré thermique** est le plus approprié à son fonctionnement (figure 19.14).

L'évacuation des calories est améliorée par l'emploi de bougies **sans joint à siège conique**.

Remarque

On facilite le passage de l'étincelle en rendant **négative** l'électrode centrale de la bougie. On réalise cette condition par un sens précis d'enroulement du bobinage secondaire de la bobine par rapport à celui du bobinage primaire (loi du tire-bouchon de Maxwell).

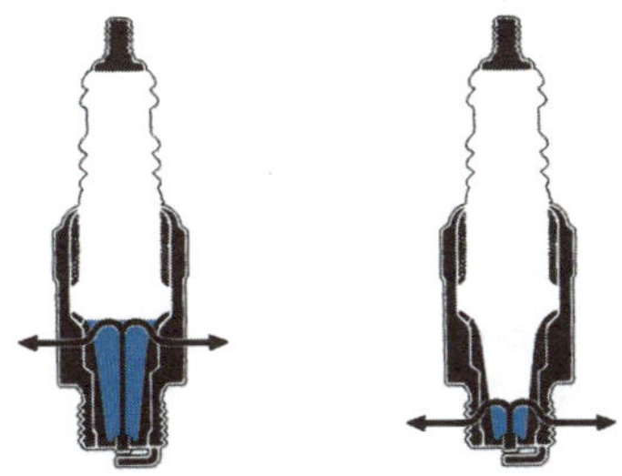

Fig. 19.13 – Bougies chaude et froide (Document Champion).

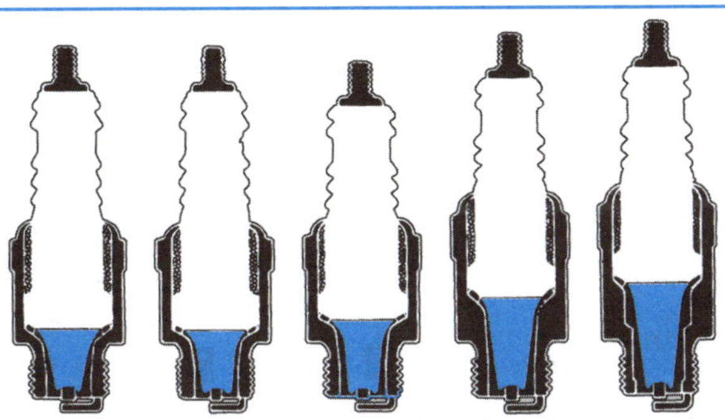

Fig. 19.14 – Gamme thermique des bougies (Document S.E.V. Marchal).

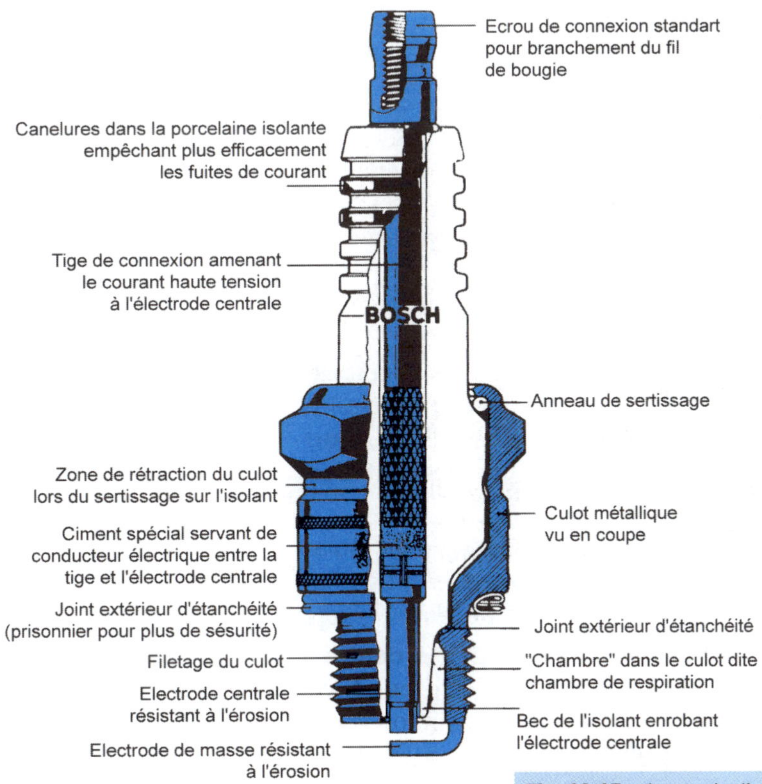

Fig. 19.15 – Anatomie d'une bougie (Document Bosch).

MÉMO

- **Rôle de l'énergie électrique à haute tension**
L'allumage des moteurs a pour rôle de produire la quantité d'énergie thermique nécessaire à l'inflammation du mélange comprimé. L'énergie est produite sous la forme d'un arc électrique à haute tension.

- **Production d'une haute tension**
La transformation du courant basse tension en un courant à haute tension est réalisée par une bobine d'induction ou bobine d'allumage.
Le phénomène d'élévation de tension est réalisé par :
– un bobinage primaire comportant peu de spires de forte section de fil,
– des variations d'intensité primaire produites par un rupteur, provoquant des variations de flux magnétique dans le noyau de la bobine,
– la création d'un courant induit dans le bobinage secondaire à chaque variation de flux.
Le courant induit peut être à haute tension si :
– la variation de flux se fait dans un temps très court,
– le rapport du nombre des spires de chaque bobinage est grand,
– la résistance du bobinage secondaire est importante.
Le remplissage magnétique de la bobine est limité par l'intensité supportable par le bobinage primaire sans échauffement exagéré.
La rupture est rendue plus franche grâce à un condensateur monté en parallèle avec le rupteur et qui absorbe le courant de self-induction.

- **Remplissage magnétique de la bobine**
Le pourcentage de Dwell est le temps optimal, par rapport au temps total d'un cycle d'allumage, pour permettre un remplissage magnétique normal de la bobine. Il est de 63 % du cycle complet.
L'angle de came est l'angle parcouru par la came pendant 63 % du temps imparti à une ouverture, puis une fermeture.

- **Caractéristiques des bougies d'allumage**
Les bougies doivent posséder les caractéristiques suivantes :
– tension d'arc élevée,
– isolement parfait même aux très hautes tensions,
– évacuation rapide des calories excédentaires.
Les bougies d'allumage sont classées selon leur position dans la gamme thermique, en fonction de leur aptitude à évacuer plus ou moins rapidement la chaleur.

POUR ALLER PLUS LOIN

1. *Calculez l'angle de came d'un moteur à deux cylindres.*
2. *Quelles sont les conséquences d'un angle de came insuffisant ? Et s'il est trop important ?*
3. *Que se produit-il si le contact reste mis et que le moteur est arrêté rupteur fermé (pour un allumage à rupteur) ? Comment ce problème est-il résolu dans les allumages électroniques ?*

20

LES VARIATIONS D'AVANCE À L'ALLUMAGE

Pourquoi existe-t-il des systèmes d'avance à l'allumage ?

La combustion du mélange ne se faisant pas dans un temps nul, nous savons que celle-ci doit être commencée **avant le point mort haut** (avance à l'allumage).

Ceci permet de provoquer une montée en pression plus rapide et d'obtenir la **poussée maximale** sur le piston lorsque la bielle et le bras de manivelle forment un angle de 90°.

On nomme ce réglage **point d'avance initial** (figure 20.1).

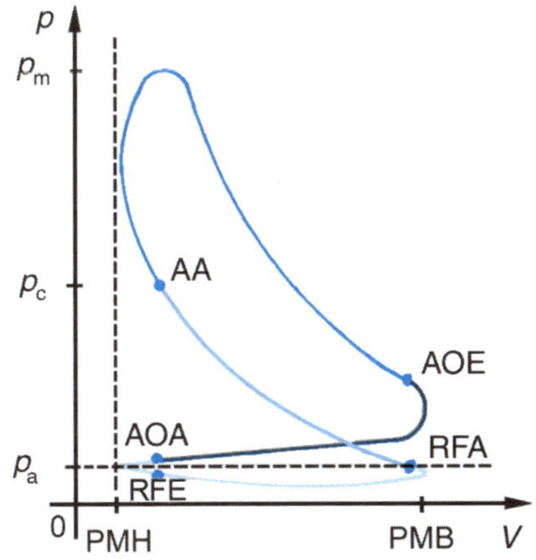

Fig. 20.1 – Position du point d'avance à l'allumage sur le diagramme réel.

Rappelons le déroulement normal des opérations du cycle.

Observons sur l'épure circulaire et sur le diagramme (figures 20.2 et 20.3), le cycle moteur dans sa phase explosion-détente.

Nous voyons, en figure 20.3 :

– en (1) le déclenchement de l'allumage ou **avance initiale**,

– en (2) le piston passe par le PMH, la combustion est déjà commencée,

– en (3) la **pression est maximale** lorsque la bielle et le vilebrequin forment un angle droit,

– en (4) l'**ouverture** de la **soupape d'échappement** (AOE).

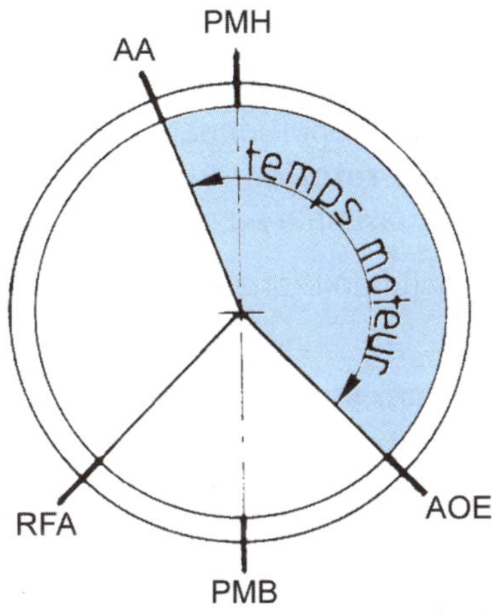

Fig. 20.2 – Position des points de réglage au deuxième tour du cycle à quatre temps (de l'allumage à l'ouverture de la soupape d'échappement).

Que produit l'augmentation de la vitesse de rotation du moteur sur la combustion ?

L'augmentation du régime moteur a pour effet de **réduire le temps** imparti au déroulement du cycle moteur.

Supposons que la vitesse de combustion soit constante. Comparons le temps mis par le piston pour se déplacer du point AA jusqu'au point AOE (figure 20.4).

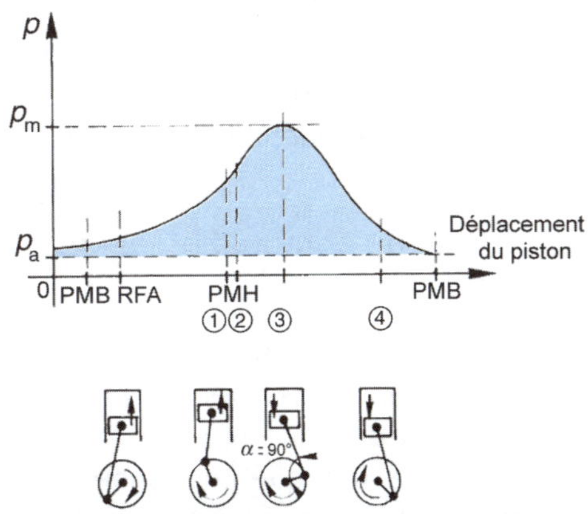

Fig. 20.3 – Évolution de la pression pendant le temps moteur.

Au ralenti, le **temps de combustion** est **identique** au temps mis par le piston pour parcourir la distance AA/AOE.

À la vitesse moyenne (exemple : 2 000 tr/min.), le temps dont dispose le piston pour parcourir la même distance diminue alors que la **vitesse de combustion reste la même**.

À haute vitesse (exemple : 4 000 tr/min.), le phénomène est encore accentué.

La combustion se trouve donc **décalée dans le temps** par l'augmentation de vitesse de rotation du moteur.

La **pression de poussée** ne se fera plus au point prévu (perte d'énergie mécanique). La combustion se poursuivra **après l'ouverture** de la **soupape d'échappement** (perte d'énergie thermique).

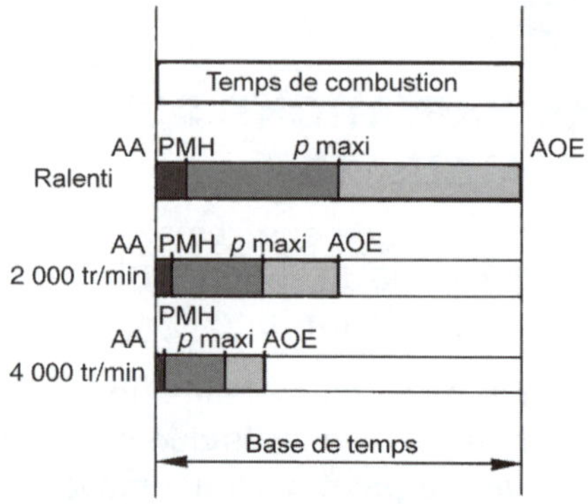

Fig. 20.4 – Réalisation des phases du temps moteur dans une base de temps.

Quelle est la correction à apporter ?

Nous voyons qu'il est nécessaire **d'avancer le point d'allumage** proportionnellement à l'augmentation de la **vitesse de rotation** du moteur, afin de conserver la pression maximale au point prévu (figure 20.5).

Ce dispositif doit fonctionner **automatiquement**.

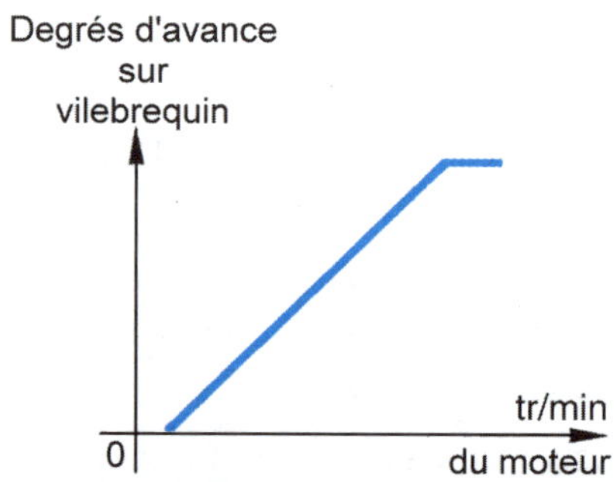

Fig. 20.5 – Courbe d'avance à l'allumage en fonction de la vitesse de rotation.

Quelles sont les solutions technologiques utilisées ?

Dans le système d'allumage classique ainsi que dans les allumages à impulsions, il s'agit d'un dispositif mécanique agissant sur l'arbre porte-cames de l'allumeur. Il porte le nom de **dispositif d'avance centrifuge** car son fonctionnement est basé sur les effets de la force centrifuge provoquant le déplacement vers l'extérieur de masselotes proportionnellement à la vitesse de rotation de l'allumeur (figure 20.6).

Dans l'allumage électronique, le calculateur comporte une loi d'avance qui modifie le point d'allumage en fonction de la fréquence de rotation du moteur.

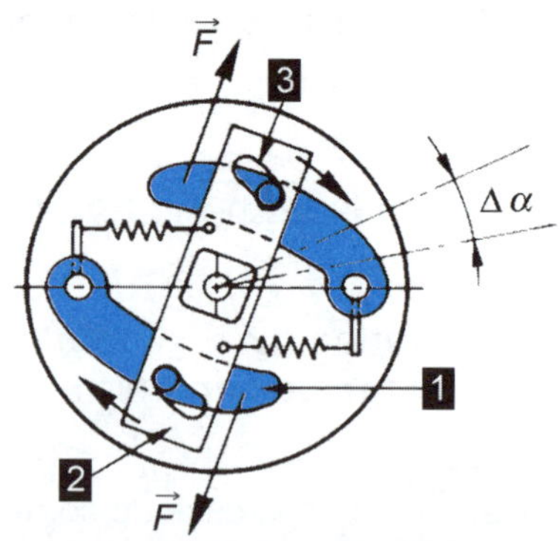

Fig. 20.6 – Principe de l'avance centrifuge.

1. Masselottes solidaires de l'arbre d'entraînement soumises à la force centrifuge ($F = m\omega^2 r$).
2. Plateau et arbre porte-cames, concentrique mais non solidaire de l'arbre d'entraînement.
3. Lumière oblique.

La vitesse de combustion est-elle toujours constante ?

Nous avons jusqu'ici supposé la vitesse de combustion constante afin d'observer les phénomènes provoqués par les variations de vitesse de rotation du moteur. Mais nous savons que la **vitesse de combustion peut varier** en fonction de plusieurs facteurs.

Quels sont les facteurs qui influent sur la vitesse de combustion ?

Pour une richesse supposée constante, la vitesse de combustion peut varier en fonction :
- de la **pression de fin de compression** du mélange (rapport volumétrique, remplissage, température),
- de la **qualité du carburant**.

Pour un moteur et un carburant donné, **la vitesse d'inflammation** est donc proportionnelle aux variations de **remplissage des cylindres** correspondant aux variations de charge du moteur (figure 20.7).

Cette correction d'avance à dépression vient s'ajouter à l'avance centrifuge selon les conditions de charge, donc de remplissage.

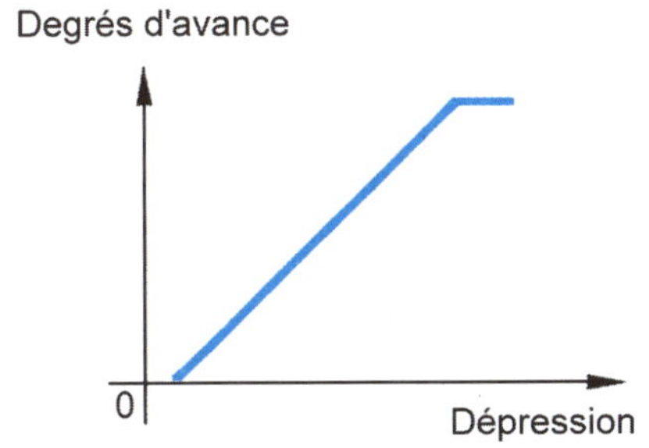

Fig. 20.7 – Avance proportionnelle à la dépression et inversement proportionnelle au remplissage.

Quelles sont les variations de remplissage dans les diverses conditions de fonctionnement du moteur ?

Supposons que le régime du moteur est constant.

Conditions d'utilisation	Position du papillon (figure 20.8)	Remplissage	Vitesse de combustion	Correction
véhicule en palier	demi-ouvert	moyen	moyenne	valeur moyenne
en accélération brutale ou en côte	grand ouvert	important	élevée	diminuer l'avance
en décélération ou en descente	presque fermé	mauvais	faible	augmenter l'avance

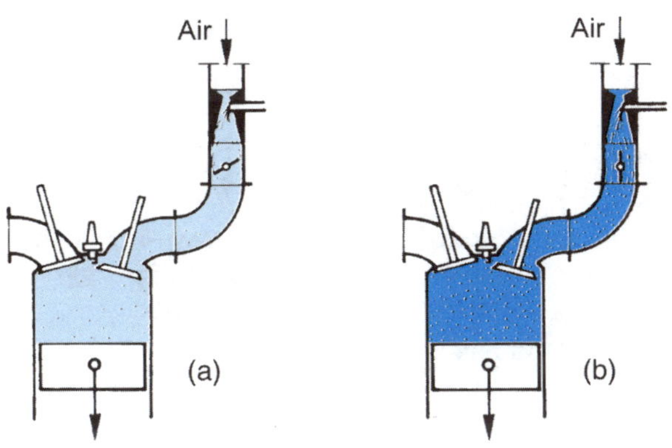

Fig. 20.8 – (a) Le papillon est fermé, il y a mauvais remplissage.
(b) Le papillon est ouvert, il y a bon remplissage à vitesse moteur moyenne.

Comment réalise-t-on cette correction d'avance à dépression ?

Dans le système d'allumage classique (figure 20.11), cette correction est réalisée par une capsule à dépression dont une liaison mécanique est réalisée avec le plateau porte-rupteur.

La commande de la capsule est réalisée par la dépression régnant dans le corps de carburateur.

Lorsque le papillon des gaz est fermé, une certaine valeur de **dépression** existe en aval de celui-ci.

L'autre face de la membrane de la capsule étant soumise à la pression atmosphérique, il y a déplacement de la membrane et compression du ressort. Ce mouvement permet le déplacement du porte-linguet mobile à la rencontre de la came, ce qui produit une avance à la rupture, donc une avance à l'allumage (figure 20.9).

Inversement, lorsque le papillon est grand ouvert, la vitesse de passage du mélange diminue. La communication plus importante du corps de carburateur avec l'air extérieur fait diminuer la dépression. Le ressort devient prépondérant et repousse la membrane. Son mouvement entraîne le rupteur vers le retard (figure 20.10).

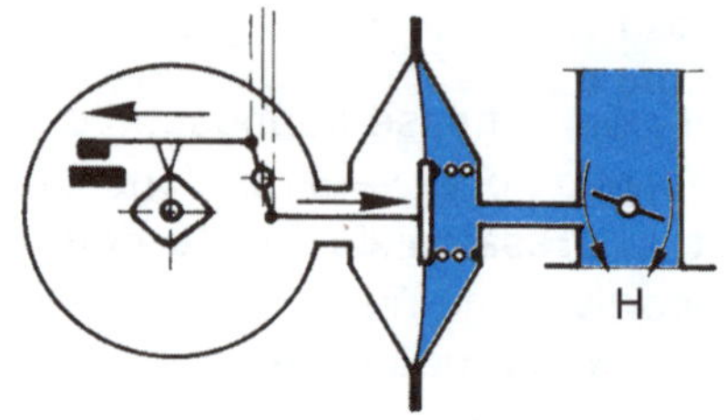

Fig. 20.9 – Principe de l'avance à dépression. Mauvais remplissage ⇒ avance augmentée.

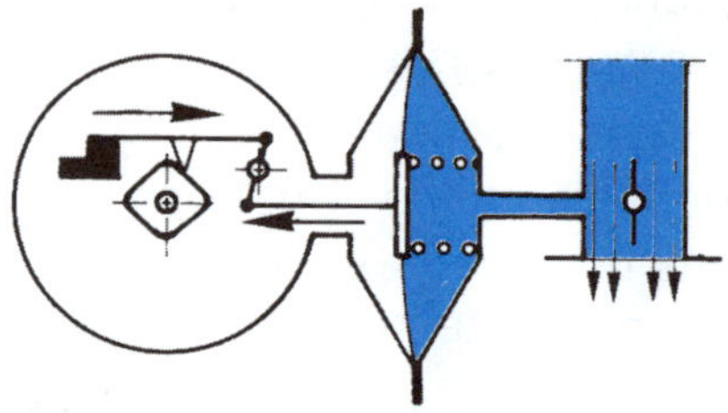

Fig. 20.10 – Bon remplissage ou pleine charge ⇒ avance diminuée.

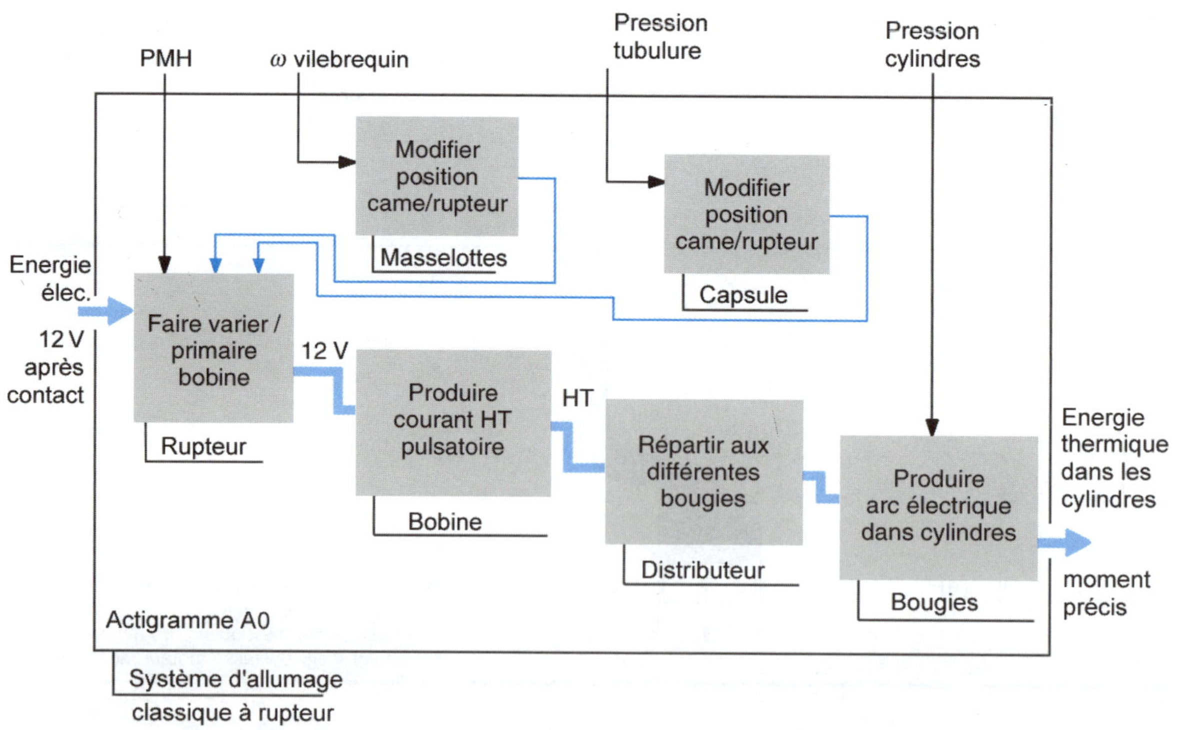

Fig. 20.11 – Analyse descendante du système d'allumage classique.

MÉMO

- **Rôle de l'avance à l'allumage**
  L'avance à l'allumage permet d'obtenir une pression de poussée des gaz maximale sur le piston lorsque la bielle et la manivelle du vilebrequin forment un angle de 90°.
- **Avance initiale**
  On appelle avance initiale l'avance de base nécessaire au fonctionnement du moteur au ralenti.
- **Avance centrifuge**
  À vitesse de combustion constante, si l'on augmente la vitesse de rotation du moteur, il est nécessaire d'augmenter l'avance à l'allumage. Dans l'allumage classique, cette correction est réalisée par un système d'avance centrifuge.
- **Avance à dépression**
  À vitesse de rotation constante, la vitesse de combustion varie en fonction du remplissage des cylindres. Un dispositif de correction d'avance à dépression permet de faire varier ce point en fonction des variations de remplissage.
  En fonctionnement, à vitesse de combustion et vitesse de rotation variables, les deux systèmes d'avance se conjuguent.
  Chaque moteur possède des dispositifs de correction dont les caractéristiques sont définies par des courbes d'avance spécifiques.

  Un mauvais réglage des dispositifs d'allumage provoque une perte d'énergie du moteur et des risques de pollution atmosphérique.

POUR ALLER PLUS LOIN

1. *Relevez le point d'avance initial et les courbes d'avance à l'allumage pour le moteur de votre choix.*
2. *Expliquez quelles sont les conséquences exactes d'une accélération brutale du moteur si le correcteur à dépression est hors d'usage.*
3. *Expliquez pourquoi le point d'avance initiale ne peut être contrôlé qu'au ralenti.*

21

LES SYSTÈMES D'ALLUMAGE À IMPULSION

Quelles sont les conditions à réaliser pour obtenir une f.é.m. induite élevée ?

La f.é.m. induite dans le circuit secondaire est proportionnelle :

- à l'importance de la variation de flux magnétique,
- à la vitesse de variation,
- au rapport des nombres de spires des bobinages.

Nous savons que la variation de flux est proportionnelle à la variation d'intensité réalisée dans le bobinage primaire. Nous sommes cependant limités dans l'intensité primaire, notamment par la présence du rupteur.

Quels sont les inconvénients du rupteur mécanique (figure 21.1) ?

Si l'intensité circulant dans le circuit primaire est trop élevée :

• il devient nécessaire d'utiliser un **ressort** de maintien du linguet mobile très dur afin de limiter au minimum la **résistance** au passage du courant, ce qui produit une **usure du touchot isolant** ainsi que des **bossages** de l'arbre d'allumeur ;

• il se produit un **arc électrique** important à la **rupture**, provoquant la **détérioration** rapide des **contacts**.

Nous constatons également qu'**à haut régime** :

• la **rupture se produit avant le remplissage complet** de la bobine,

• le nombre de ruptures élevé par seconde provoque le **rebondissement du linguet** mobile.

Ces phénomènes **réduisent l'efficacité** de l'allumage.

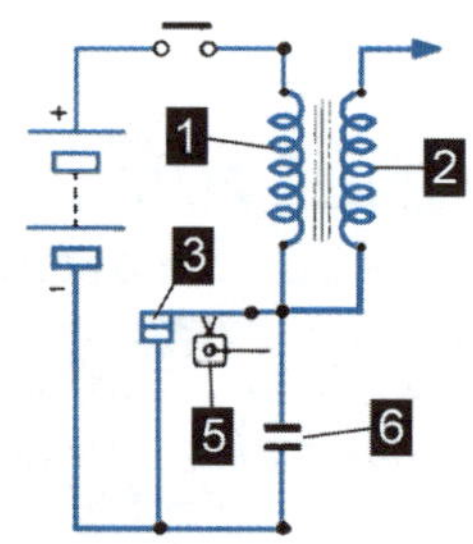

Fig. 21.1 – Principe de l'allumage classique.

1. Bobinage primaire.
2. Bobinage secondaire.
3. Rupteur.
4. Condensateur.
5. Came.

Comment remédier à ces inconvénients ?

Le principe est de faire passer la **forte intensité nécessaire** au bobinage primaire dans un **interrupteur** ne comportant **aucune pièce en mouvement** et formé de **composants électroniques, leur commande ne nécessitant qu'un très faible courant**.

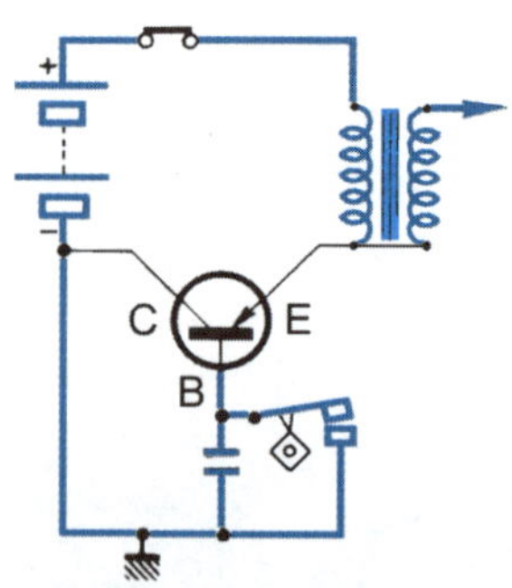

Fig. 21.2 – Principe d'utilisation des composants électroniques dans l'allumage.

Quels sont les principaux dispositifs de commande ?

On utilise notamment :

- le rupteur d'origine transistorisé (figure 21.2),
- le générateur d'impulsion électromagnétique,
- le générateur à effet Hall.

Quels sont les éléments qui composent ces systèmes ?

Les systèmes d'allumage à impulsion comprennent :
- un **impulseur de type variable** (voir page précédente) ;
- un module électronique, qui amplifie le signal et crée les variations de courant nécessaires au fonctionnement de la bobine ;
- une **bobine d'induction** ou bobine d'allumage dont le principe de fonctionnement reste inchangé mais dont les **caractéristiques sont modifiées** (intensité primaire augmentée, rapport des nombres de spires augmenté), ce qui permet à ces bobines de fournir un courant haute tension (HT) dont la f.é.m. peut atteindre 50 kV ;
- un distributeur à haute tension ;
- des bougies d'allumage.

L'allumage à impulsion à rupteur

Quel est le principe de fonctionnement de l'allumage électronique à rupteur ?

Un **boîtier électronique** comprenant un montage de **transistors** joue le rôle d'**interrupteur**.

Le **passage** ou le **non-passage** du courant dans les **transistors** est commandé par le très faible courant de base (quelques milliampères) passant par le **rupteur**.

Contacts fermés, un **courant émetteur base circule**, permettant le passage d'un courant plus important de l'émetteur vers le collecteur ; le remplissage de la bobine se produit (figure 21.3).

Les contacts s'ouvrent, l'absence de courant émetteur/base bloque les transistors ; **c'est la rupture**. La variation d'intensité est importante et rapide, il y a création d'un courant induit à haute tension au secondaire (figure 21.4).

On constate, grâce à ce dispositif :
- une **f.é.m. élevée,**
- une **longévité** accrue du **rupteur**.

Mais les inconvénients mécaniques du rupteur subsistent (variations d'angle de came, de symétrie des cames, rebondissement du linguet mobile à haut régime).

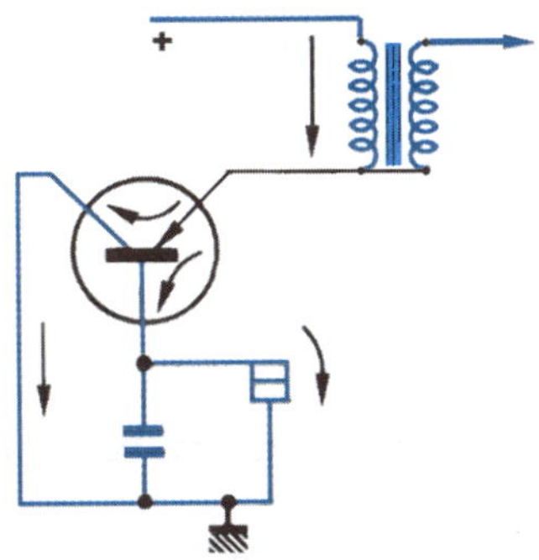

Fig. 21.3 – Un faible courant émetteur/base déclenche le passage du courant émetteur/collecteur.

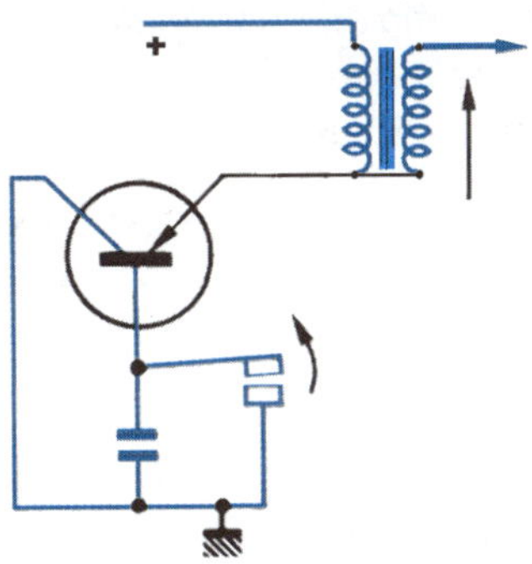

Fig. 21.4 – Le courant émetteur/base cesse : le transistor se bloque.

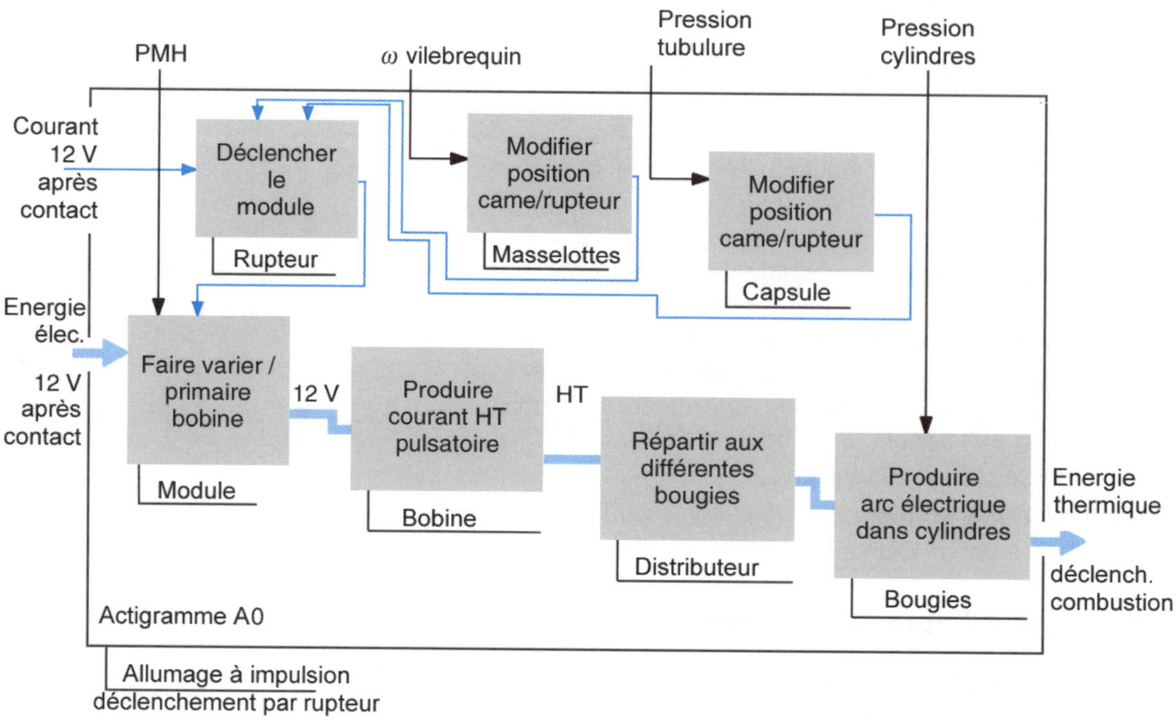

Fig. 21.5 – Analyse descendante du système d'allumage à impulsion, déclenchement par rupteur.

L'allumage à impulsion électromagnétique

Quels sont les éléments qui composent le système d'allumage à impulsion à commande électromagnétique ?

Dans ce système, l'allumeur est conservé mais le rupteur est remplacé par un générateur d'impulsion (figure 21.6), les autres éléments restant identiques à ceux étudiés ci-dessus.

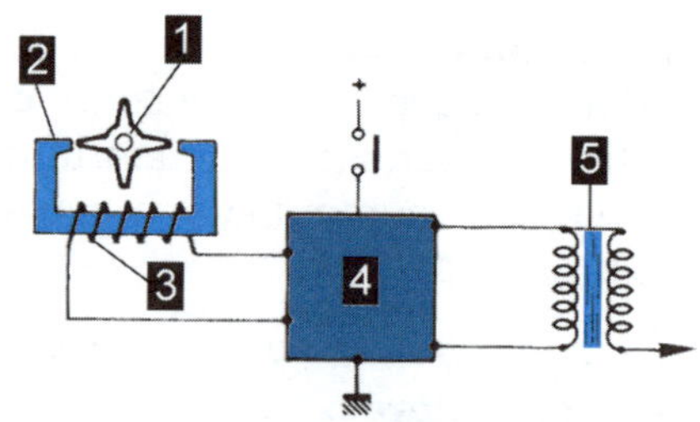

Fig. 21.6 – Allumage à commande électromagnétique.

1. Roue polaire non magnétique.
2. Aimant permanent.
3. Bobinage de l'impulseur.
4. Module électronique.
5. Bobine d'allumage.

Quel est le principe de fonctionnement du générateur d'impulsions ?

Considérons une des branches de la roue polaire (marquée d'une flèche sur les schémas de la figure 21.7).

• **Phase 1.** Les branches sont éloignées de l'axe de l'aimant, le champ magnétique est nul, aucun courant ne se produit.

• **Phase 2.** La pointe de la roue s'approche de celle de l'aimant. Le champ magnétique va passer rapidement d'un flux nul à un flux maximal ; on enregistre la création d'un courant induit pendant le temps de la variation de flux $\left(E = \frac{\Delta \Phi}{\Delta t}\right)$.

• **Phase 3.** La branche de l'étoile s'éloigne du champ, on passe d'un flux maximal à un flux nul, on enregistre également la création d'un courant induit mais de sens opposé.

Remarque

La f.é.m. sera proportionnelle à la fréquence de rotation de l'étoile (de 350 mV à 60 V).

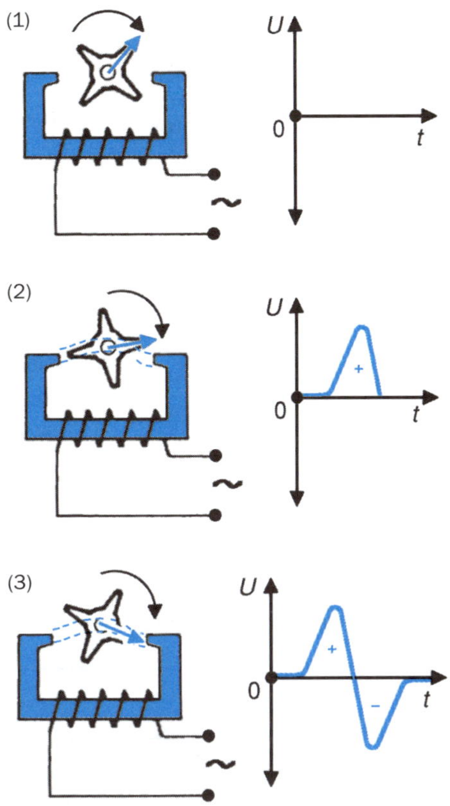

Fig. 21.7 – Les trois phases du fonctionnement du générateur d'impulsions.

Comment le module interprète-t-il les signaux ?

Les circuits électroniques du module sont organisés de telle sorte que le circuit primaire de la bobine soit coupé (rupture) lorsque le courant du signal devient négatif.

Quels sont les avantages des systèmes d'allumage à impulsion sans rupteur ?

Nous constatons la production d'étincelles HT d'une f.é.m. élevée même à haut régime. Le départ du moteur est assuré même si la batterie est partiellement déchargée.

L'**absence de rupteur** supprime les déréglages (angle de came invariable).

Fig. 21.8 – Allumeur pour allumage à impulsion électromagnétique.

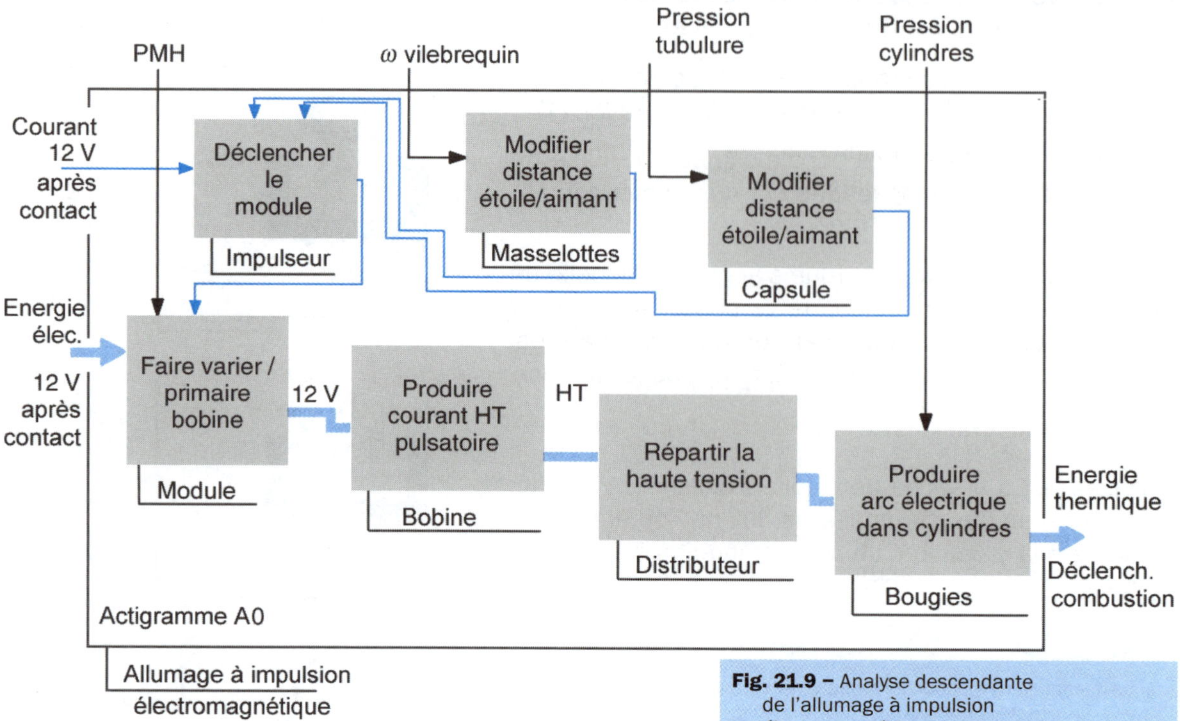

Fig. 21.9 – Analyse descendante de l'allumage à impulsion électromagnétique.

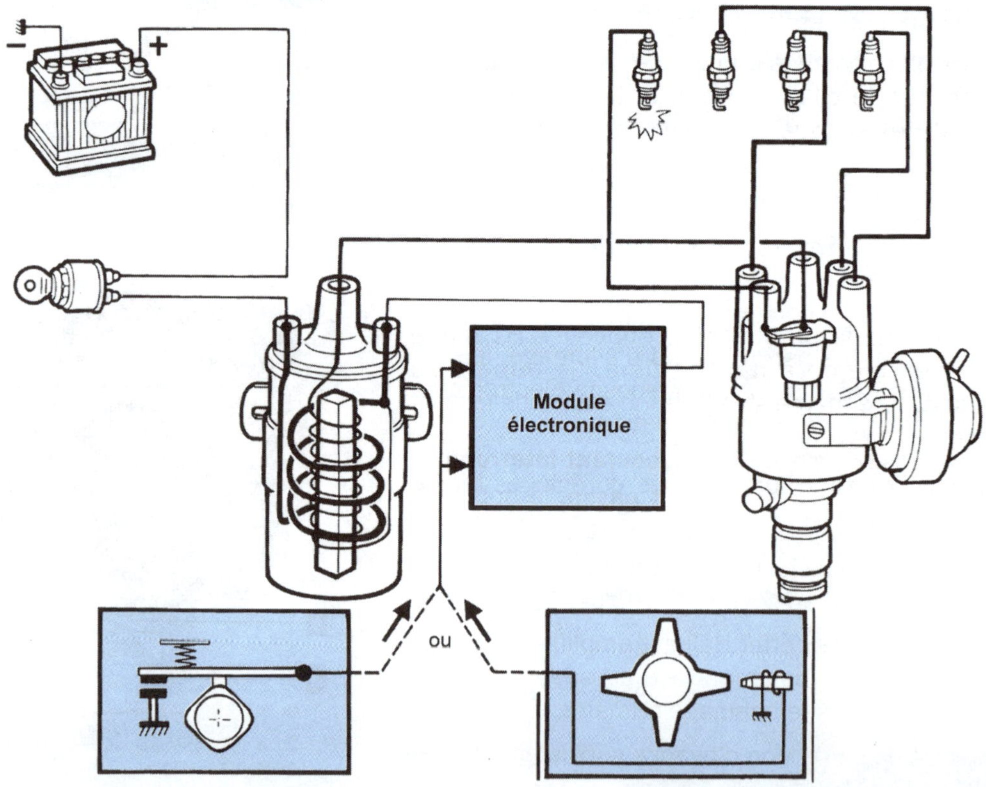

Fig. 21.10 – Similitudes de montage entre l'allumage à rupteur transistorisé et l'allumage à impulsion électronique (D174

L'allumage à impulsions par effet Hall

Quel est le principe de l'allumage électronique à effet Hall ?

Ce dispositif, assez semblable au précédent, utilise un **générateur d'impulsion particulier** dont le principe est fondé sur l'effet Hall (figure 21.11).

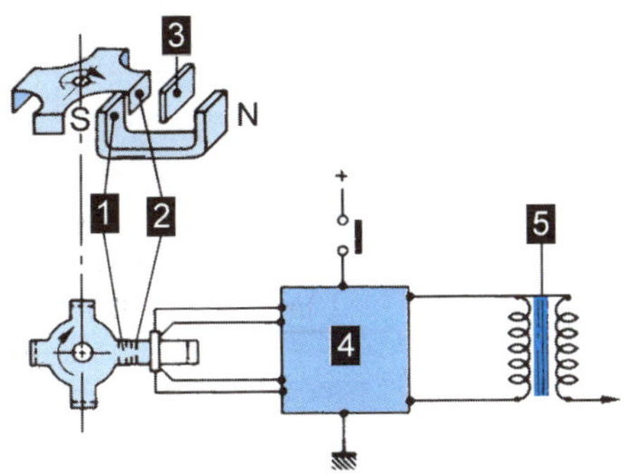

Fig. 21.11 – Allumage à effet Hall.

1. Aimant.
2. Tôle déflectrice.
3. Détecteur de Hall.
4. Amplificateur électronique.
5. Bobine d'allumage.

Qu'est-ce que l'effet Hall ?

Un **semi-conducteur particulier**, appelé **capteur de Hall**, est soumis à l'effet d'un **champ magnétique**.

Ce semi-conducteur est traversé par un courant électrique de A vers B (figure 21.12).

Lorsqu'un champ magnétique traverse perpendiculairement le semi-conducteur, on constate une différence de potentiel entre les bornes A′ et B′ (figure 21.13).

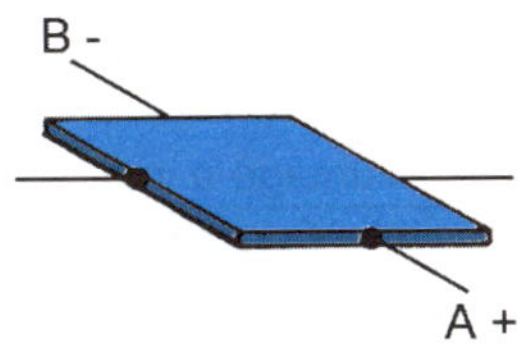

Fig. 21.12 – Détecteur de Hall.

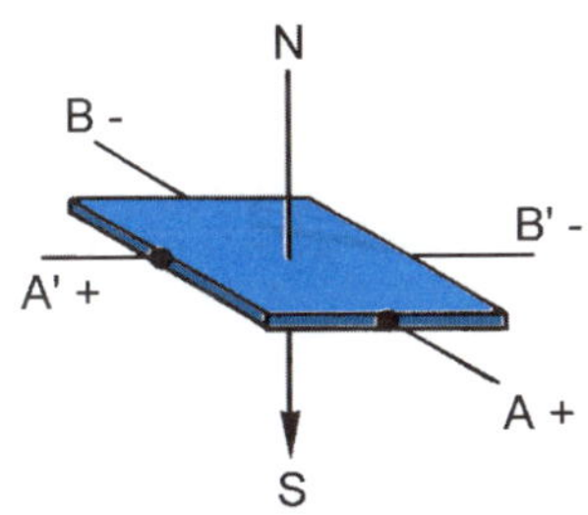

Fig. 21.13 – Effet du champ magnétique : apparition d'une d.d.p. entre A′ et B′.

Quel est le principe de fonctionnement de l'allumeur à effet Hall ?

L'allumeur à effet Hall comprend :

- un **détecteur de Hall,**
- un **aimant permanent,**
- une **roue métallique entraînée par l'arbre de l'allumeur** et dont les pattes recourbées peuvent s'interposer entre l'aimant et le détecteur de Hall.

Contact mis, si le champ magnétique de l'aimant agit sur le détecteur, il y a création d'un courant permanent.

Lorsqu'une patte de tôle de la roue passe entre l'aimant et le détecteur, le champ magnétique est dévié : le courant de Hall est coupé.

Pour être exploitable par la bobine d'allumage, le phénomène doit être **inversé** par un dispositif électronique, ce qui nous donne après transformation :

- **action du champ magnétique : courant interrompu,**
- **passage de la tôle : le courant passe,** le bobinage primaire est alimenté : remplissage de la bobine,
- **fin de passage de la tôle, rupture** du courant primaire : f.é.m. induite au secondaire (figure 21.14).

Le courant produit par effet Hall est amplifié par le **boîtier électronique** qui commande le passage ou la coupure du courant dans le bobinage primaire.

Les systèmes de correction d'avance subsistent.

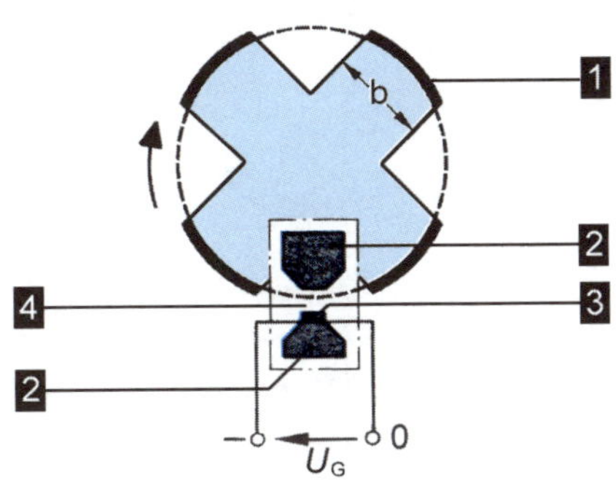

Fig. 21.14 – Allumage à effet Hall.

1. Tôle déflectrice.
2. Pôle de l'aimant.
3. Détecteur de Hall.
4. Entrefer.

Remarque

Les avantages sont les mêmes que ceux de l'allumage à impulsion électromagnétique. L'analyse descendante est identique.

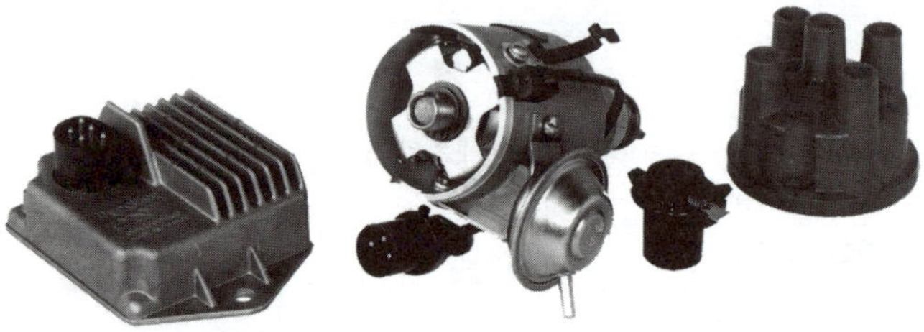

Fig. 21.15 – Allumage à effet Hall (Document Ducellier).

Quelles sont les particularités des bobines pour allumage électronique ?

Rappelons que l'énergie haute tension délivrée par la bobine est fonction de la formule générale ci-contre (figure 21.16).

L'intensité du courant primaire de la bobine ne passant plus par le rupteur, il devient possible d'augmenter la variation de flux ($\Delta \Phi$) en augmentant la variation d'intensité (ΔI).

Rappelons que pour augmenter I, il faut diminuer la résistance (R) du bobinage $I = \frac{U}{R}$ (loi d'Ohm).

Les bobines pour allumage électronique (figure 21.17), grâce à une résistance primaire plus faible (donc un rapport de spires primaire/secondaire plus élevé), peuvent atteindre une f.é.m. de 50 kV au lieu de 30 pour des bobines classiques (revoir 19 page 151).

$$E = \frac{\Delta \Phi}{\Delta t}$$

$\Delta \Phi$: variation de flux ; Δt : variation de temps

Fig. 21.16 – Formule générale de l'énergie électrique induite.

Fig. 21.17 – Bobine et module pour allumage électronique à impulsions.

MÉMO

- **Critique de l'allumage classique**
Le dispositif d'allumage classique présente certains inconvénients :
– le courant primaire doit être limité en raison de la présence du rupteur,
– la qualité des étincelles diminue à haut régime (le remplissage magnétique diminue avec la vitesse),
– l'angle de came n'est pas constant, notamment d'un cylindre à l'autre,
– l'altération des grains de contact diminue leur efficacité.

- **Améliorations apportées par l'allumage électronique**
L'allumage électronique permet :
– de diminuer l'intensité passant par le rupteur d'origine,
– de remplacer le rupteur par un autre système de commande.
L'intensité du primaire peut être ainsi augmentée et le temps de rupture diminué.

- **L'allumage transistorisé à rupteur**
L'allumage transistorisé ou électronique à rupteur comporte un dispositif à base de transistors permettant le passage ou la rupture d'un courant de forte intensité sans que celui-ci ne circule dans le rupteur. Le rupteur ne sert plus au déclenchement du boîtier électronique.

- **L'allumage électronique à allumeur sans rupteur**
– L'allumage électronique à allumeur électromagnétique : il comporte un boîtier électronique ou module dont le dispositif de commande produit des impulsions sous la forme d'un courant induit de courte durée.
Ces impulsions sont créées dans l'allumeur par un bobinage soumis à des variations de flux magnétique.
– L'allumage électronique à effet Hall : il comporte également un boîtier électronique amplificateur dont la commande est déclenchée par la création et la rupture d'un courant émis par un détecteur de Hall placé dans l'allumeur – semi-conducteur spécial qui émet un courant sous l'effet d'un champ magnétique –.
Ces dispositifs conservent les systèmes d'avance automatique classiques.

- **Avantages des systèmes sans rupteur**
– L'intensité primaire bobine peut être augmentée sans risque de détérioration de rupteur.
– Le démarrage est possible même avec une batterie partiellement déchargée, grâce à un fonctionnement normal sous 9 volts.
– L'angle de came est indéréglable.
– Il n'existe pas de saturation à haut régime.

POUR ALLER PLUS LOIN

1. *En vous aidant des schémas 20.9 et 20.10 de la page 162, expliquez à l'aide de deux schémas le système qui permet de faire varier l'avance en fonction de la charge moteur sur un allumeur à impulsion électromagnétique.*
2. *Recherchez un type de moteur équipé de ce système d'allumage. Relevez toutes les caractéristiques ainsi que les courbes d'avance.*

22

L'ALLUMAGE ÉLECTRONIQUE INTÉGRAL (AEI)

Qu'entend-on par allumage électronique intégral ?

L'allumage électronique intégral (AEI) diffère de l'allumage électronique à impulsions ou à effet Hall, essentiellement par la **disparition de l'allumeur**. Ceci signifie la **suppression** :

– des **systèmes d'avance mécanique**,

– de **tout élément mobile** risquant de provoquer des usures et des déréglages à l'usage.

Les AEI de la première génération comportent encore un distributeur haute tension à entraînement mécanique (figures 22.1 et 22.5).

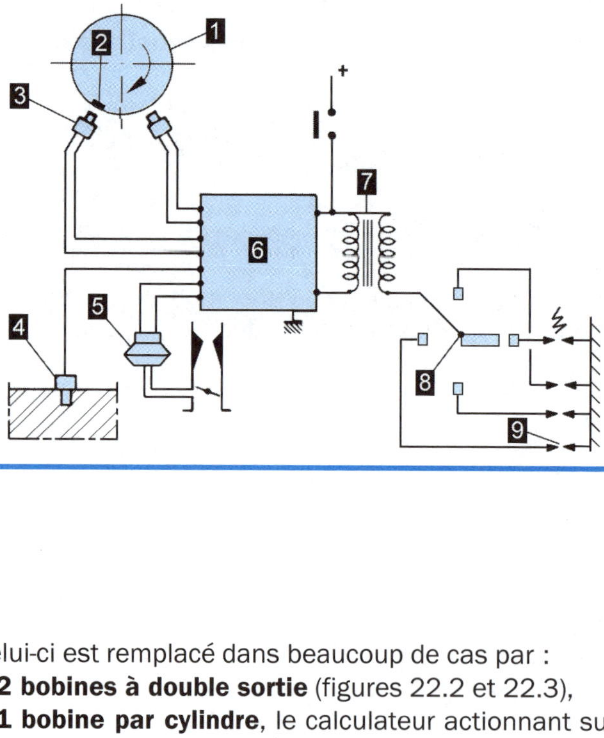

1. Volant moteur.
2. Cible.
3. Capteur électromagnétique.
4. Sonde de température.
5. Capsule à dépression.
6. Calculateur électronique.
7. Bobine d'allumage.
8. Distributeur
9. Bougies d'allumage.

Fig. 22.1 – Allumage électronique intégral : principe.

Celui-ci est remplacé dans beaucoup de cas par :

– **2 bobines à double sortie** (figures 22.2 et 22.3),

– **1 bobine par cylindre**, le calculateur actionnant successivement chaque bobine dans l'ordre d'allumage.

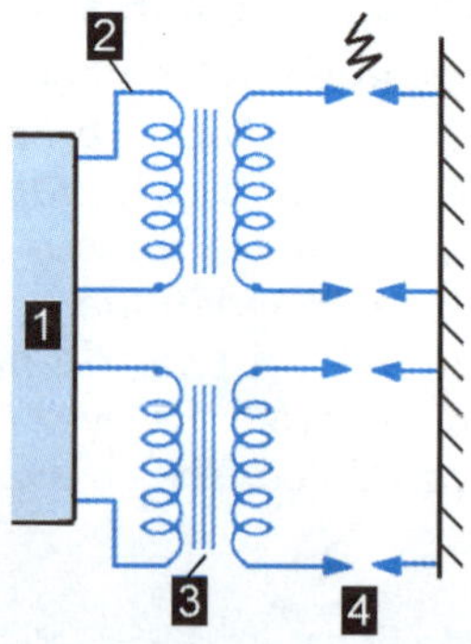

Fig. 22.2 – AEI. Autre dispositif.

1. Module.
2. Bobine 1.
3. Bobine 2.
4. Bougies.

Quels sont les avantages des distributeurs statiques ?

Les distributeurs statiques ont pour avantages de supprimer :

– l'arbre d'entraînement à l'origine de jeux mécaniques,

– la tête de distribution toujours sensible aux chocs thermiques (fissures).

Fig. 22.3 – Bloc de 2 bobines à double sortie (Document Renault).

Quel est le principe de fonctionnement de l'allumage électronique intégral ?

Le module (analogique), ou le calculateur (numérique), selon le cas, reçoit les informations des capteurs en ce qui concerne principalement :
- la position du vilebrequin par rapport au PMH (a, figure 22.4),
- la fréquence de rotation,
- la charge du moteur (pression tubulure) (b, figure 22.4),
- la présence de cliquetis (détonations).

Après traitement de ces informations, il déclenche la bobine d'allumage concernée au point d'allumage approprié.

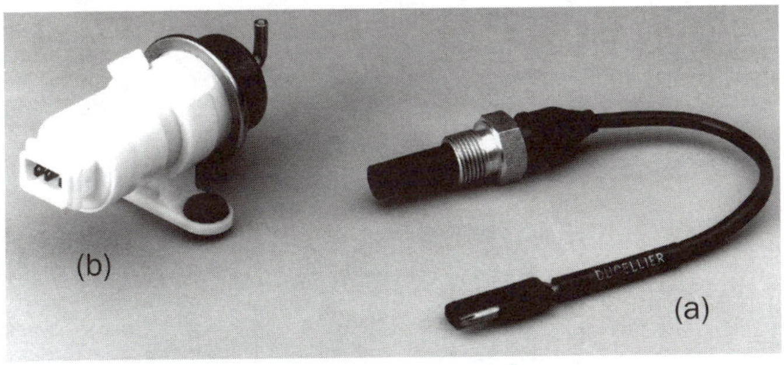

Fig. 22.4 – (a) Capteur position.
(b) Capsule manométrique.

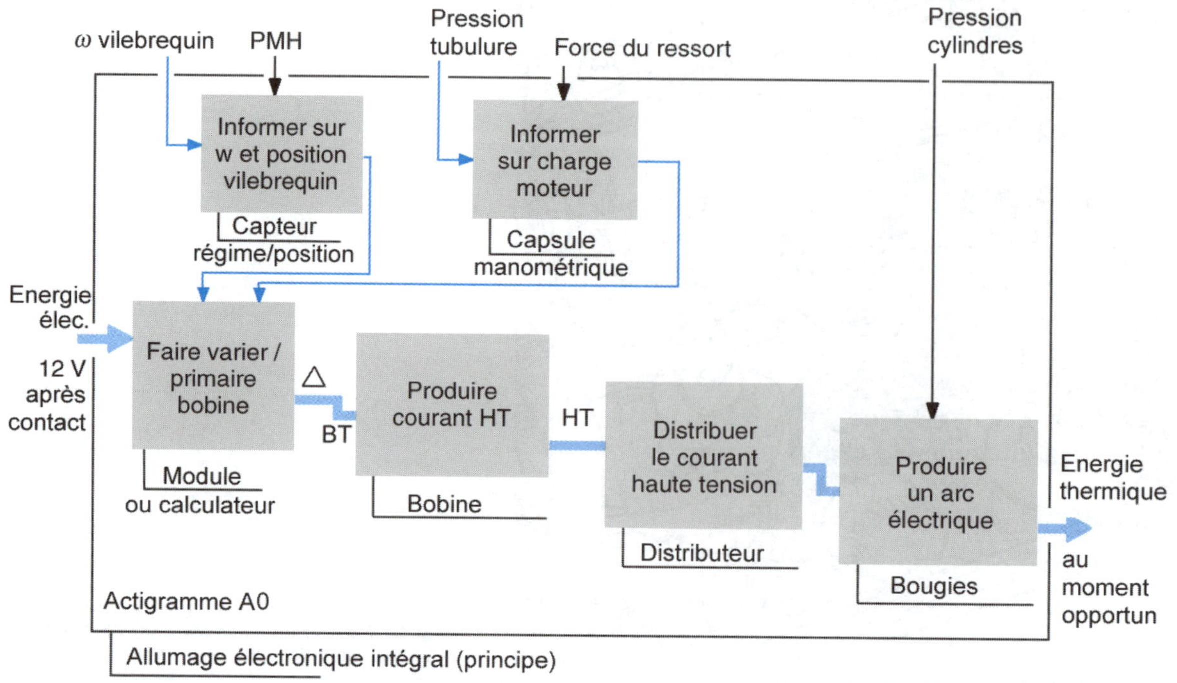

Fig. 22.5 – Analyse descendante des systèmes AEI.

Quel est le principe de fonctionnement du capteur régime-position ?

Un disque de tôle appelé **cible** est fixé sur le **volant moteur** (figure 22.6).

Le capteur est fixé sur la cloche d'embrayage et sa **position n'est pas modifiable**.

La cible comporte un certain nombre de dents espacées de façon régulière.

Deux dents ont été supprimées pour créer un repérage des points morts hauts.

La vitesse de défilement des dents permet au capteur de mesurer la fréquence grâce à ces deux indices :
- **position des points morts hauts**,
- **fréquence de rotation**.

Le calculateur déterminera de manière instantanée le point d'avance à l'allumage approprié.

Quel est le principe de fonctionnement de la capsule manométrique ?

Revoir à ce sujet le tableau des différentes phases de fonctionnement d'une capsule manométrique, dite à dépression (partie 20, page 159).

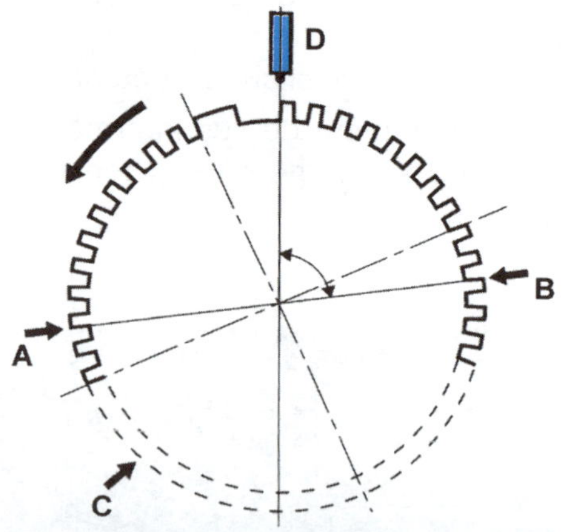

Fig. 22.6 – Cible (Document Renault).

A : PMH 1 et 4.
B : PMH 2 et 3.
C. Cible.
D. Capteur.

Exemple

Le véhicule en palier. Le conducteur ouvre brutalement le papillon des gaz : la charge augmente brutalement ainsi que la vitesse de combustion. La capsule enregistre une augmentation de pression, la tige se déplace vers la droite et actionne le contacteur (figure 22.6) ou modifie le flux magnétique (figure 22.7). Le calculateur diminuera l'avance instantanément.

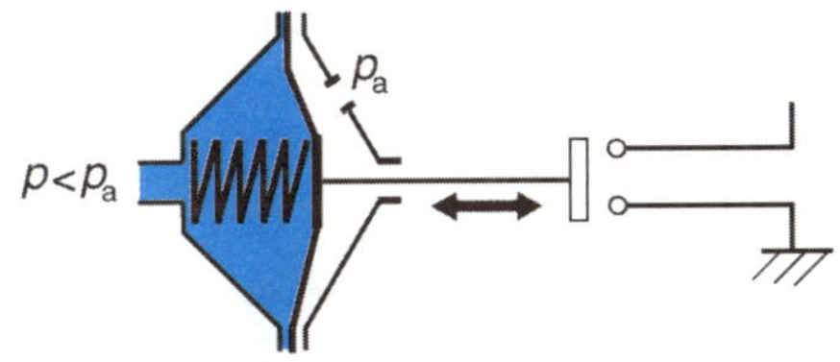

Fig. 22.7 – Système « tout ou rien ».
$p <$ à un seuil : contact fermé.
$p >$ au seuil : contact ouvert.

Quel est le principe de fonctionnement des calculateurs ?

Deux systèmes ont été utilisés :

– le module ou calculateur analogique (première génération d'AEI),

– le **calculateur numérique** (figure 22.9) qui, en général, **gère simultanément l'allumage et l'injection**.

Le module ou calculateur analogique reçoit les informations sous forme de tensions électriques qu'il va comparer avec les tensions de référence.

Le calculateur numérique est conçu comme un microordinateur (figure 22.8). Il prend en compte les valeurs chiffrées des signaux reçus des capteurs et trouve un résultat. Selon le programme préétabli, il déclenche l'allumage au moment optimal.

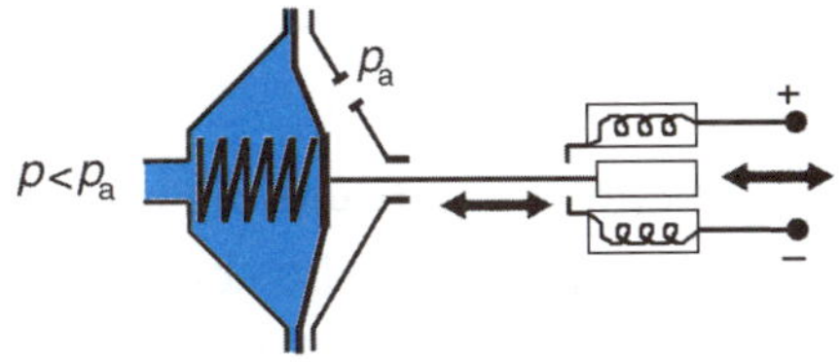

Fig. 22.8 – p ↗ : le courant augmente.
p ↘ : le courant diminue.

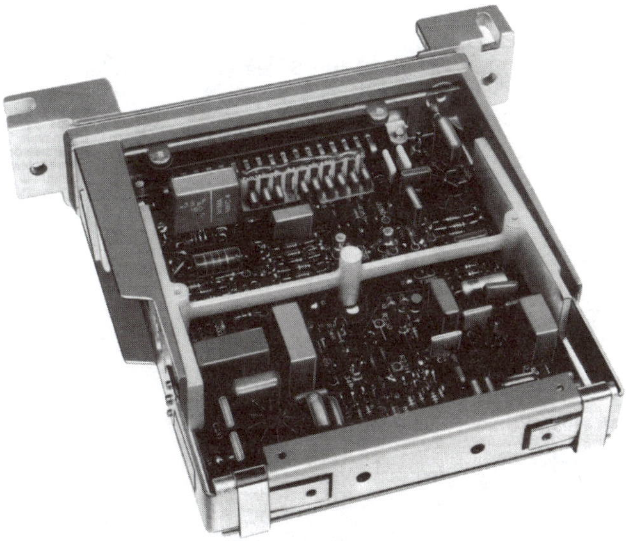

Fig. 22.9 – Composants d'un calculateur numérique.

Quels sont les avantages de l'AEI ?

Il présente tous les avantages déjà énumérés à propos des autres systèmes d'allumage électronique :

– **pourcentage de Dwell** constant à tous les régimes,

– **intensité primaire bobine augmentée** grâce à la suppression du rupteur, etc.

On constate grâce à l'AEI :

– une **plus grande fiabilité**, les seuls éléments d'usure étant les bougies,

– un **point d'avance plus précis** car il est indéréglable et est le résultat d'un plus grand nombre de paramètres.

Récapitulons les différents systèmes d'allumage utilisés.

- **Allumage à rupteur classique** (figure 22.11)

Les coupures de primaire sont réalisées par le rupteur.

Entraînement mécanique du rupteur, du distributeur, du système d'avance, fonction du régime. Action mécanique de la capsule à dépression.

- **Allumage à rupteur transistorisé** (figure 22.12)

Les coupures de primaire sont réalisées par le module. Le rupteur sert de déclencheur. Entraînement mécanique des éléments.

- **Allumage à impulsions** (figure 22.13)

Les coupures de primaire sont réalisées par le module. Le déclenchement du module est réalisé par :
– un impulseur électromagnétique,
– un impulseur à effet Hall.

Entraînement mécanique des éléments.

- **Allumage électronique intégral à distributeur mécanique** (figure 22.14)

Les coupures de primaire sont réalisées par le calculateur.

Ce dernier analyse les différents paramètres en provenance des capteurs : PMH, régime moteur, pression tubulure, etc., et détermine le point d'allumage.

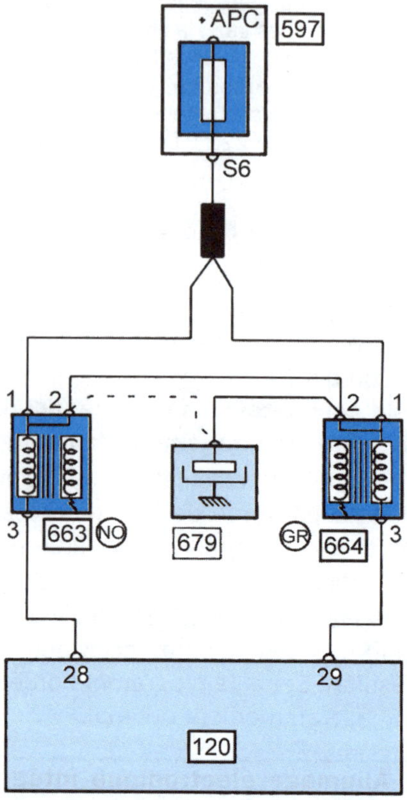

Fig. 22.10 – Schéma de câblage d'un circuit d'allumage (Renault).

597 : fusible.
663 et 664 : bobines d'allumage doubles.
679 : condensateur radio.
120 : calculateur allumage/injection.

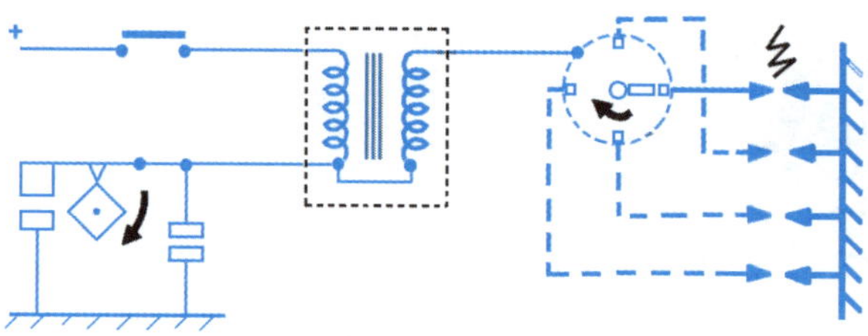

Fig. 22.11 – Allumage à rupteur classique.

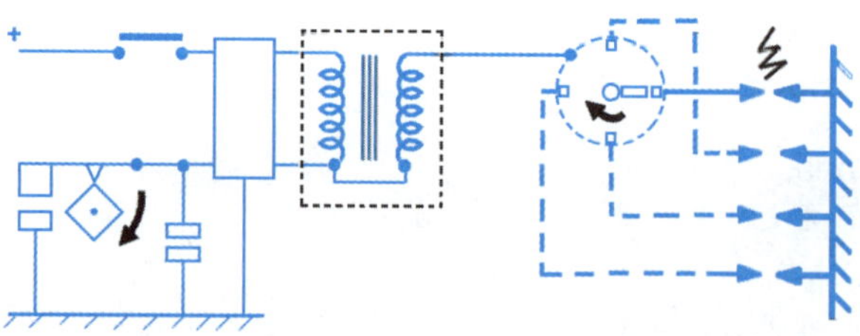

Fig. 22.12 – Allumage à rupteur transistorisé.

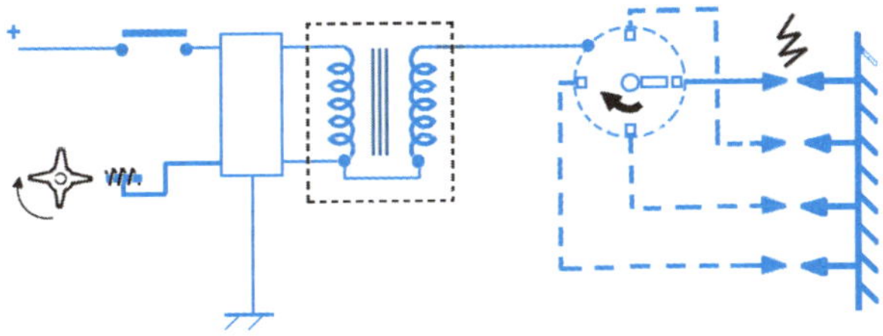

Impulseur + module + bobine + distributeur + bougies

Fig. 22.13 – Allumage électronique à impulsions.

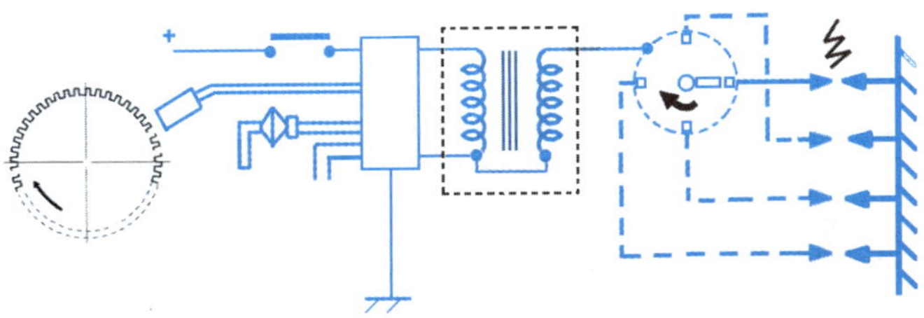

Cible + capteurs + calculateurs + bobine + distributeur + bougies

Fig. 22.14 – Allumage électronique intégral.

• **Allumage électronique intégral statique à deux bobines doubles** (figure 22.15)

Même principe que ci-dessus mais le distributeur mécanique est remplacé par deux bobines à double sortie actionnées alternativement par le calculateur.

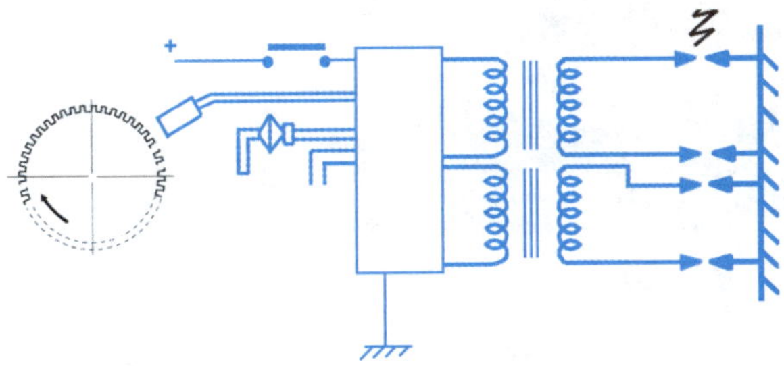

Cible + capteurs + calculateurs + bobines + bougies

Fig. 22.15 – AEI sans distributeur.

• **Allumage électronique intégral statique multibobines** (figure 22.16)

Le distributeur est remplacé par autant de bobines qu'il y a de cylindres (peut être utilisé pour les moteurs à 3 ou 5 cylindres).

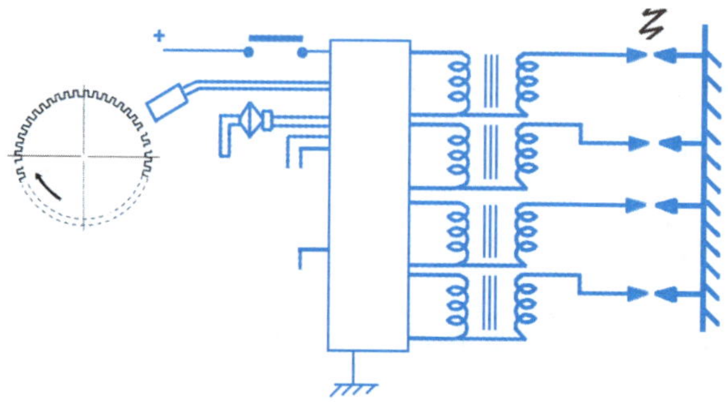

Cible + calculateurs + bobines + bougies

Fig. 22.16 – AEI à distributeur statique.

1. Calculateur d'injection.
2. Capteur de cliquetis.
3. Capteur de température d'eau.
4. Capteur de point mort haut.
5. Électrovanne de recyclage des vapeurs de carburants.
7. Moteur pas à pas de régulation de ralenti.
8. Potentiomètre de position papillon.
9. Capteur de température d'eau.
10. Capteur de pression absolue.
11. Absorbeur des vapeurs d'essence (canister).
12. Bobine cylindres 1 - 4.
13. Bobine cylindres 2 - 3.
14. Relais pompe à carburant.
15. Condensateur antiparasitage.
16. Filtre à air.
17. Sonde à oxygène.
18. Pressostat de direction assistée.
19. Électrovanne EGR.
20. Réservoir de dépression.
21. Filtre à air EGR.

Fig. 22.17 – Allumage/injection. Implantation des éléments (Document Renault).

MÉMO

- **Principe de l'allumage électronique intégral (AEI)**

  L'allumage électronique intégral ne comporte aucune pièce en mouvement.

  Un certain nombre de capteurs émettent des signaux électriques reçus par un calculateur électronique.

  Après traitement des informations, celui-ci transmet, au bobinage primaire de la bobine, des variations de courant permettant la production de l'impulsion à haute tension nécessaire à la production de l'arc électrique à la bougie.

- **Point d'allumage**

  Il est déterminé par le calculateur analogique ou numérique en fonction des paramètres moteur :
  - position du vilebrequin,
  - fréquence de rotation,
  - charge du moteur,
  - présence de cliquetis.

- **Avantages de l'AEI**
  - Fiabilité dans le temps : aucune pièce en mouvement.
  - Précision : pas de déréglage possible, point d'allumage tenant compte d'un grand nombre de paramètres.
  - Rationalité : possibilité d'un seul calculateur pour l'allumage et l'injection.

POUR ALLER PLUS LOIN

1. *Relevez les caractéristiques de l'allumage électronique sur le moteur de votre choix.*
2. *Effectuez les schémas et expliquez son fonctionnement.*

TESTS

1• Pourquoi l'arc électrique à la bougie doit-il se produire sous haute tension ?	....
2• Le rupteur...	a. produit les étincelles à HT ☐ b. distribue les étincelles HT ☐ c. permet les variations de champ magnétique dans la bobine ☐
3• L'étincelle à HT se produit...	a. au début d'ouverture des contacts ☐ b. à la pleine ouverture des contacts ☐ c. à la fermeture des contacts ☐
4• Le pourcentage de Dwell par rapport à un cycle d'allumage est...	a. l'angle de fermeture des contacts ☐ b. le temps de fermeture des contacts ☐ c. le temps d'ouverture des contacts ☐
5• Quel est le rôle du condensateur ?	....
6• Citez les deux types de correcteurs d'avance nécessaires.	....
7• En vitesse stabilisée, si l'on demande la pleine charge (accélérateur à fond) l'avance doit...	a. diminuer ☐ b. augmenter ☐ c. rester constante ☐
8• L'allumage électronique permet de supprimer...	a. le rupteur ☐ b. la bobine ☐ c. les bougies ☐
9• Citez les principaux avantages des allumages électroniques	....
10• Par quel moyen règle-t-on le point d'avance initiale sur un allumage à impulsion ?	....
11• Par quel moyen règle-t-on le point d'avance initiale sur un AEI ?	....

Les moteurs Diesel

CHAPITRE 7

23

PRINCIPE DU MOTEUR DIESEL

Qu'appelle-t-on un moteur Diesel (figure 23.1) ?

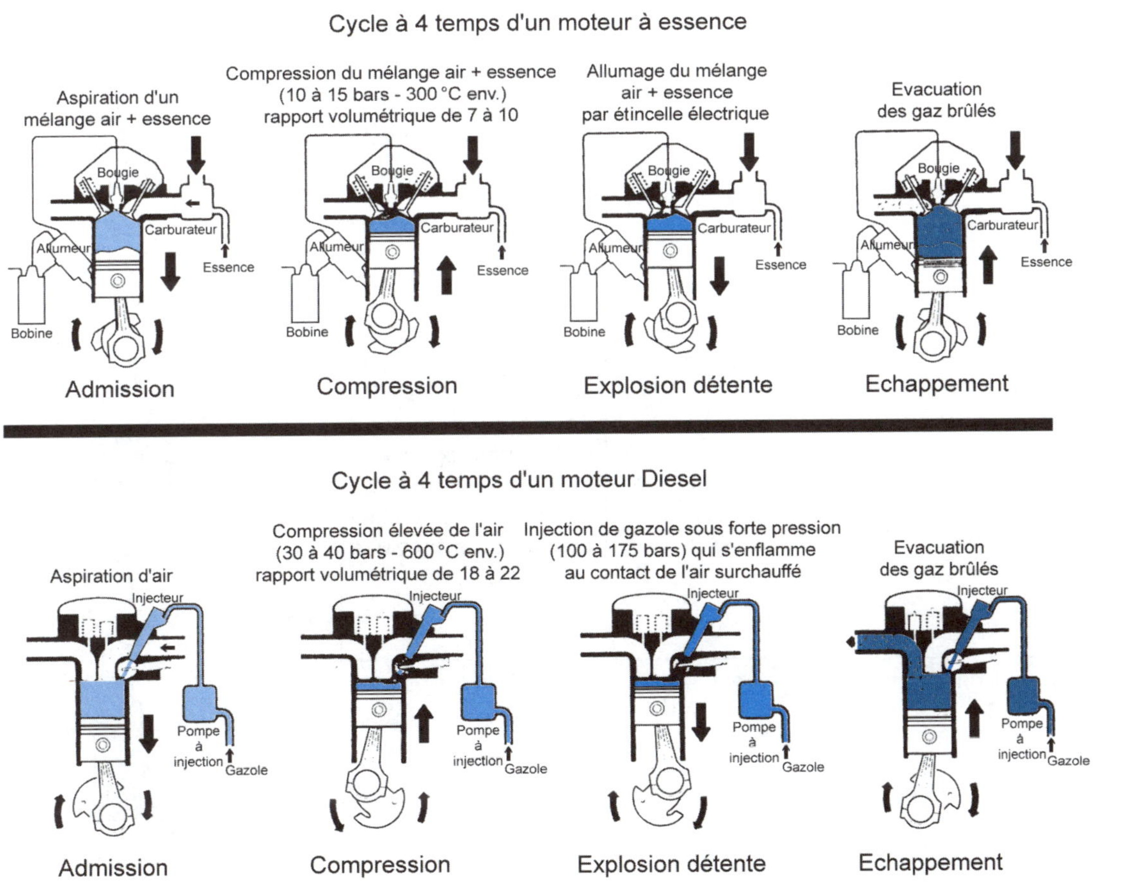

Fig. 23.1 – Comparaison entre un moteur à essence et un moteur Diesel à quatre temps (Document Citroën).

Le moteur Diesel est un moteur à **combustion interne** qui est capable de consommer des **carburants lourds** tels que gazole, fuel, mazout.

La **combustion** est déclenchée par **auto-inflammation** du carburant dans de l'**air fortement comprimé**.

Quel est le principe de fonctionnement du moteur Diesel ?

Comme le moteur à essence, le moteur Diesel à quatre temps réalise les phases du cycle moteur en quatre courses de piston (figures 23.2 à 23.5).

Course du piston	Phases	Opérations	Schémas
Premier temps du PMH au PMB	admission	remplissage des cylindres avec de l'air à pression atmosphérique ou précomprimé	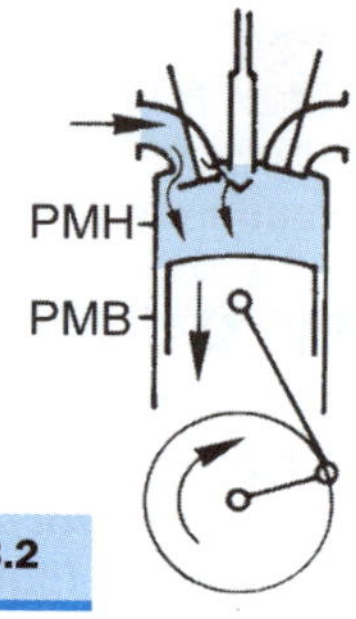 Fig. 23.2
Deuxième temps du PMB au PMH	compression	l'air est fortement comprimé et porté à une **température supérieure à celle d'auto-inflammation** du carburant (ı dc 400 °C). Le **rapport volumétrique** est très **élevé** (15/1 à 22/1).	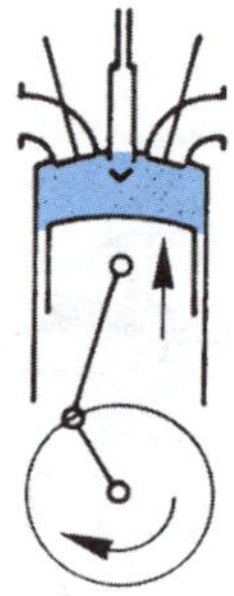 Fig. 23.3
Troisième temps du PMH au PMB	inflammation-détente	le carburant est injecté sous pression **en fin de compression**. Il s'enflamme spontanément au contact de l'air échauffé. La combustion dure tant que dure l'injection.	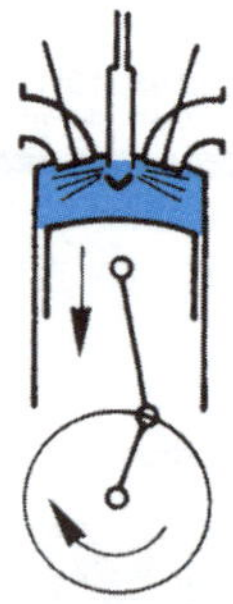 Fig. 23.4
Quatrième temps du PMB au PMH	échappement	évacuation des gaz brûlés.	 Fig. 23.5

Quelles sont les différences de fonctionnement entre le moteur à essence et le moteur Diesel ?

Voir les figures 23.6 à 23.9.

Moteur à essence	Moteur Diesel
La préparation du mélange air/carburant est effectuée en amont de la soupape d'admission. Le mélange pénètre dans le cylindre au temps admission.	Le mélange s'effectue en fin de compression directement dans la chambre de combustion.
Le mélange est porté à une température légèrement inférieure à sa température d'autoinflammation. Le complément d'énergie calorifique est fourni par un arc électrique commandé. Celui-ci déclenche l'inflammation. La vitesse de combustion est maintenue à la limite de la détonation. Le mélange brûle théoriquement à volume constant.	L'air est porté à une température supérieure à celle d'autoinflammation du carburant. La combustion est déclenchée par le début d'injection. Le carburant brûle au fur et à mesure de son introduction dans le cylindre. La détonation est recherchée en début de combustion. La pression est théoriquement maintenue constante pendant une grande partie du temps.

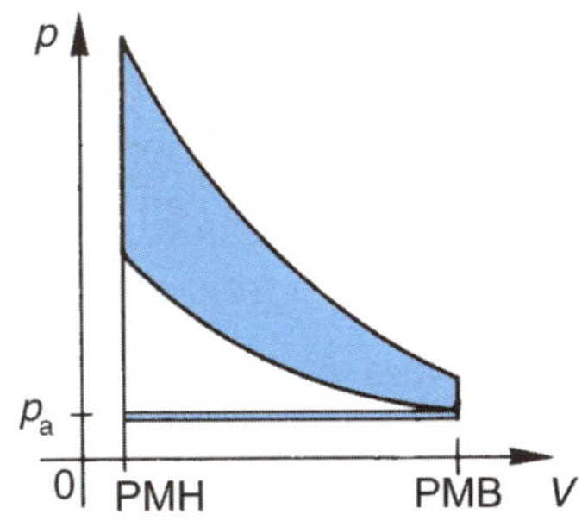

Fig. 23.6 – Moteur à essence : diagramme théorique, combustion à valeur constante.

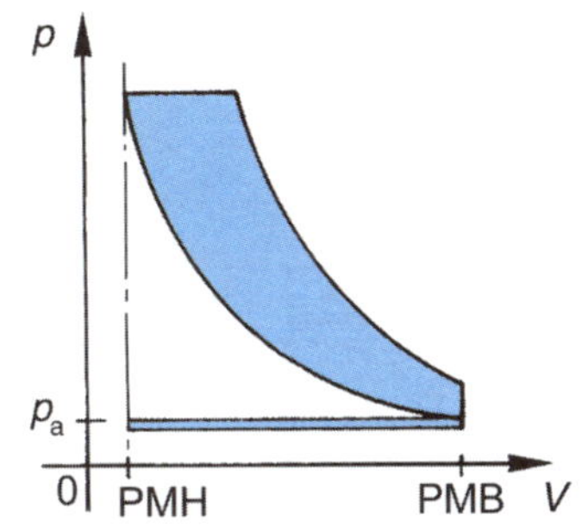

Fig. 23.7 – Moteur Diesel : diagramme théorique, combustion à pression constante.

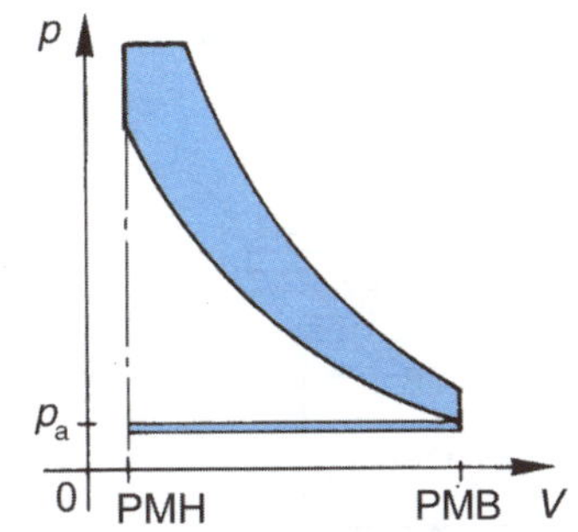

Fig. 23.8 – Cycle mixte : diagramme théorique.

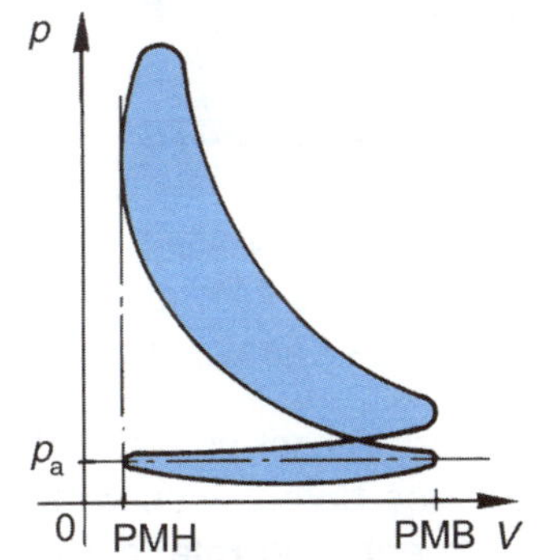

Fig. 23.9 – Cycle Diesel : diagramme réel.

Remarque

Dans la pratique, il s'agit d'un cycle mixte dans lequel une partie du carburant brûle à volume constant et l'autre partie à pression constante. Si nous comparons les diagrammes réels des deux moteurs, nous constatons (figures 23.9 et 7.17 page 61) :

- que les courbes sont sensiblement identiques,
- que l'aire de travail du moteur Diesel est plus importante que celle du moteur à essence.

Quelles sont les différences de conception qui en découlent ?

Les pièces mécaniques du moteur doivent être conçues pour supporter des **pressions**, des **températures** et des **efforts mécaniques supérieurs** à ceux du moteur à essence.

Le moteur Diesel doit être doté d'un **équipement d'injection**.

La chambre de combustion doit être de forme particulière afin de faciliter le brassage du mélange et son inflammation rapide.

Les moteurs sont classés selon le type d'injection et de chambre de combustion qui les équipent.

Quels sont les différents types de moteurs Diesel ?

• **Les moteurs à injection directe** (figures 23.10 à 23.12). **L'injecteur débouche directement** dans la chambre de combustion ; la pression d'injection est élevée. Le départ à froid est facilité.

• **Les moteurs à injection indirecte** (figures 23.13 à 23.15). **L'injecteur débouche dans une préchambre** dont le volume représente une partie de la chambre de combustion ; la pression d'injection est moins élevée ; le départ à froid nécessite un dispositif de préchauffage.

Il existe plusieurs types de préchambres : de précombustion, de turbulence, à réserve d'air ou cellule d'énergie, etc.

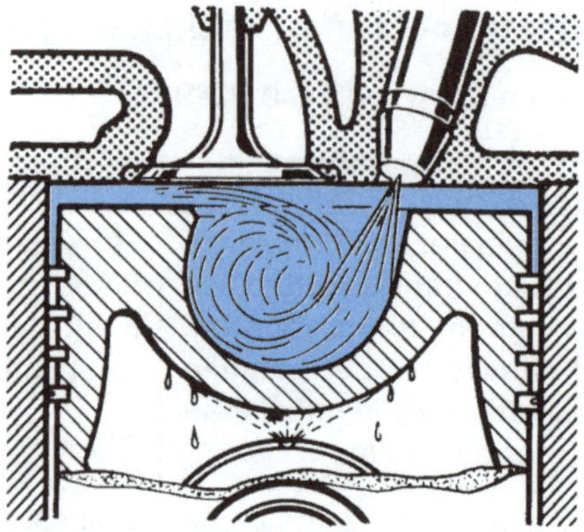

Fig. 23.10 – Injection directe avec chambre de turbulence dans le piston (Document Citroën).

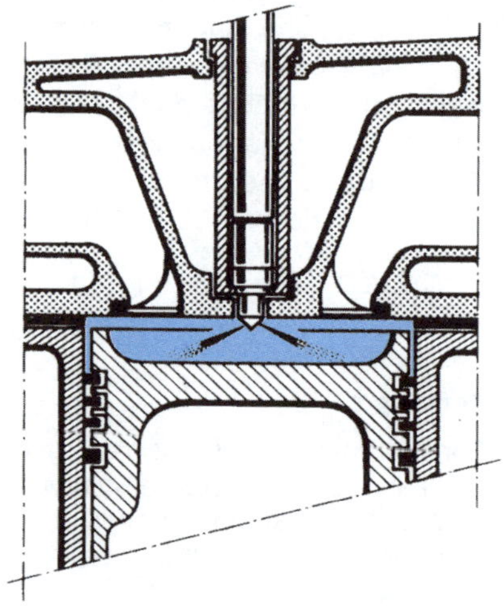

Fig. 23.11 – Injection directe avec chambre de combustion dans le piston (Document Citroën).

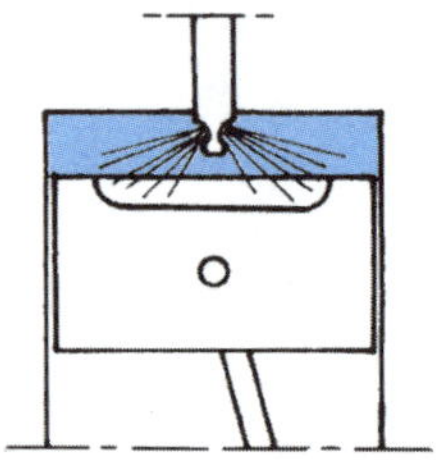

Fig. 23.12 – Injection directe.

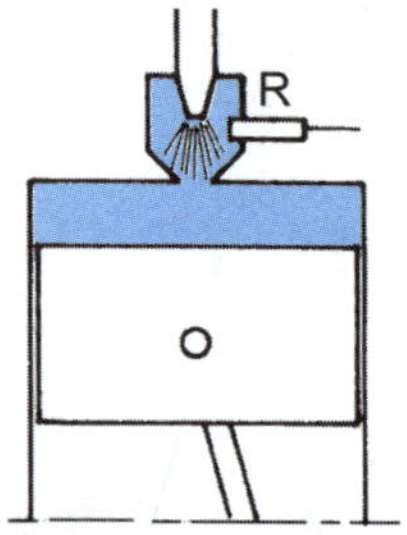

Fig. 23.13 – Injection indirecte. Chambre de précompression.

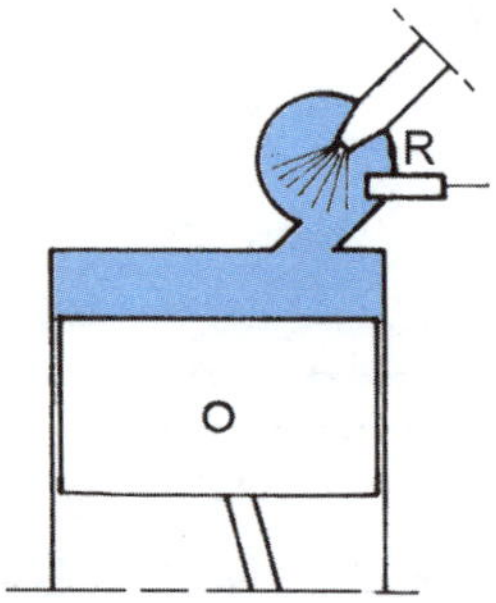

Fig. 23.14 – Injection indirecte. Chambre de turbulence.

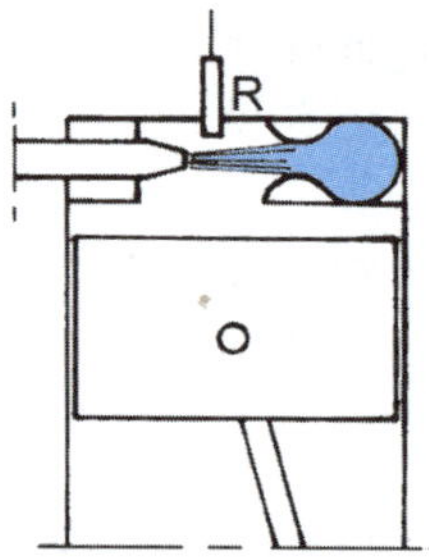

Fig. 23.15 – Injection indirecte. Chambre à réserve d'air ou cellule d'énergie.

Quelles sont les caractéristiques des carburants pour moteurs Diesel ?

Les moteurs Diesel peuvent fonctionner avec des carburants très divers. Les véhicules routiers utilisant exclusivement le **gazole**, nous examinerons principalement ce dernier.

Les principales caractéristiques du gazole sont :
– pouvoir calorifique de 10 à 11 000 calories par kilogramme,
– densité 0,850,
– volatilité plus faible que celle de l'essence (moins de risques d'incendie),
– viscosité supérieure à celle de l'essence qui doit être la plus constante possible et permettre en outre la lubrification des organes d'injection.

Que se produit-il au moment de l'injection ?

L'élément de pompage de la **pompe d'injection refoule** une quantité de carburant définie vers un injecteur. Le carburant parcourt la tuyauterie et arrive à l'**injecteur**. La pression augmente. Lorsque la **pression de tarage** de l'injecteur est atteinte, celui-ci laisse passer le carburant.

Le temps qui s'écoule entre le début de refoulement de la pompe et le début d'ouverture de l'injecteur est appelé **délai d'injection**. Ce délai provient du temps de montée en pression du carburant, du fait notamment de sa compressibilité relative et de la dilatation des tuyauteries pourtant renforcées.

Ce délai est sensiblement réduit dans les moteurs à injection directe à rampe commune grâce à la suppression du phénomène de pulsion entre la pompe et les injecteurs.

Comment la combustion est-elle réalisée ?

Le carburant pénètre dans la chambre, finement pulvérisé par l'injecteur. Chaque gouttelette entre en contact avec l'air surchauffé. Une partie de cette chaleur est empruntée par le liquide qui **se vaporise**.

Chaque molécule de carburant gazeux commence à se mélanger avec l'air ; c'est l'**oxydation** du carburant.

Puis la **décomposition des molécules** commence avec l'**inflammation spontanée** et brutale d'une partie des vapeurs de carburant.

Le temps qui s'écoule entre le début d'injection et le début d'inflammation est appelé **délai d'allumage** (figure 23.16). Il se décompose lui-même en deux temps :
– **délai physique**, temps mis par le carburant à passer de l'état liquide à l'état gazeux,
– **délai chimique**, temps qui s'écoule entre le début d'oxydation et le début d'inflammation du mélange.

Si le temps d'oxydation se prolonge, on constate la formation de **peroxyde**. Il se produit alors des détonations plus violentes et une combustion moins régulière.

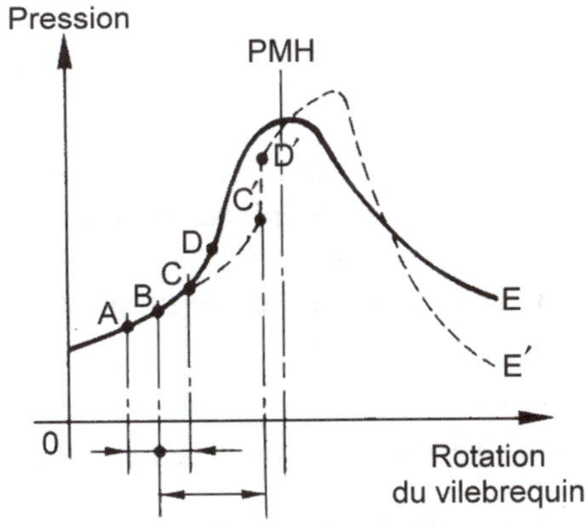

Fig. 23.16 – Évolution de la pression en fonction du délai d'allumage.

AB : délai d'injection.
BC : délai d'allumage court.
BC′ : délai d'allumage long.
CD : zone de cognement.
C′D′ : zone de cognement exagéré.
E et E′ : diminution rapide de pression.

Nous voyons que le **délai d'allumage** doit être le plus court possible afin de provoquer très **rapidement la détonation**. On obtient ainsi une combustion progressive et régulière au fur et à mesure du recul du piston.

Quand le début d'injection se produit-il ?

Pour déterminer le début d'injection, il faut tenir compte :
- du délai d'injection,
- du délai d'allumage,
- du point de pression maximale désiré.

Théoriquement, la **pression maximale** doit être obtenue au **PMH** et maintenue le plus longtemps possible. La combustion doit être complètement terminée à l'ouverture de la soupape d'échappement.

Afin de tenir compte de tous ces phénomènes, nous voyons la nécessité de déterminer avec précision :
- **l'avance à l'injection**,
- **la durée d'injection**.

L'avance à l'injection ou avance initiale peut-elle rester constante ?

Plus le moteur augmente de régime, plus le temps imparti pour réaliser les opérations diminue. Sachant que les divers délais énoncés précédemment restent sensiblement constants, nous comprenons la nécessité de prévoir un **dispositif automatique d'avance à l'injection** proportionnel à la vitesse de rotation du moteur.

Comment les variations de charge sont-elles réalisées ?

Pour faire varier la charge – ou le régime du moteur – on fait varier la **quantité débitée** par coup de pompe. La commande est assurée par l'accélérateur et corrigée par un **système de régulation** de vitesse.

Quels sont les avantages du moteur Diesel en comparaison avec le moteur à explosion ?

• Son rendement est supérieur.

• Son couple moteur est plus important notamment à bas régime.

• Sa consommation spécifique est moins élevée.

• La combustion est plus complète et les gaz d'échappement sont moins toxiques.

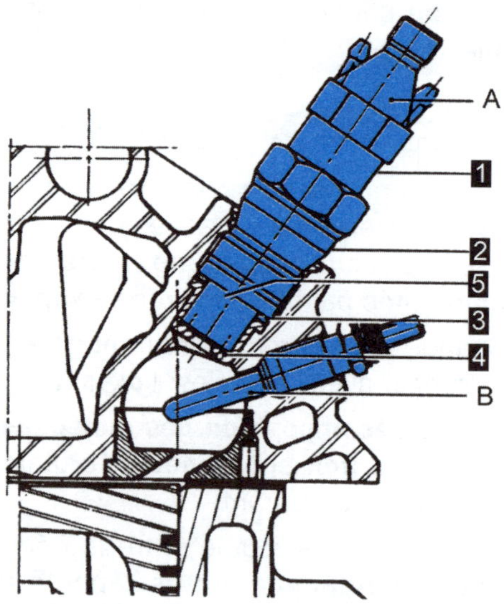

Fig. 23.17 – Positionnement des éléments sur la culasse.

A : porte-injecteur.
B : bougie de préchauffage.
1-2. Ensemble porte injecteur
3. Joint d'étanchéité sur culasse.
4. Rondelle pare-flamme.
5. Injecteur.
(Document Renault).

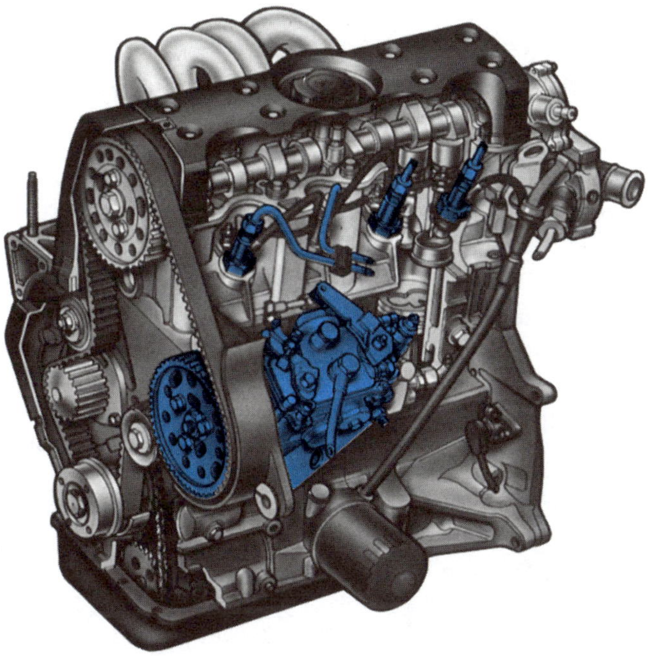

Fig. 23.18 – Moteur Diesel en coupe (Document Renault).

MÉMO

- **Principe du moteur Diesel**
  Le moteur Diesel est un moteur capable d'utiliser des carburants lourds tels que gazole, fuel, mazout, huiles lourdes, etc.
  La combustion est déclenchée par auto-inflammation du carburant.
- **Fonctionnement du moteur Diesel**
  Seul l'air est aspiré au temps admission. Il est comprimé à une pression élevée et porté à une température supérieure à celle d'auto-inflammation du carburant. Au troisième temps, le gazole est injecté sous pression. Il s'enflamme spontanément et brûle tant que dure l'injection.
- **Combustion**
  Le temps qui s'écoule entre le début de refoulement de la pompe et le début d'injection est appelé délai d'injection.
  Le temps qui sépare le début d'injection du début d'inflammation est appelé délai d'allumage. Il se décompose en deux phases : délai physique et délai chimique. Le délai d'allumage doit être le plus court possible afin de provoquer rapidement la détonation et permettre ensuite une combustion progressive et régulière à pression élevée.
- **Avances à l'injection**
  Afin de tenir compte des divers délais, il est nécessaire de prévoir une avance à l'injection (avance initiale).
  L'avance doit également être déplacée proportionnellement à la vitesse de rotation du moteur. Les variations de charge sont obtenues par variation de la quantité de carburant débité par coup de pompe.
- **Équipement**
  Le moteur Diesel est équipé d'un dispositif d'injection permettant de réaliser toutes les conditions de fonctionnement nécessaires.
- **Critique**
  Son rendement et son couple moteur sont supérieurs à ceux du moteur à explosion. Sa combustion est plus complète et ses gaz d'échappement, bien que moins toxiques en monoxyde de carbone, peuvent émettre des particules nocives pour les voies respiratoires.

POUR ALLER PLUS LOIN

1. *Recherchez les caractéristiques principales du moteur Diesel à injection indirecte de votre choix.*
2. *Calculez la pression de fin de compression de ce moteur.*

24

LES SYSTÈMES D'INJECTION DES MOTEURS DIESEL

Quelle est la fonction globale des systèmes d'injection ?

Ces dispositifs ont pour points communs de fournir à la chambre de combustion :
- du **gazole pulvérisé** et réparti,
- un **moment d'injection précis**,
- une **quantité injectée adaptée**.

Ces conditions doivent être remplies :
- au départ à froid,
- à l'accélération,
- en conduite économique,
- au ralenti.

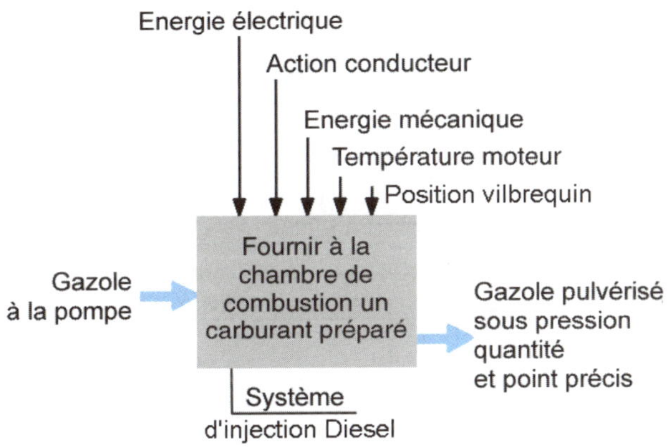

Fig. 24.1 – Actigramme A – 0. Fonction globale des systèmes d'injection Diesel.

Quelles sont les qualités générales demandées aux systèmes d'injection ?

• Le carburant doit être parfaitement **dosé**.

• Le carburant doit être soumis à une **pression** adaptée favorisant sa **pulvérisation** dans des conditions précises : finesse, vitesse de pénétration et forme du jet (figure 24.2).

• La **répartition** des micro-goutellettes doit être uniforme dans toute la chambre.

• Le **début d'injection** doit être déclenché à des moments précis variables notamment en fonction de la fréquence de rotation du vilebrequin.

• La **durée d'injection** doit être précise mais variable en fonction de nombreux paramètres, notamment la charge du moteur.

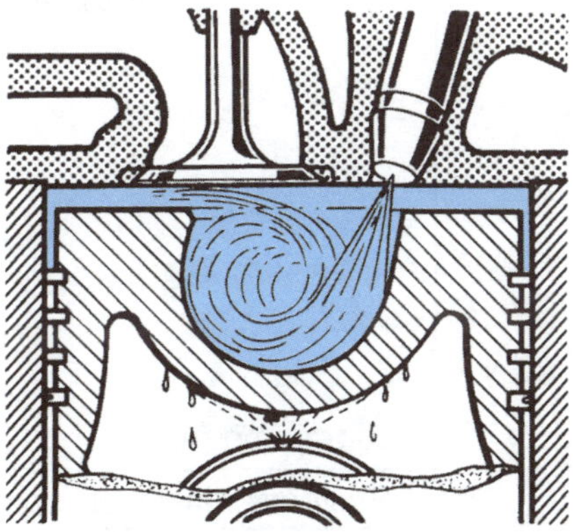

Fig. 24.2 – Carburant pulvérisé, dosé et réparti.

Quels sont les principaux types d'injection Diesel ?

On peut distinguer :

– les moteurs à injection **indirecte**,

– les moteurs à injection **directe** : classiques (véhicules industriels) ou à rampe commune (common rail).

Quel est le principe de fonctionnement des moteurs à injection indirecte (figures 24.3 et 24.4) ?

La **pompe d'injection mécanique** synchronisée avec le vilebrequin refoule le carburant correctement dosé vers les injecteurs dans l'ordre d'allumage.

L'injection s'effectue dans une **chambre de précombustion** ménagée en un point chaud de la culasse. Les pressions d'injection se situent aux environs de 130 à 150 bars.

Du fait des pressions de fin de compression peu élevées, le départ à froid nécessite l'action de **bougies de préchauffage** : résistances électriques débouchant dans la chambre de précombustion.

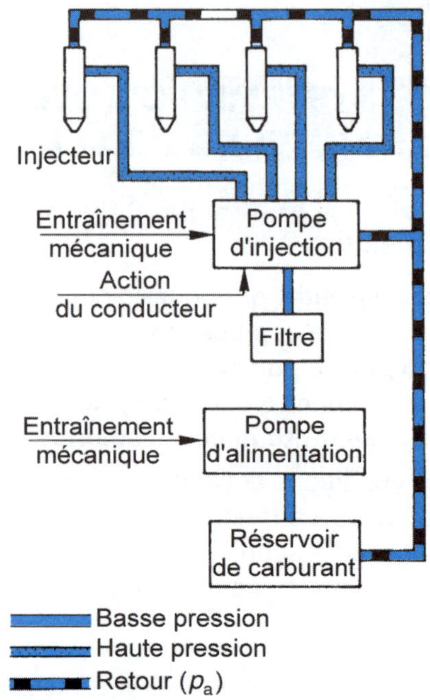

Fig. 24.3 – Schéma de principe des circuits d'injection classiques

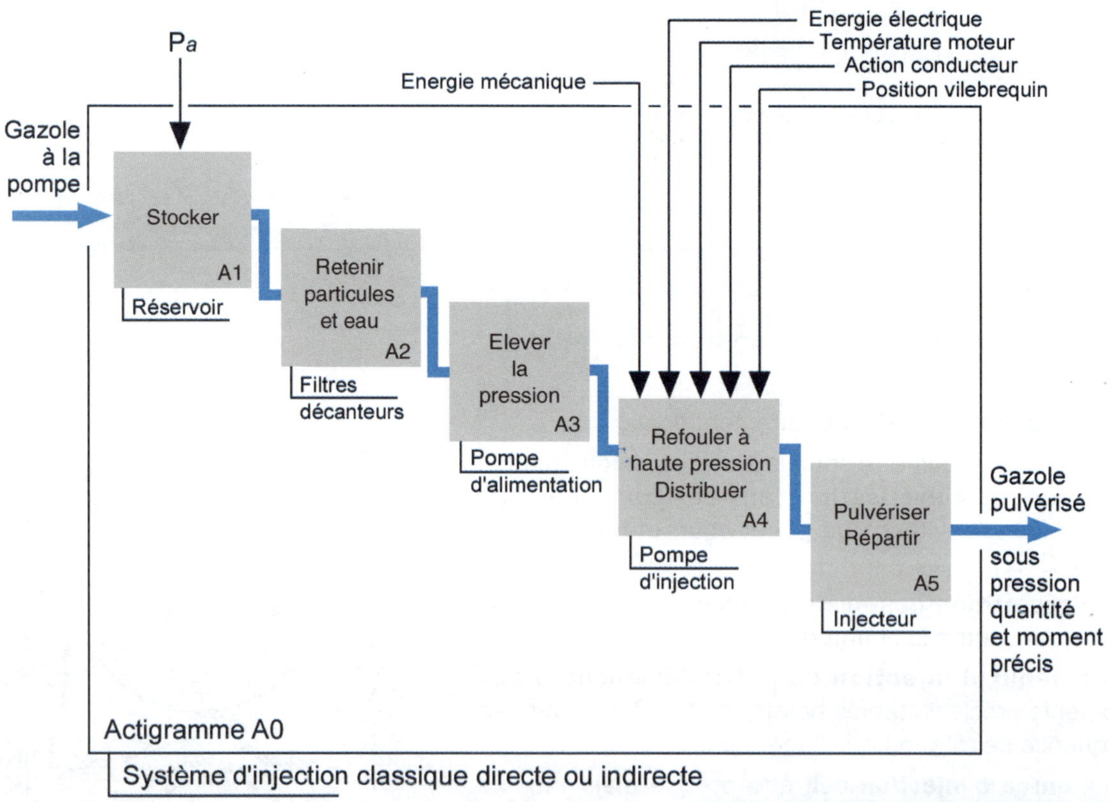

Fig. 24.4 – Analyse descendante des systèmes d'injection Diesel classiques.

Quel est le principe des moteurs à injection directe classique ?

L'injection s'effectue directement dans la chambre à des pressions élevées (250 à 500 bars). La pompe en ligne et les éléments du moteur ont une masse importante. Ce système équipe surtout les moteurs à partir de 6 cylindres équipant les véhicules industriels.

Quel est le principe de fonctionnement des moteurs à injection directe à rampe commune dits « common rail » (figures 24.5 et 24.6) ?

Le carburant est aspiré par une pompe électrique de préalimentation ou **pompe de gavage** immergée dans le réservoir. Elle refoule le carburant sous une fable pression (2 bars environ) vers le filtre à carburant dont la partie **régulateur** permet de maintenir une pression sensiblement constante.

La **pompe haute pression** à pistons radiaux – dont la synchronisation avec le vilebrequin n'a pas d'incidence sur le point d'injection – refoule le carburant vers la **rampe commune** et les tuyauteries d'injecteurs. Les valeurs dans la partie haute pression peuvent atteindre 1 500 bars.

Les **injecteurs à commande électromagnétique** ou piézo-électrique s'ouvrent et se ferment sous l'impulsion

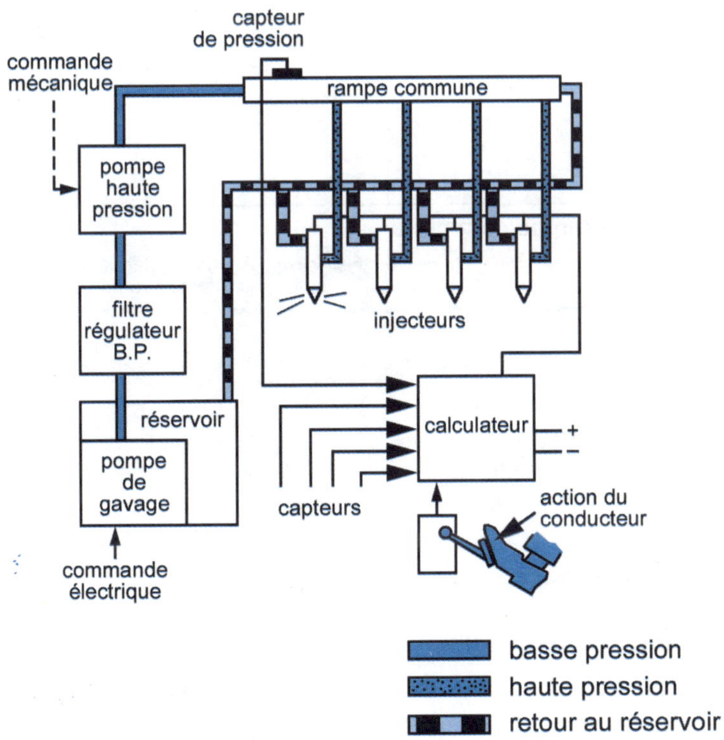

Fig. 24.5 – Schéma de principe du circuit d'injection directe à rampe commune.

d'un courant électrique géré par le **calculateur électronique**. Le point d'injection et la durée sont gérés par de nombreux paramètres : régime et position du vilebrequin, débit, pression et température de l'air d'admission, température et pression du combustible, position de la pédale d'accélérateur, etc.

Quels sont les avantages de ce système ?

• Le carburant est disponible en permanence sous haute pression à l'entrée de l'injecteur, donc diminution et régularité du délai d'injection.

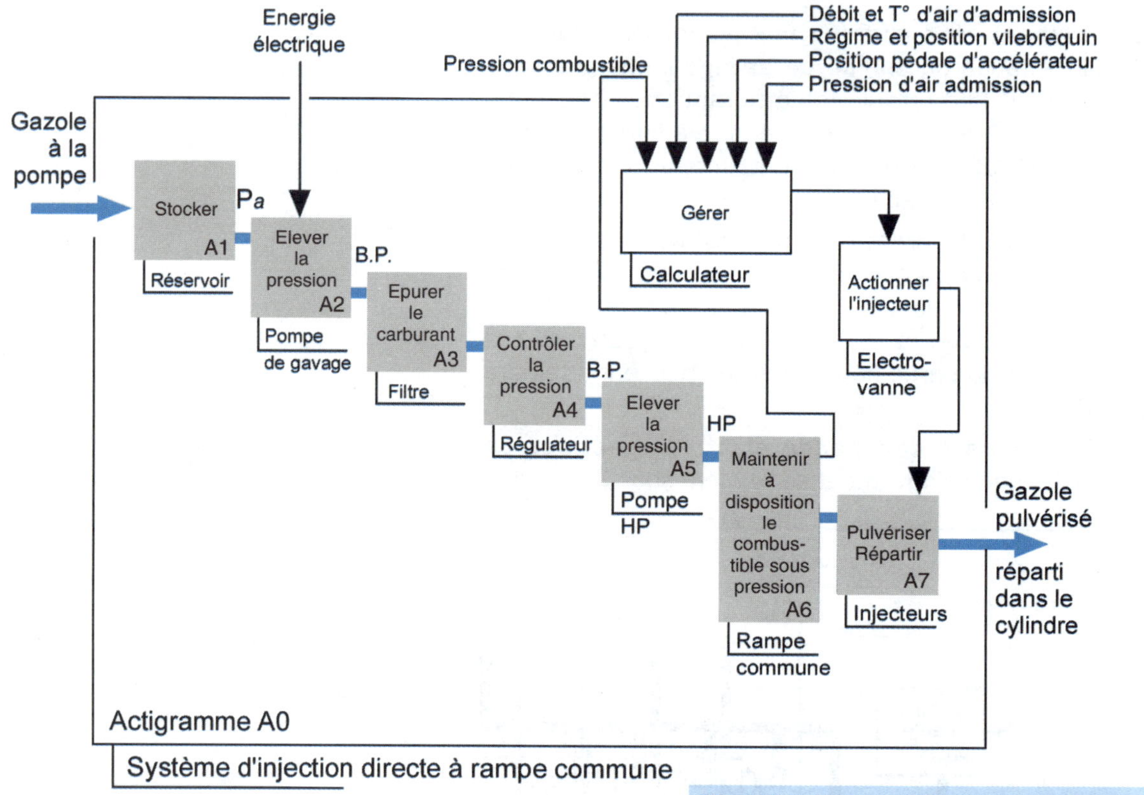

Fig. 24.6 – Analyse systémique des systèmes d'injection directe à rampe commune.

• Le moment d'injection est commandé sur les injecteurs qui pulvérisent sous haute pression directement dans la chambre de combustion, d'où précision du point d'injection et diminution du délai d'allumage par une meilleure pulvérisation et un meilleur brassage.

Ces dispositions ont pour conséquence :

– une **augmentation** sensible de la **puissance** et du **couple moteur**,

– une **diminution** de la **consommation** et de la pollution,

– un meilleur rapport masse/puissance,

– un démarrage quasi instantané.

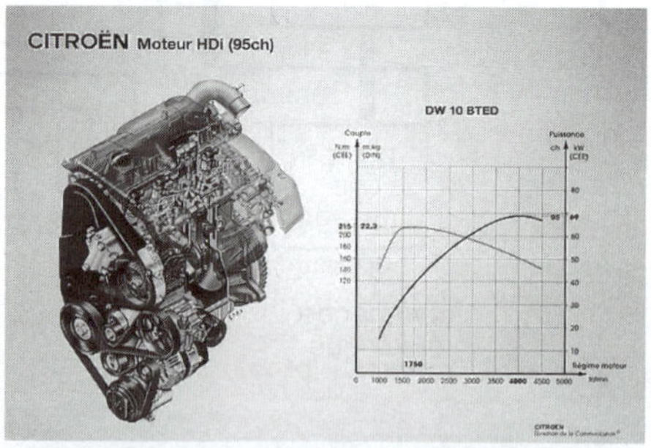

Fig. 24.7 – Moteur Diesel à rampe commune « haute pression » (Document Citroën/communication).

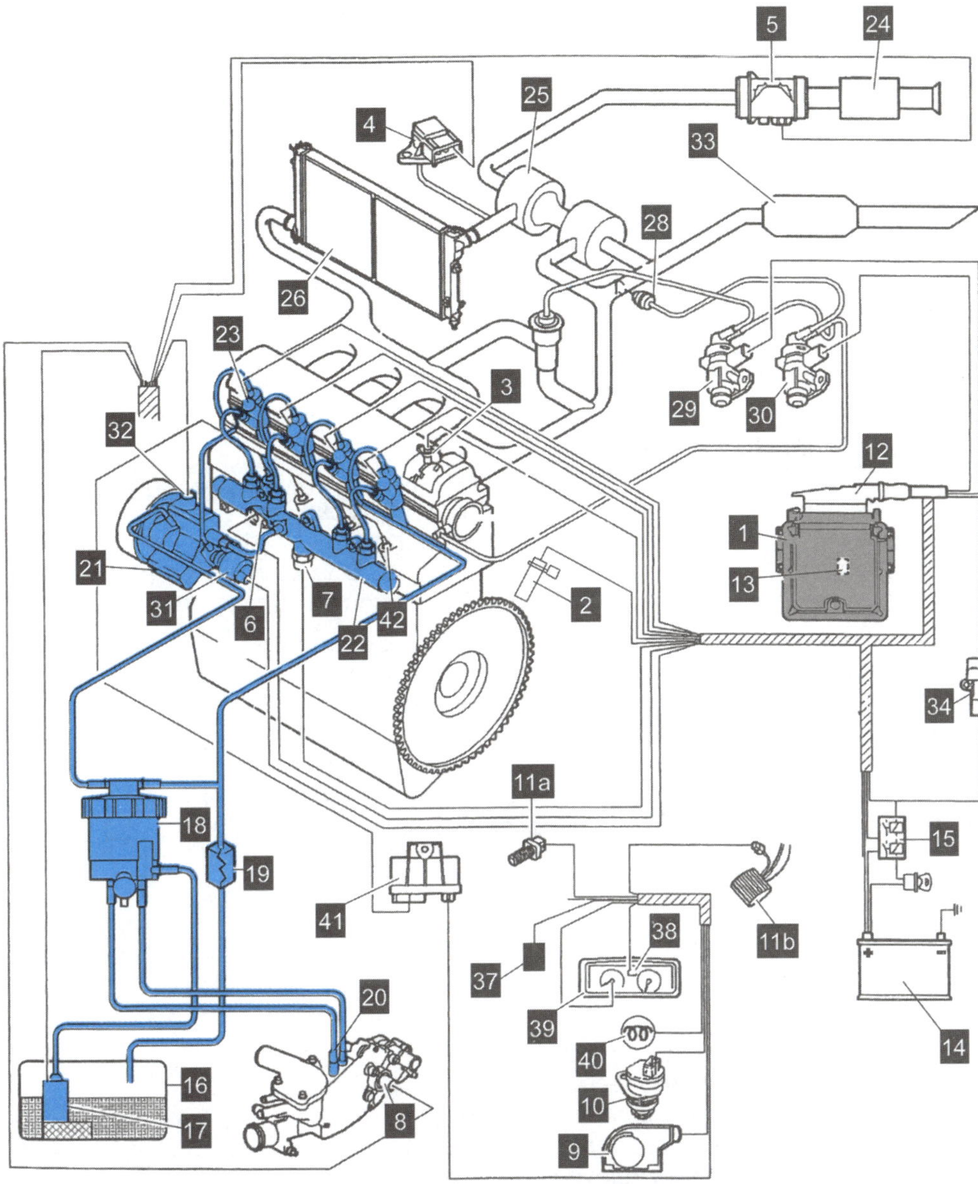

1. Calculateur de gestion moteur.
2. Capteur de régime moteur.
3. Capteur de position arbre à cames.
4. Capteur pression tubulure d'admission.
5. Débitmètre d'air.
6. Sonde de température combustible.
7. Capteur haute pression combustible.
8. Sonde de température d'eau.
9. Capteur pédale d'accélérateur.
10. Capteur de vitesse véhicule.
11(a et b). Contacteur pédale de frein.
12. Connexion 88 bornes.
13. Capteur de pression atmosphérique.
14. Batterie.
15. Relais double injection.
16. Réservoir à combustible.
17. Pompe à combustible.
18. Filtre à combustible et régulateur de basse pression.
19. Refroidisseur de combustible.
20. Réchauffeur de combustible.
21. Pompe haute pression.
22. Rampe d'injection commune haute pression.
23. Injecteurs.
24. Filtre à air.
25. Turbocompresseur.
26. Échangeur thermique air/air.
28. Capsule de commande soupape régulatrice de suralimentation.
29. Électrovanne de régulation de recyclage (EGR).
30. Électrovanne de régulation de pression de suralimentation.
31. Régulateur haute pression combustible.
32. Désactivateur du 3e piston de pompe haute pression.
33. Ligne d'échappement.
34. Interrupteur à inertie.
37. Antidémarrage électronique.
38. Information consommation.
39. Compte-tours.
40. Voyant de préchauffage.
41. Boîtier de pré/postchauffage.
42. Bougies de préchauffage.

Fig. 24.8 – Organisation de la gestion moteur à injection directe à rampe commune (Document Citroën/ETAI).

MÉMO

- **Conditions à remplir**

Permettre
- le départ à froid,
- les accélérations,
- le fonctionnement économique (en palier),
- le ralenti.

- **Qualités demandées**

- Le carburant doit être parfaitement dosé selon les conditions de fonctionnement.
- Le carburant doit être soumis à une pression favorisant une bonne pulvérisation et une bonne répartition des micro-goutelettes.
- Le début d'injection doit être précis et variable selon la fréquence de rotation du vilebrequin.
- La durée d'injection doit être calculée en fonction notamment de la charge du moteur.

- **Principaux types d'injection Diesel**

- Les moteurs à injection directe dans lesquels l'injecteur débouche directement dans la chambre de combustion. Les pressions d'injection sont très élevées.
- Les moteurs à injection indirecte dont l'injecteur pulvérise le carburant dans une chambre de précombustion placée dans une partie non refroidie de la culasse. La pression de fin de compression et les pressions d'injection sont plus faibles qu'en injection directe.

- **Fonctionnement du système d'injection directe à rampe commune**

Le carburant est aspiré par une pompe électrique dite de gavage immergée dans le réservoir. Un filtre régulateur épure le carburant et maintient sa pression à environ 2 bars. La pompe haute pression à pistons radiaux refoule le carburant vers la rampe commune et les tuyauteries d'injecteur (> 1 000 bars). Les injecteurs à commande électromagnétique ou piézo-électrique s'ouvrent et se ferment sous l'impulsion d'un courant électrique géré par le calculateur. Le calculateur reçoit ses informations de nombreux capteurs.

POUR ALLER PLUS LOIN

1. *Recherchez, sur un véhicule équipé du moteur Diesel haute pression à injection directe, les caractéristiques principales : alésage, course, cylindrée, rapport volumétrique, puissance et couple.*
2. *Comparez ces valeurs avec celles relevées dans la recherche demandée à la fin de la leçon 23.*

25

FONCTIONNEMENT DES ÉLÉMENTS DES SYSTÈMES D'INJECTION

Quels sont les différents types de pompes ?

Selon le système d'injection on peut rencontrer plusieurs types de pompes :

– les **pompes monopiston** dites rotatives équipent particulièrement les moteurs à **injection indirecte** (figure 25.1) ;

– les **pompes en ligne** ou multipistons comportent autant d'éléments de pompage qu'il y a d'injecteurs à alimenter. Elles équipent particulièrement les moteurs industriels à injection directe ou indirecte (figure 25.2) ;

– les **pompes haute pression** dont le nombre de pistons est sans rapport avec le nombre de cylindres. Elles n'ont pas pour fonction d'actionner hydrauliquement les injecteurs comme les deux précédentes. Elles maintiennent une quantité de carburant en permanence sous **haute pression** dans la **rampe commune** et les **tuyauteries d'injecteurs.** Elles équipent les moteurs à injection directe à rampe commune (common rail) (figure 25.3).

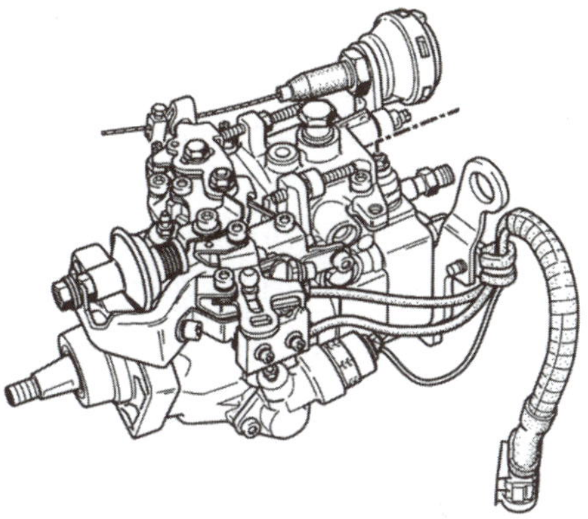

Fig. 25.1 – Pompe monopiston dite « rotative » (Document Renault).

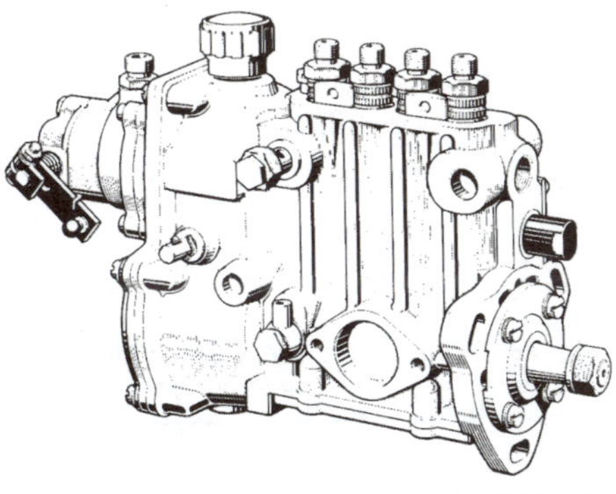

Fig. 25.2 – Pompe en ligne.

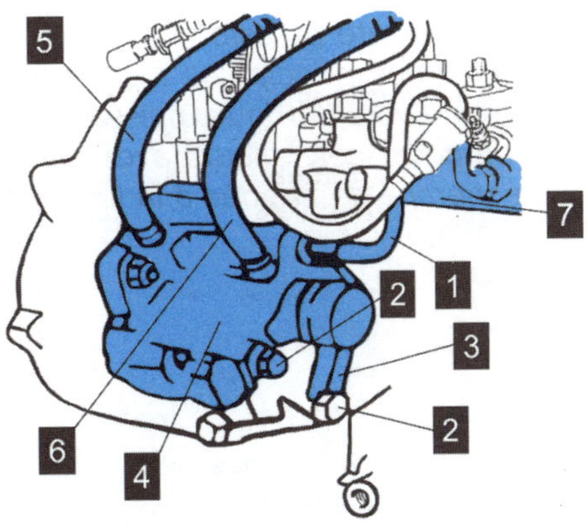

Fig. 25.3 – Pompe haute pression.

1. Canalisation haute pression.
2. Support arrière.
3. Connecteur électrique.
4. Corps de pompe.
5. Arrivée de gazole.
6. Retour au réservoir.
7. Rampe commune.

Quel est le principe de fonctionnement des pompes d'alimentation (figure 25.4) ?

Ce sont en général des **pompes volumétriques à palettes** qui ont pour rôle d'aspirer le gazole du réservoir à la pression atmosphérique et de la refouler sous une faible pression. Selon les types d'injection elles peuvent être :

– à **commande électrique** et noyée dans le réservoir, et dans ce cas elles refoulent vers le filtre régulateur (pompe de gavage),

– à **commande mécanique**, entraînée par un excentrique de l'arbre à cames (pompe de préalimentation).

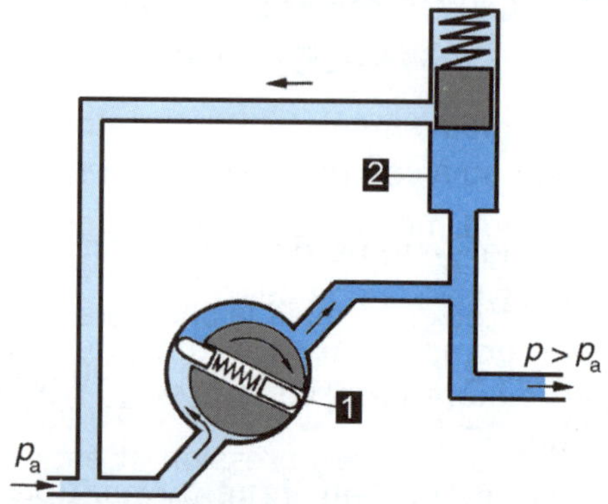

Fig. 25.4 – Principe de fonctionnement d'une pompe de gavage ou de préalimentation.

1. Pompe à palette.
2. Régulateur de pression de transfert.

p_a : pression atmosphérique du gazole stocké.
$p > p_a$: pression de transfert régulée.

Quel est le principe de fonctionnement des pompes monopiston dites « rotatives » (figure 25.5) ?

Ce type de pompe équipe les moteurs à injection indirecte à quatre cylindres. Exemple choisi : pompe « Bosch ».

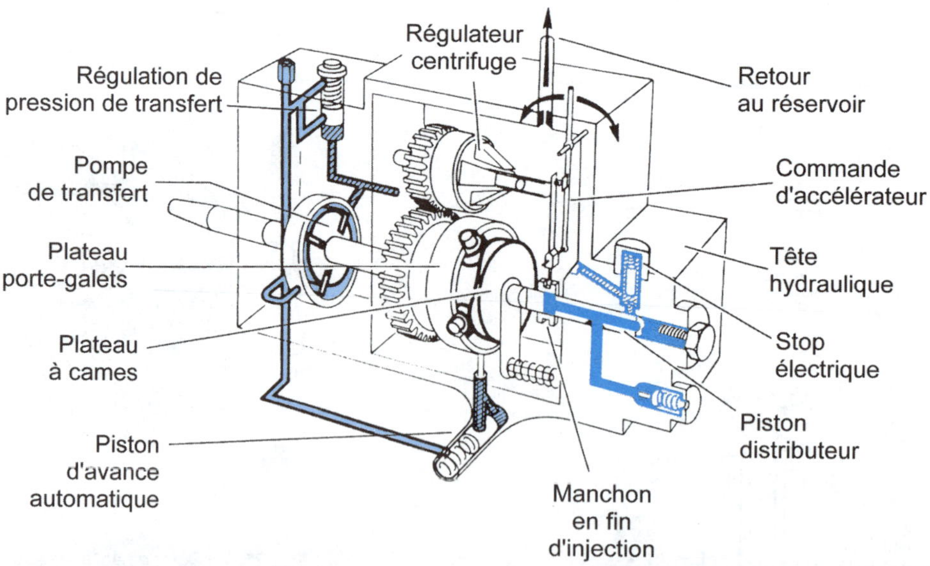

Fig. 25.5 – Pompe rotative, vue fantôme des éléments (Document Bosch).

Quel est le principe de fonctionnement de la tête hydraulique (figures 25.6 et 25.7) ?

Le piston unique est animé :
– d'un **mouvement de rotation** par son arbre d'entraînement,
– d'un **mouvement rectiligne alternatif** provoqué par un plateau à cames.

• **Phase 1** (figure 25.7a). Le piston recule et découvre l'orifice d'aspiration. Le gazole pénètre sans le piston qui est creux et remplit la chambre à l'avant du piston.

• **Phase 2** (figure 25.7b). Le piston **s'avance en faisant un quart de tour**. L'orifice d'aspiration est fermé, le carburant monte en pression et est refoulé vers l'injecteur concerné en passant par le **clapet de réaspiration**. La pression de refoulement dépendra du tarage des injecteurs.

• **Phase 3** (figure 25.7c). L'injection prend fin lorsque le piston, en s'avançant, découvre l'**orifice de fin d'injection** qui n'est plus masqué par le **manchon**. Le clapet de réaspiration se referme. Le rôle de ce clapet est double :
– il maintient les canalisations en charge,
– il crée une petite chute de pression suffisante pour permettre une fermeture nette de l'injecteur sans risque de gouttage.

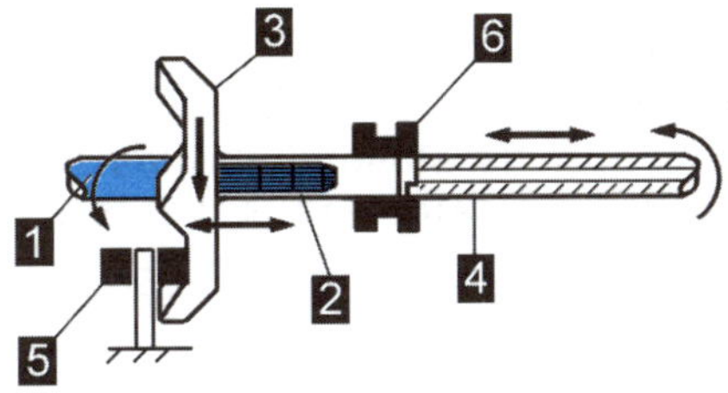

Fig. 25.6 – Élément de pompage (pompe « Bosch »).

1. Arbre d'entraînement à rotation.
2. Liaison glissière (lié en rotation, libre en translation).
3. Plateau à cames.
4. Piston lié totalement au plateau à cames (rotation et translation).
5. Galet à axe fixe.
6. Manchon de fin d'injection.

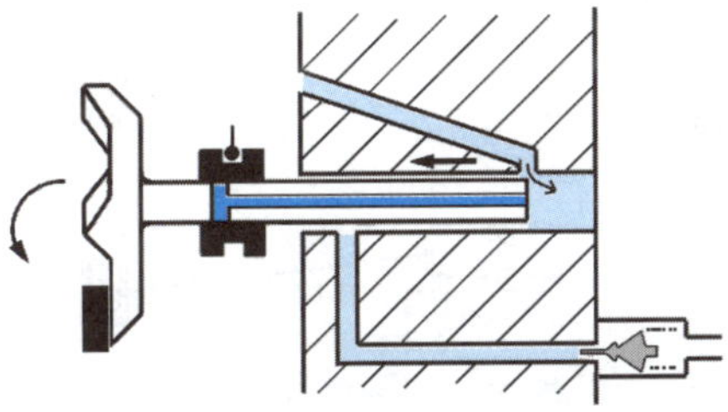

Fig. 25.7 a) – Admission.

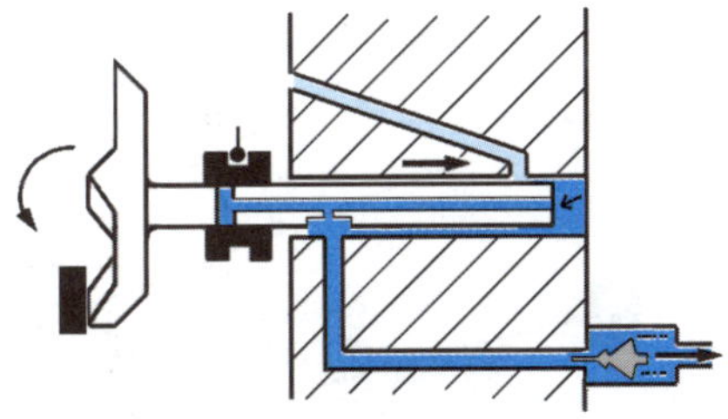

Fig. 25.7 b) – Début d'injection.

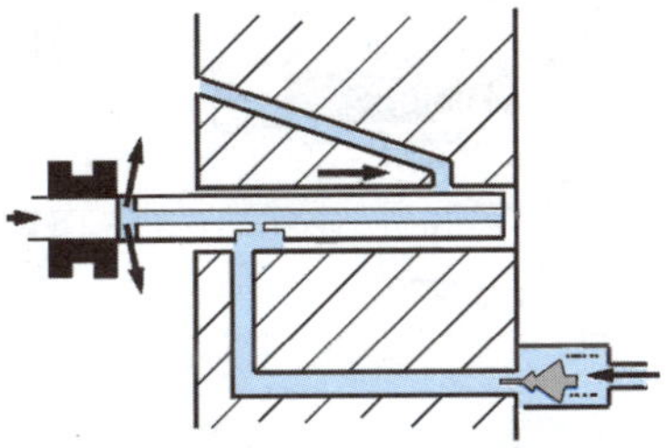

Fig. 25.7 c) – Fin d'injection.

Quelles sont les évolutions de ce type de pompe (figure 25.8) ?

Comme en allumage et en injection d'essence, la gestion du moteur est réalisée par le **calculateur électronique**. Les deux fonctions avance et dosage sont assurées mécaniquement par la pompe mais sur les ordres du calculateur. Les paramètres physiques variables permettant de déterminer l'avance et le débit sont plus nombreux.

La régulation électronique des pompes classiques comporte donc :
- des **capteurs** qui détectent les conditions de service du moteur et les transforment en grandeurs électriques,
- une **centrale de gestion** moteur (le calculateur) qui traite ces informations et les transforme en signaux de commande,
- des **actuateurs** qui transforment ces signaux électriques en actions mécaniques agissant sur le manchon de dosage de la tête hydraulique et sur le décalage de l'attaque du plateau à cames.

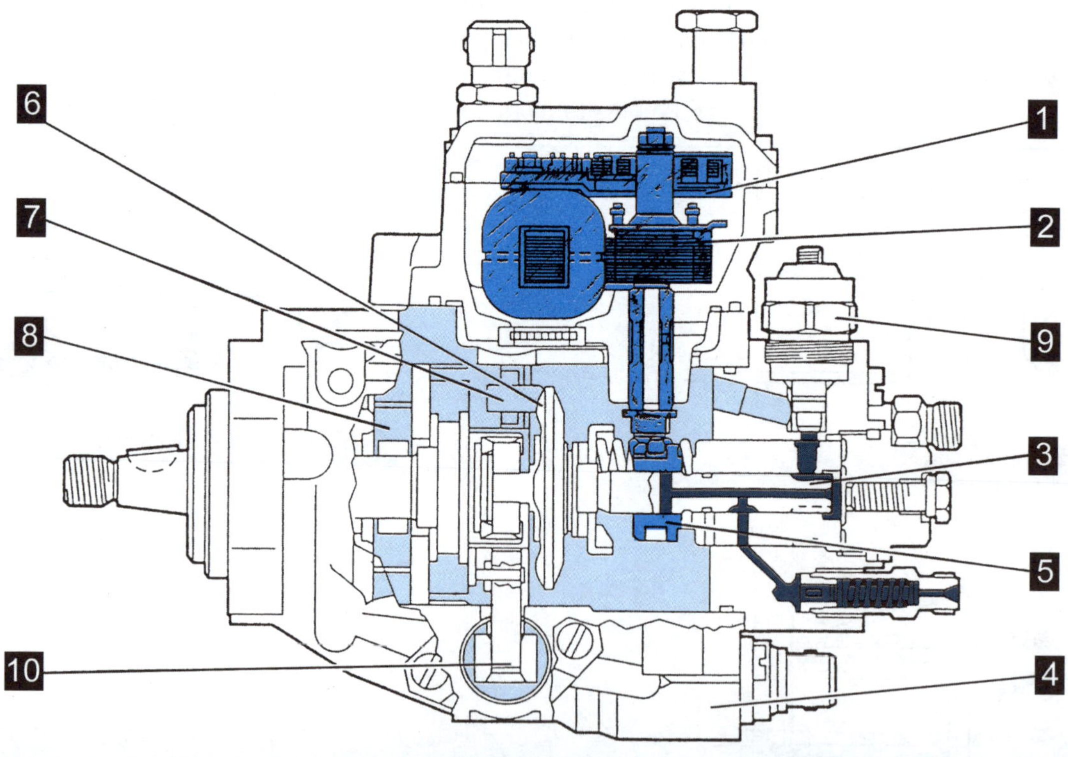

Fig. 25.8 – Pompe d'injection à régulation électronique.

1. Capteur de recopie débit.
2. Actionneur de débit.
3. Piston haute pression.
4. Électrovanne d'avance.
5. Coulisseau.
6. Came circulaire.
7. Plateau à galets.
8. Pompe d'alimentation.
9. Électrovanne de stop.
10. Vérin d'avance.

Quel est le principe de fonctionnement des pompes en ligne (figure 25.9) ?

Il y a **autant de pistons que de cylindres** à alimenter. Chaque piston est actionné par une came de l'arbre de pompe. L'arbre porte-cames et le bas des pistons sont lubrifiés à l'huile moteur par barbotage. Le haut des pistons est lubrifié par le gazole comme l'ensemble des éléments des autres pompes.

• **Admission du gazole** (figure 25.9a). Le clapet de refoulement 3 est fermé. Le piston descend en suivant le profil de la came grâce au ressort de rappel. Le **carburant** sous pression de transfert **pénètre par les orifices 1 et 2**.

• **Injection** (figure 25.9b). La came tourne. Le piston obstrue les orifices 1 et 2. La pression du carburant augmente et permet l'ouverture du clapet de refoulement. Le **carburant se dirige vers l'injecteur**. L'injection cessera dès que la rampe hélicoïdale pratiquée sur le piston permettra la communication avec l'orifice 2.

Comment les variations de débit sont-elles obtenues (figure 25.10) ?

Une **crémaillère** liée mécaniquement à la pédale d'accélérateur ainsi qu'au régulateur permet le pivotement du **piston sur lui-même**. Ceci permet à la rampe hélicoïdale du piston de découvrir plus ou moins tôt l'orifice de fin d'injection.

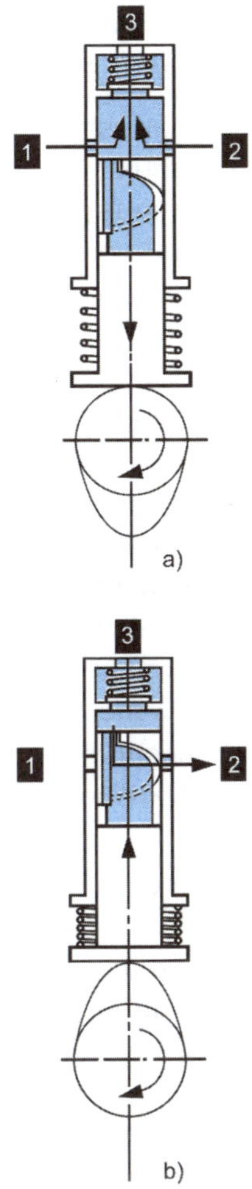

Fig. 25.9 – (a) Admission et (b) refoulement avec fin d'injection variable.

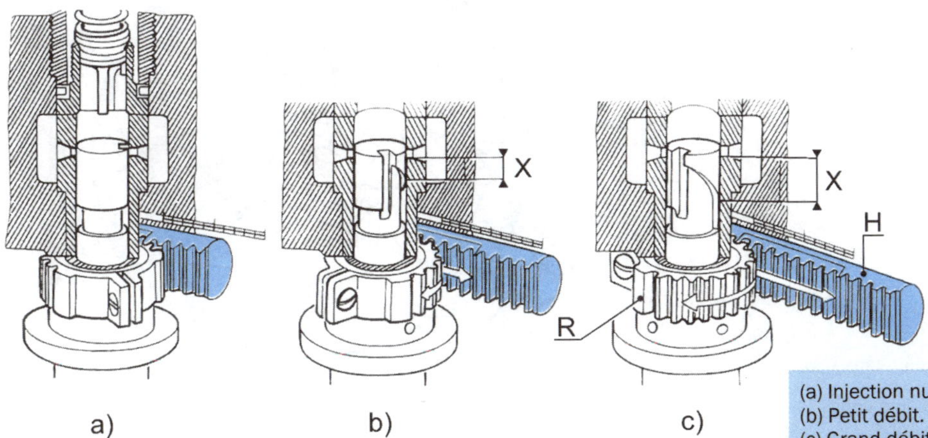

(a) Injection nulle.
(b) Petit débit.
(c) Grand débit.

Fig. 25.10 – Dispositif de rotation du piston par crémaillère.

Quel est le principe de fonctionnement des pompes haute pression pour moteurs à injection directe à rampe commune (figure 25.11) ?

Le carburant arrive au point A sous une **pression de transfert**. Il provient de la pompe d'alimentation à palette incorporée dans la pompe elle-même. La **quantité** de carburant admise est **dosée** par une **électrovanne de contrôle volumétrique** commandée par le calculateur en fonction des besoins du moteur. La pompe comporte un collecteur d'admission et un collecteur de refoulement circulaires communs aux trois **éléments de pompage** qui sont **disposés radialement** et calés à 120 degrés l'un de l'autre. Les pistons sont actionnés successivement en fonction de la rotation de l'excentrique central. Chaque élément de pompage fonctionne selon le principe des **pompes aspirantes et refoulantes** simples.

• Le piston descend en créant une baisse de pression, le clapet d'aspiration s'ouvre, celui de refoulement se ferme.

• Le piston remonte, le clapet d'aspiration se ferme, celui de refoulement s'ouvre. Le carburant est refoulé vers la rampe commune.

La **rampe commune** comporte un **capteur de haute pression**. Celui-ci informe le calculateur qui réduit plus ou moins l'arrivée du carburant grâce à l'**électrovanne de contrôle volumétrique**.

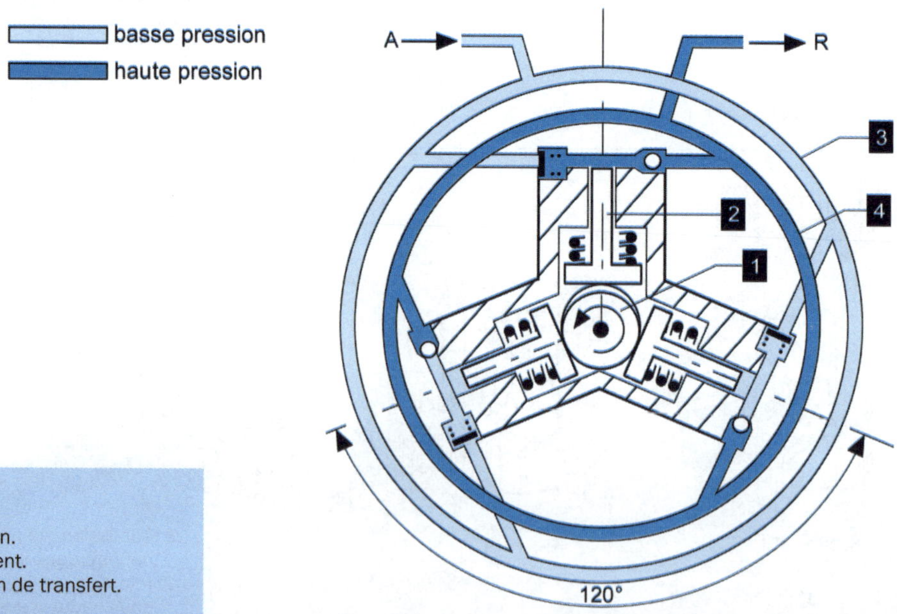

1. Excentrique.
2. Piston.
3. Canalisation d'admission.
4. Canalisation de roulement.
A. Admission sous pression de transfert.
R. Refoulement HP.

Fig. 25.11 – Schéma simplifié de la pompe haute pression.

Existe-t-il d'autres types de pompes ?

Certains moteurs peuvent être équipés :

- d'injecteurs-conduite-pompe,
- d'injecteurs-pompe.

Quel est le principe de fonctionnement de l'injecteur-conduite-pompe ?

Dans ce système, on compte autant d'injecteurs-conduite-pompe qu'il y a de cylindres (figure 25.12). La partie pompe est commandée par une came de l'arbre à cames. L'injecteur est fixé sur la culasse et débouche dans la chambre. Les deux éléments sont reliés par une **courte canalisation métallique**. L'électrovanne de volume est pilotée électroniquement.

Quel est le principe de fonctionnement de l'injecteur-pompe (figure 25.13) ?

Chaque élément est fixé sur la culasse, est commandé par un arbre à cames et débouche dans la chambre de combustion. L'avantage réside dans l'**absence de canalisation**, d'où une diminution du délai d'injection.

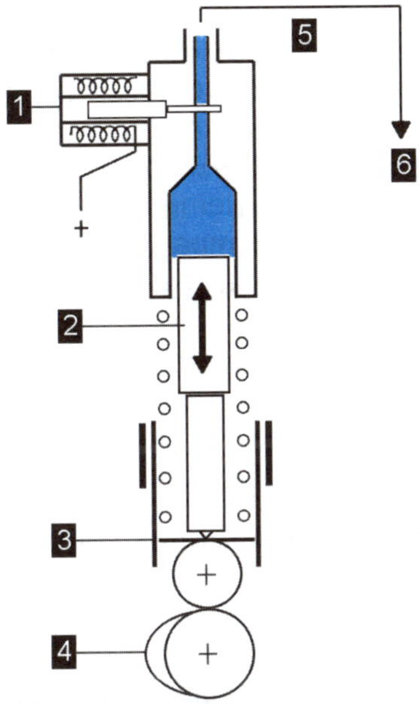

Fig. 25.12 – Pompe HP pour système injecteur-conduite-pompe.

1. Électrovanne.
2. Piston.
3. Galet-poussoir.
4. Came.
5. Conduite.
6. Injecteur.

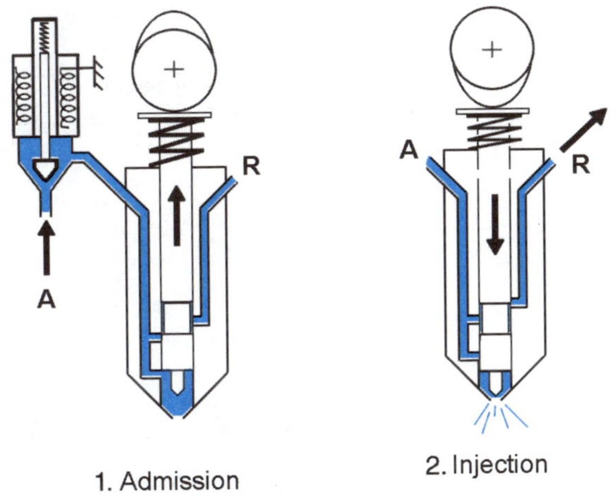

1. Admission : le piston recule, le gazole pénètre dans la chambre de pression.
2. Injection : le liquide emprisonné est propulsé sous haute pression.

Fig. 25.13 – Injecteur pompe.

Quel est le principe de fonctionnement des injecteurs (figure 25.15) ?

L'injecteur comporte une **aiguille** dont la **pointe** possède une forme en rapport avec le **type de jet** souhaité. Cette aiguille est maintenue sur son siège par la poussée d'un **ressort taré** en fonction de la pression d'injection que l'on veut obtenir. Le carburant venant de la pompe est introduit dans la **chambre de pression** 8. Lorsque la pression du carburant devient supérieure à la force pressante exercée par le ressort, l'**aiguille se soulève** et l'injection commence. Dès que la pression devient inférieure à la force du ressort, l'injection s'arrête. La pression d'injection est donc fonction du tarage du ressort qui peut être modifié en fonction du type de moteur.

Quelles sont les principales familles d'injecteurs ?

On peut distinguer :
- les **injecteurs à téton** pour moteurs à injection indirecte (figure 25.14),
- les **injecteurs à trous** pour moteurs à injection directe (figures 25.15 et 25.16).

Ces injecteurs peuvent être **électrocommandés**. Leur commande peut être :
- électromagnétique,
- piézo-électrique.

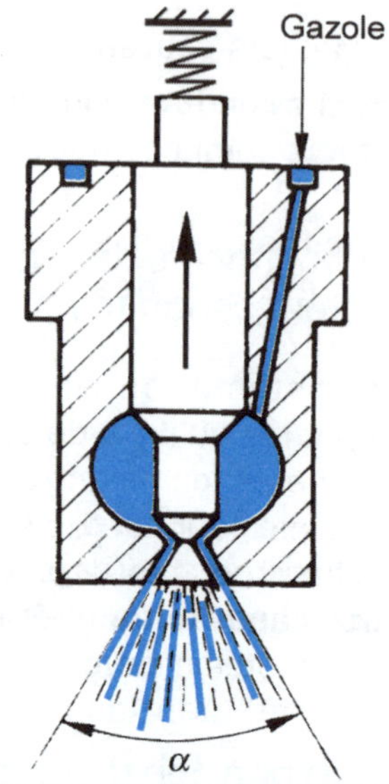

Fig. 25.14 – Injecteur à téton.
α est l'angle de diffusion.

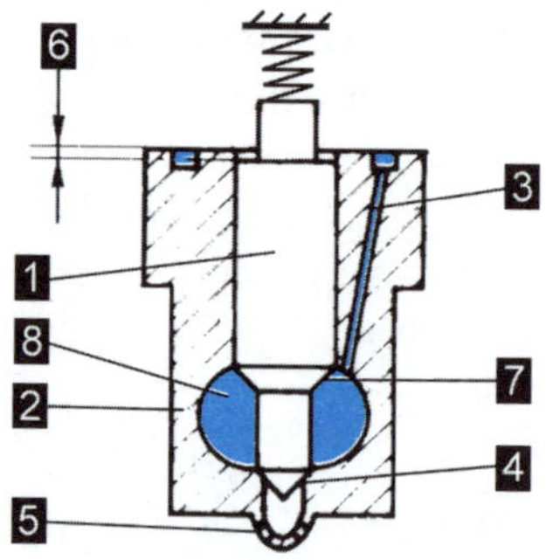

Fig. 25.15 – Injecteur à trou.

1. Aiguille.
2. Corps d'injecteur.
3. Canal d'arrivée du combustible.
4. Siège d'aiguille ou cône d'étanchéité.
5. Trous de pulvérisation.
6. Levée d'aiguille.
7. Cône de soulèvement de l'aiguille.
8. Chambre de pression.

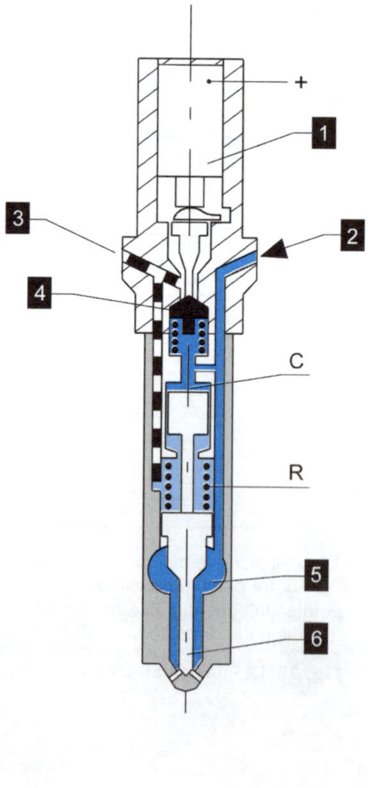

1. Actuateur piézo.
2. Arrivée gazole HP.
3. Retour.
4. Soupape de commande.
5. Chambre de pression.
6. Aiguille.

(+) Commande venant du calculateur.
C. Chambre de maintien.
R. Ressort de maintien de l'aiguille.

Fig. 25.16 – Injecteur à commande piézo.

Comment le départ à froid est-il facilité ?

Le départ à froid nécessite :
- un **apport de carburant** supplémentaire par une surcharge prévue par la pompe ou par le calculateur selon le cas,
- un **réchauffage** de l'air de la préchambre (injection indirecte) grâce à des bougies de préchauffage (figure 25.17).

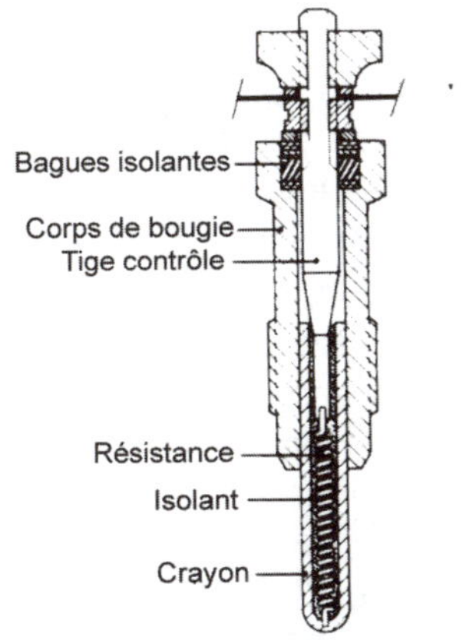

Fig. 25.17 – Bougie unipolaire pour montage en parallèle.

Quel est le principe des bougies de préchauffage ?

Les bougies de préchauffage sont des résistances électriques branchées entre elles en série ou en parallèle. Leur mise en action permet d'échauffer les molécules d'air (et de carburant dans le cas du postchauffage). L'inflammation du gazole est facilitée **en évitant la condensation** du carburant contre les parois froides de la préchambre. Le temps de préchauffage nécessaire est indiqué par un témoin au tableau de bord.

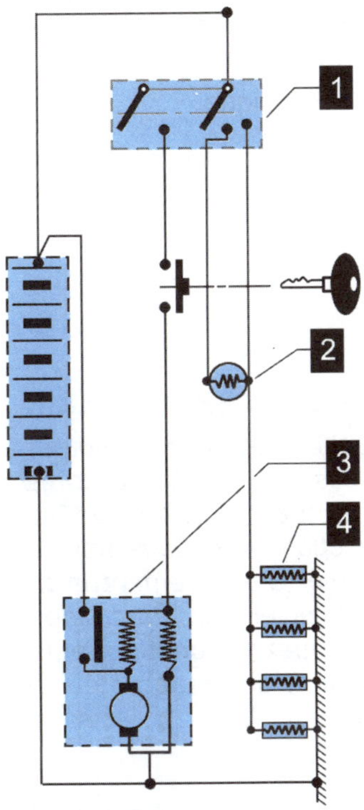

Fig. 25.18 – Commande.

1. Relais de préchauffage.
2. Témoin.
3. Démarreur.
4. Bougies de préchauffage.

MÉMO

- **Types de pompes**
On peut distinguer trois principaux types de pompes :
– les pompes monopiston rotatif,
– les pompes multipistons en ligne,
– les pompes haute pression à pistons radiaux.

- **Pompes d'alimentation**
On distingue :
– les pompes de gavage ou de préalimentation fournissant une faible pression en entrée de pompe,
– les pompes d'alimentation souvent incorporées dans les pompes d'injection et les pompes haute pression. Elles fournissent une pression moyenne dite de transfert à l'entrée de la partie haute pression des pompes.

- **Pompes d'injection**
– Les pompes d'injection monopiston alimentent les moteurs à quatre cylindres en réalisant une injection à chaque quart de tour.
– Les pompes en ligne comportent un piston commandé par une came pour chaque cylindre à alimenter.
– Les pompes haute pression à pistons radiaux ont un nombre de pistons – en général trois – sans rapport avec le nombre de cylindres du moteur. Elles alimentent sous haute pression la rampe commune des moteurs à injection directe common rail.

- **Injecteurs**
Les injecteurs sont de deux types :
– à téton pour les moteurs à injection indirecte,
– à trous pour les moteurs à injection directe.

- **Départ à froid**
Il nécessite :
– une surcharge en gazole produite par la pompe d'injection ou par le calculateur selon le cas,
– des bougies de préchauffage lorsque les pressions de fin de compression sont insuffisantes pour atteindre la température d'auto-inflammation du gazole.

POUR ALLER PLUS LOIN

1. *Recherchez pour un moteur à injection indirecte, les pressions de fin de compression et d'injection. Effectuez la même opération pour un moteur à injection directe à rampe commune.*
2. *Étudiez attentivement la figure 25.16 représentant un injecteur à commande piézo en position fermé. Expliquez le fonctionnement en phase d'injection sachant qu'un actuateur piézo produit une légère dilatation lorsqu'il est sollicité par un courant électrique.*

26

LA SURALIMENTATION ET LE RENDEMENT DES MOTEURS THERMIQUES

Comment obtient-on des moteurs une puissance et un couple élevés ?

Nous avons vu précédemment qu'il était possible :
- d'augmenter le **rapport volumétrique**,
- d'augmenter la **fréquence de rotation** du moteur,
- d'augmenter sa **cylindrée**.

Ces possibilités ne seront efficaces que si le **remplissage du moteur** est correctement réalisé.

Qu'appelle-t-on taux de remplissage ?

C'est la **masse de mélange réellement admise** dans les cylindres par rapport à la masse théoriquement admissible en fonction de la cylindrée du moteur.

On constate que, malgré les améliorations apportées à la distribution (croisement des soupapes), le **taux de remplissage est toujours inférieur à 1**.

Le meilleur remplissage se situe aux environs de 0,85 (soit 85 %). **Ce chiffre diminue avec l'augmentation de la fréquence** de rotation du moteur : dépression plus forte, pertes de charge importantes, temps d'ouverture des soupapes réduit. Le moteur tourne en fait le plus souvent avec un remplissage d'environ 70 %.

Comment pallier cet inconvénient ?

Il est possible d'augmenter la vitesse de pénétration de l'air ou du mélange dans la chambre **en augmentant sa pression d'admission**. Cette disposition est réalisée grâce à un **compresseur** qui permet une **suralimentation** du moteur (figures 26.1 et 26.2).

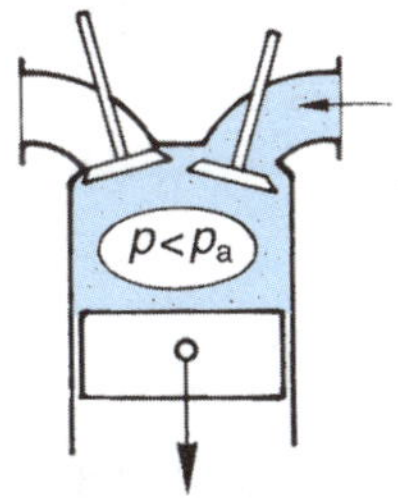

Fig. 26.1 – Moteur atmosphérique au temps admission.

p : pression dans le cylindre.
p_a : pression atmosphérique.

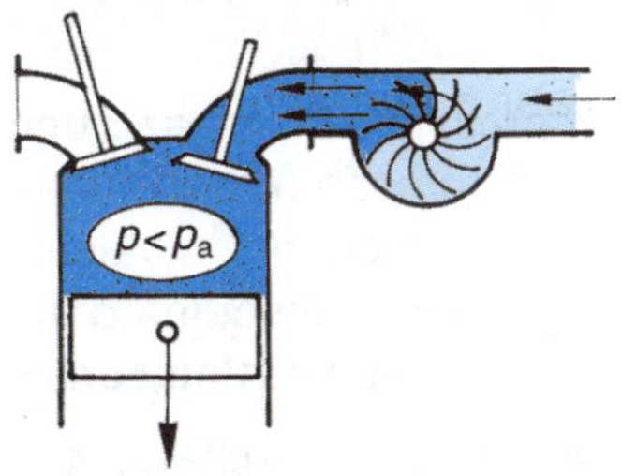

Fig. 26.2 – Principe de la suralimentation. Temps d'admission.

Quelles sont les caractéristiques principales des compresseurs ?

• **Rapport de compression.** C'est le rapport entre la pression de l'air en sortie de compresseur et sa pression d'entrée.

• **Débit.** C'est la masse d'air comprimé fournie par le compresseur pendant l'unité de temps, on l'exprime en kilogrammes par seconde.

• **Régime du compresseur.** C'est la fréquence de rotation du compresseur.

Il existe deux types de compresseurs :
- les **compresseurs centrifuges**, appelés « turbocompresseurs »,
- les **compresseurs volumétriques**, à commande mécanique.

Quel est le principe de fonctionnement du turbocompresseur ?

Le turbocompresseur comprend **deux turbines** reliées entre elles par un arbre commun (figure 26.3). Chaque turbine est placée dans une chambre indépendante.

La **turbine d'entraînement** est actionnée par les **gaz d'échappement** encore sous pression à leur sortie du moteur.

La **turbine de suralimentation** aspire l'air extérieur et le refoule en amont de la soupape d'admission. La turbine doit avoir une faible inertie et freiner le moins possible les gaz d'échappement.

Sa vitesse de rotation est très élevée (jusqu'à 200 000 tr/min).

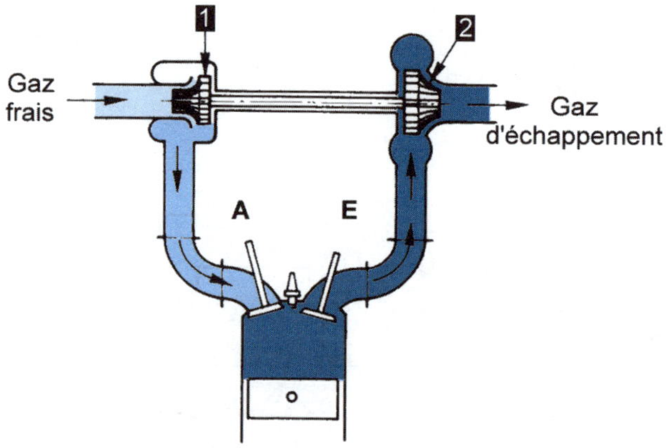

1. Turbine de suralimentation.
2. Turbine d'entraînement.

Fig. 26.3 – Principe du turbocompresseur.

Remarque

À faible régime du moteur, la pression des gaz d'échappement est insuffisante pour permettre la suralimentation. Le moteur comporte donc deux phases de fonctionnement :
– à bas régime, une **phase atmosphérique** dans laquelle le moteur fonctionne sans l'aide du turbocompresseur,
– à haut régime, une **phase suralimentée** dans laquelle l'action du turbo est à sa pleine efficacité, le taux de remplissage est alors supérieur à 1.

L'air comprimé peut-il être admis tel quel ?

La compression d'un gaz augmente sa température. Lorsque la température d'un gaz augmente, on constate une dilatation de ses molécules. Dans un moteur, la **dilatation des molécules** d'air ou de mélange admis provoque une **diminution sensible du remplissage**.

Pour remédier à ce défaut, le circuit d'admission peut être équipé d'un **refroidisseur**, ou **échangeur thermique**, placé entre le turbo et la chapelle d'admission.

Remarque

À haut régime, la pression de suralimentation est limitée grâce à une soupape de régulation qui a pour rôle de réduire la vitesse de rotation des turbines.

Quelles sont les utilisations possibles du turbocompresseur ?

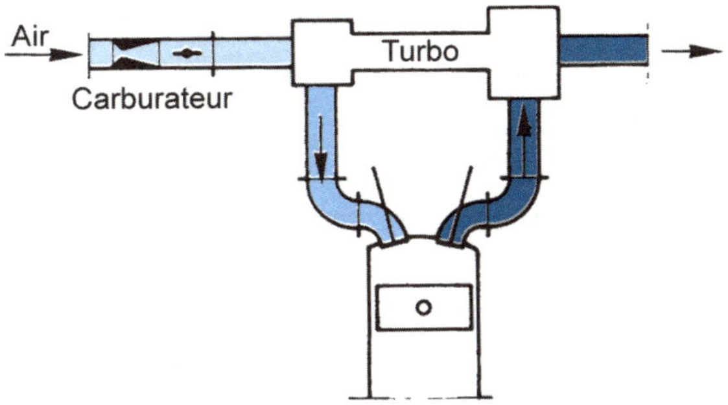

Fig. 26.4 – Carburateur « aspirant ».

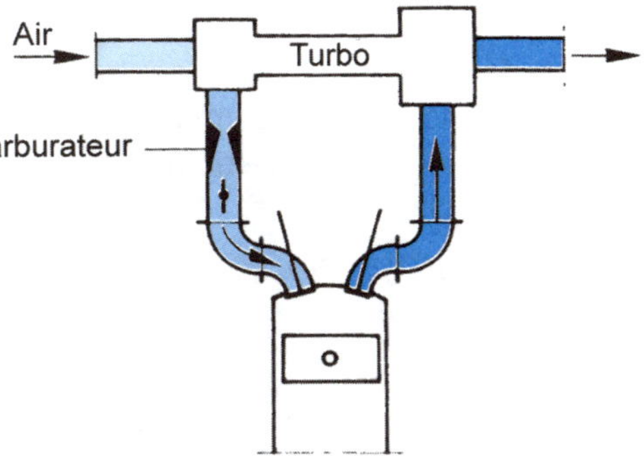

Fig. 26.5 – Carburateur « soufflant ».

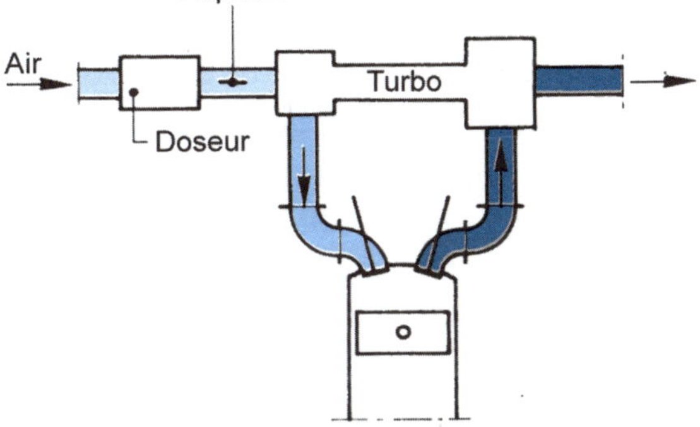

Fig. 26.6 – Injection turbo : papillon en amont.

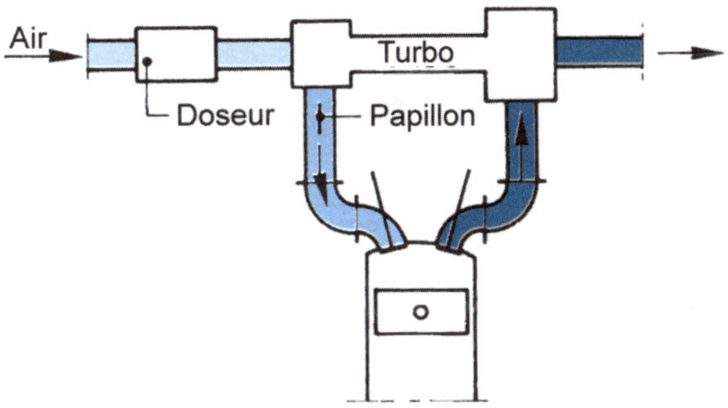

Fig. 26.7 – Injection turbo : papillon en aval.

Nous pouvons rencontrer un turbocompresseur :

- sur moteur à carburateur :

– **carburateur « aspirant »** (compresseur en aval du carburateur) (figure 26.4),

– **carburateur « soufflant »** (compresseur en amont du carburateur) (figures 26.5 et 26.8) ;

- sur moteur à injection :

– papillon en **amont du compresseur** (figure 26.6),

– papillon en **aval du compresseur** (figure 26.7).

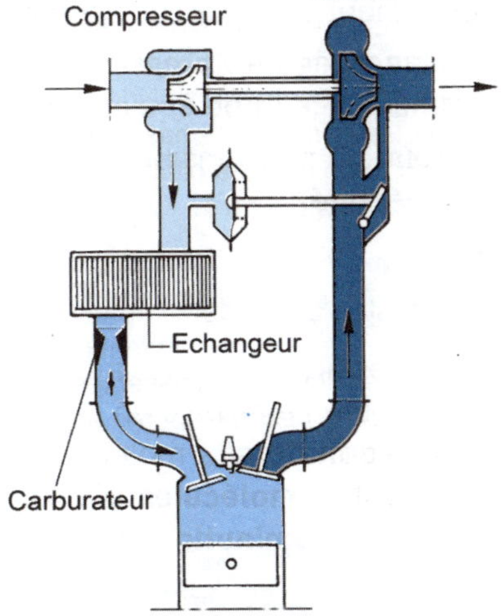

Fig. 26.8 – Carburateur soufflant avec échangeur et soupape régulatrice.

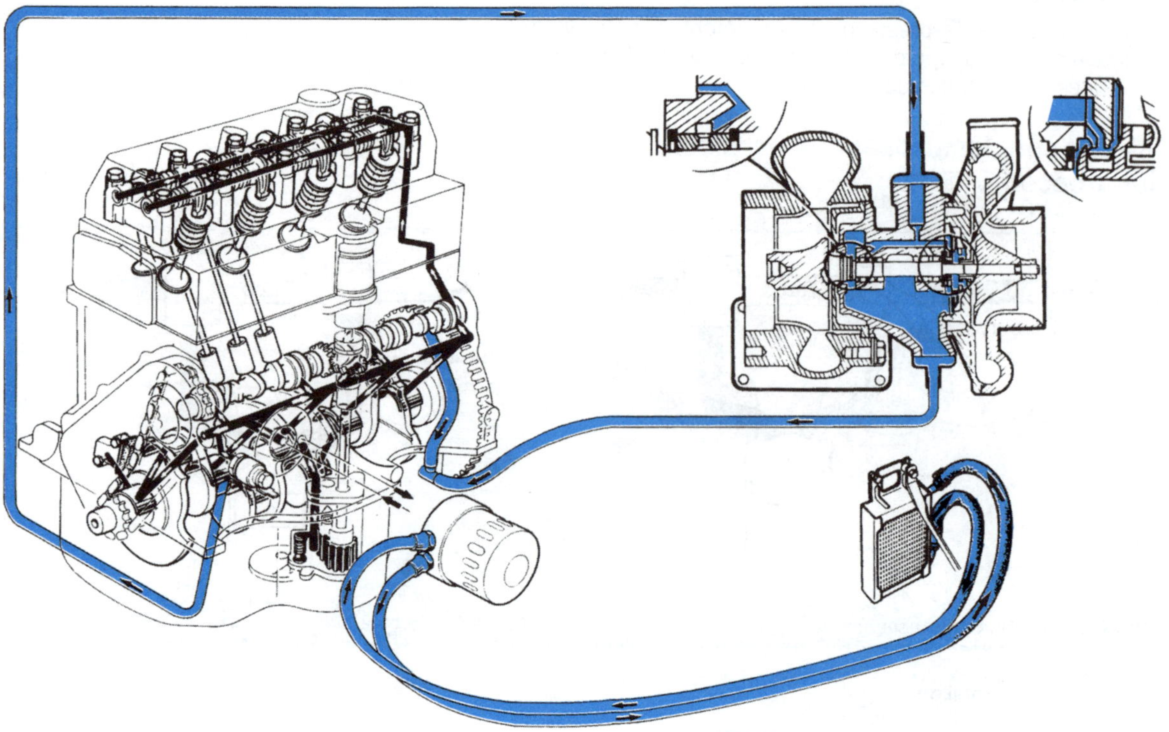

Fig. 26.9 – Schéma du circuit de graissage (Document Renault).

Quels sont les avantages du moteur turbocompressé ?

La pression de fin de compression est augmentée.

La **puissance au litre du moteur est supérieure**, donc il y a un meilleur rapport masse/puissance.

Le rendement du cycle est légèrement supérieur.

À puissance égale, la consommation peut diminuer, notamment si le turbo équipe un moteur à injection.

Le moteur est peu sensible aux différences de pression atmosphérique.

Remarque

La pression de fin de compression élevée en phase suralimentée nécessite une diminution du rapport volumétrique.
On peut également décroiser les soupapes.
Le moteur ne peut pas fournir une puissance élevée en phase atmosphérique.

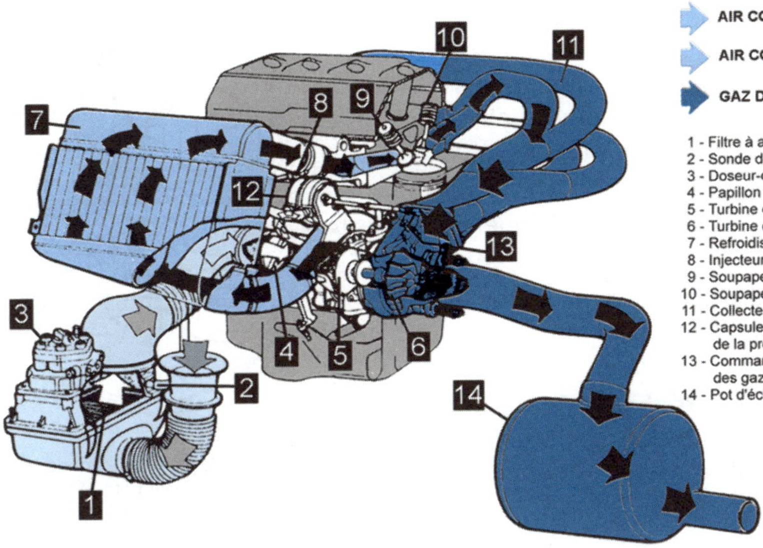

Fig. 26.10 – Moteur turbo (vue fantôme) (Document Renault).

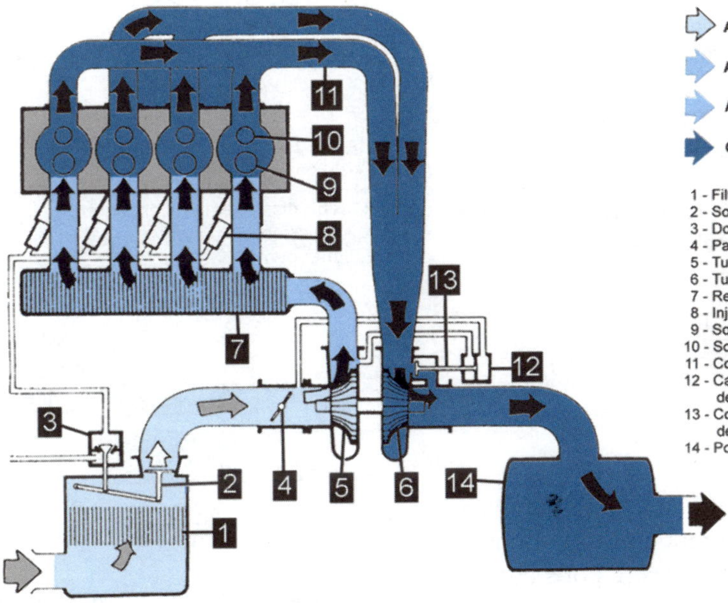

Fig. 26.11 – Moteur turbo (Document Renault).

Quel est le principe de fonctionnement des compresseurs volumétriques (figure 26.12) ?

Deux rotors, dont l'un est entraîné mécaniquement, tournent en sens opposé dans une chambre de forme adaptée. L'arrivée d'air à la pression atmosphérique se fait en A. On constate qu'un certain volume d'air se trouve emprisonné entre deux dents de chaque rotor. Pendant la rotation, les deux volumes passent en B.

Le débit de la pompe est proportionnel à sa fréquence de rotation.

Le débit de la pompe étant supérieur au débit demandé par le moteur, on constate une montée en pression de l'air d'admission.

L'entraînement mécanique est réalisé grâce à une courroie liée au vilebrequin (figure 26.13). Les diamètres des deux poulies permettent une surmultiplication $\left(\text{environ } \frac{2}{1}\right)$.

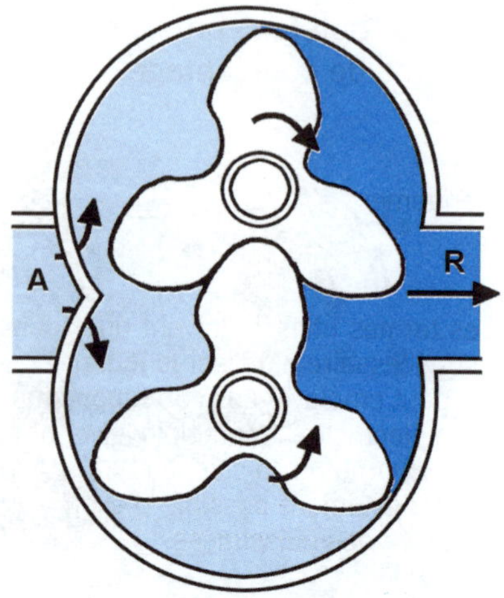

Fig. 26.12 – Principe du fonctionnement du compresseur volumétrique.

A. Aspiration.
R. Refoulement.

Quels sont les avantages du compresseur volumétrique ?

Ce compresseur mécanique, actionné directement par le vilebrequin, offre l'avantage d'une réaction immédiate à l'accélération et permet ainsi au moteur de disposer d'un couple important à bas régime.

En supprimant le «temps de réponse» lié au turbo, il contribue à diminuer les émissions de gaz polluants lors des accélérations brutales.

Remarque

Sur les modèles les plus évolués, le compresseur peut être débrayé. Le débrayage et l'embrayage sont commandés par un calculateur qui analyse en permanence les paramètres moteurs, notamment la charge.

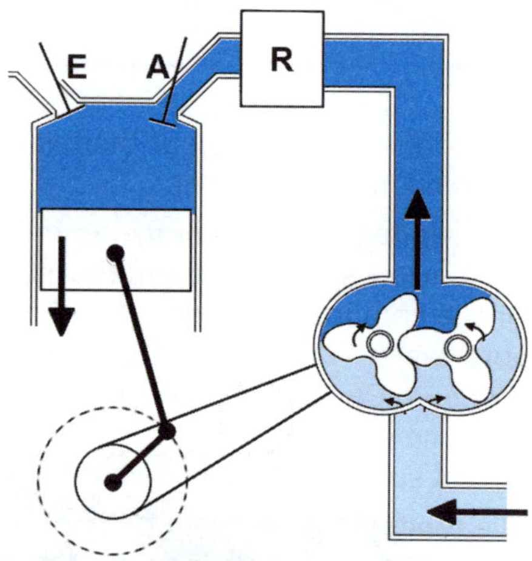

Fig. 26.13 – Système d'entraînement du compresseur.

R. Refroidissement ou échangeur.
A. Admission.
E. Échappement.

Qu'appelle-t-on le rendement d'une machine ?

Le rendement d'une machine est le **quotient** de l'**énergie utile restituée** par l'**énergie totale absorbée** (figure 26.14) :

$$\text{rendement} = \frac{\text{énergie utile restituée}}{\text{énergie totale absorbée}}$$

$$\eta = \frac{W_u}{W_a}$$

En vertu du principe de **dégradation de l'énergie**, il est impossible d'obtenir une transformation totale dans la forme désirée. Dans toute transformation, nous constatons l'apparition d'**énergie thermique**, qui, lorsqu'elle n'est pas désirée est de l'**énergie perdue**.

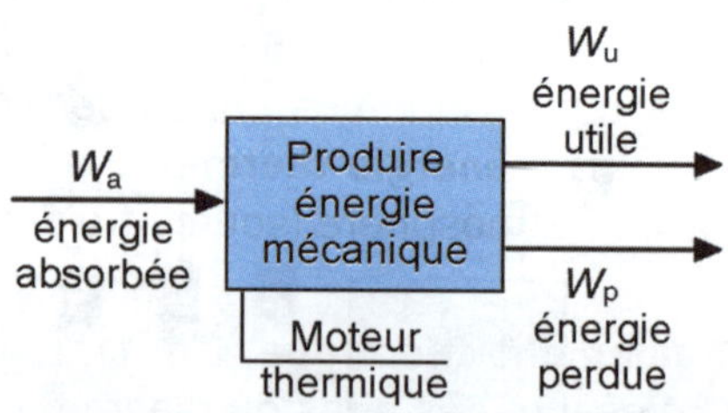

Fig. 26.14 – Transformation de l'énergie. Énergie absorbée = énergie utile + énergie perdue.

Le rendement est un nombre sans unité toujours **inférieur à 1**. Toutefois, on exprime souvent le rendement sous forme de pourcentage.

Exemple

Rendement = 0,35 = 35 %.

Remarque

Les termes utilisés doivent être **identiques**. Pour l'énergie, il est nécessaire d'utiliser le **joule**.
On peut employer ses correspondances :
– en électricité, on emploie le watt heure (1 Wh = 3 600 J) ;
– en thermique, la calorie (1 cal = 4,19 J).
Il est également possible d'exprimer le rendement par comparaison des puissances :

$$\text{rendement} = \frac{\text{puissance utile fournie}}{\text{puissance absorbée}}$$

$$\boxed{\eta = \frac{P_u}{P_a}}$$

Comment calcule-t-on le rendement d'un moteur thermique à combustion interne ?

Le rendement d'un moteur thermique est le produit de trois rendements qui sont :

• Le **rendement thermodynamique théorique** : rapport entre l'énergie calorifique potentielle contenue dans le carburant et l'énergie thermique que le moteur fournirait s'il fonctionnait exactement selon le cycle théorique. Ce rendement croît avec le rapport volumétrique, ce qui explique que le moteur Diesel ait un rendement supérieur à celui du moteur essence.

• Le **rendement du cycle** : rapport entre l'énergie agissant sur le piston et l'énergie théoriquement récupérable.

• Le **rendement mécanique** : rapport entre l'énergie mécanique réellement récupérée sur l'arbre moteur et l'énergie agissant sur le piston.

Quelle est l'origine des pertes d'énergie ?

Nous avons vu que ces pertes se produisent toujours sous forme d'**énergie thermique** (source chaude) dissipée dans l'atmosphère (source froide) (figures 26.15 et 26.16).

• **Rendement théorique**. L'énergie utile est calculée par la mesure des aires du diagramme théorique : aire du **temps moteur** diminuée de l'aire des **temps résistants**, (une partie de l'énergie étant utilisée pour réaliser les trois phases non motrices).

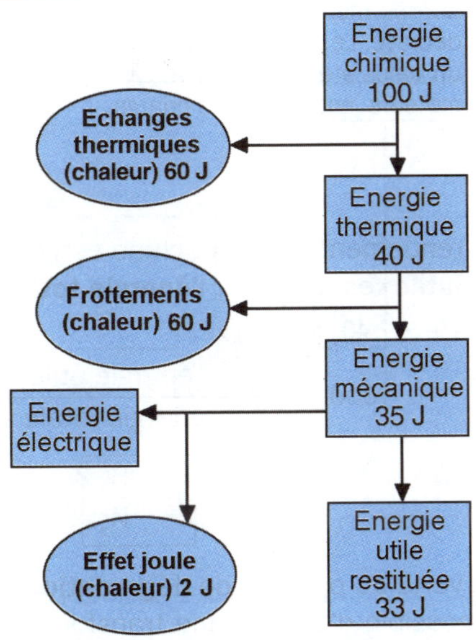

Fig. 26.15 – Principe de dégradation de l'énergie.
Rendement d'une machine thermique.

• **Rendement du cycle**. Nous observons à ce stade les pertes provenant notamment des **difficultés de remplissage**, mais surtout des **échanges thermiques** avec l'extérieur :

– évacuation des calories en excédent au moment de la combustion par le système de refroidissement,
– évacuation par les gaz d'échappement ayant encore une certaine température au moment de leur sortie.

Nous constatons à ce poste les pertes les plus importantes (50 à 60 %).

• **Rendement mécanique**. Il s'agit essentiellement des **frottements** divers se produisant entre les pièces mécaniques nécessaires à la transformation de l'énergie thermique disponible sur le piston en énergie mécanique récupérée sur l'arbre moteur. Il faut également ajouter l'énergie nécessaire à entraîner les accessoires : pompes à eau, alternateur, etc.

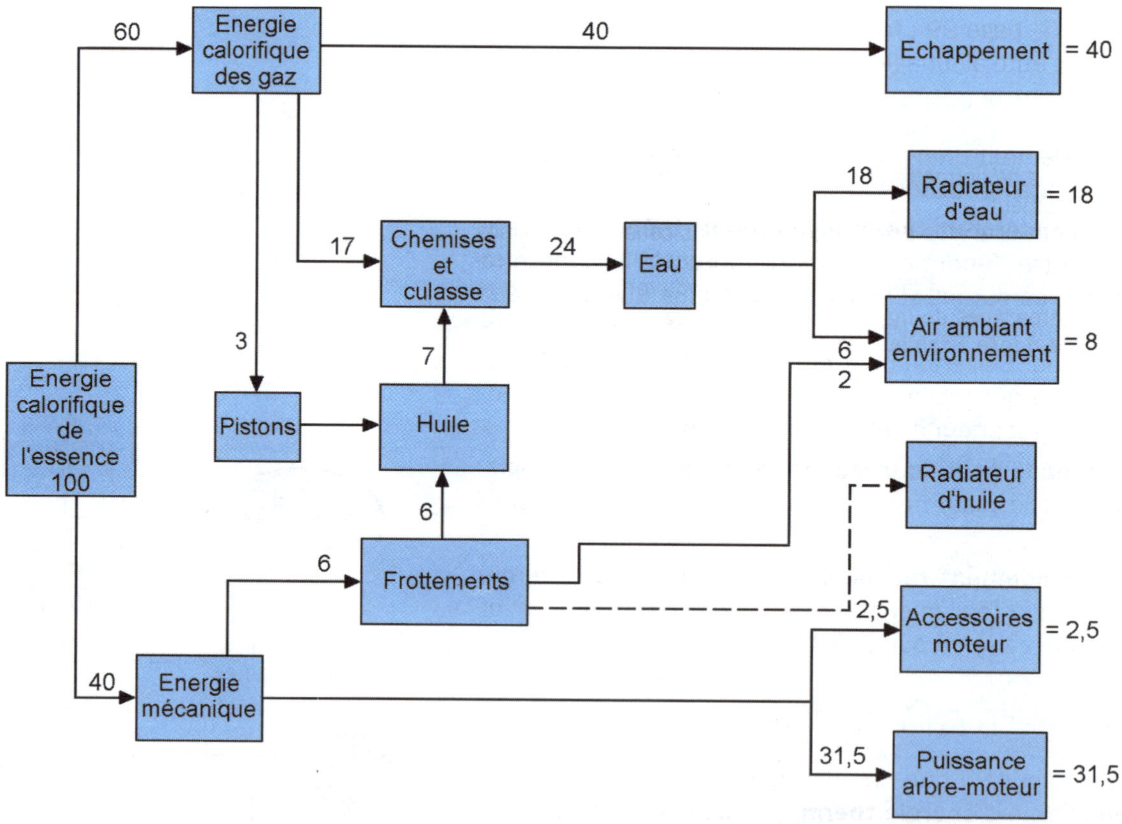

Fig. 26.16 – Schéma du bilan thermique d'un moteur (exemple).

Quels sont les possibilités d'augmentation du rendement des moteurs ?

• **Augmenter le rapport volumétrique**. Si cela est possible dans une certaine mesure pour les moteurs Diesel, nous savons que le rapport volumétrique des moteurs à essence est limité par l'indice d'octane du carburant.

• **Augmenter le remplissage**. La dimension des soupapes est limitée par leur masse (inertie) et leur encombrement dans la chambre.

On peut utiliser un compresseur d'air (suralimentation) à condition que l'amélioration apportée ne soit pas compensée par l'énergie absorbée par le compresseur. La contre-pression qui peut se produire au moment de l'évacuation des gaz d'échappement est également une perte d'énergie.

• **Mieux utiliser la chaleur**. La température de fonctionnement d'un moteur est maintenue aux environs de 120 °C en sortie de culasse. Augmenter cette température provoque tous les inconvénients étudiés auparavant (voir 13 page 99 ; fusion ou serrage des pièces mécaniques, auto-allumage, etc.

Conclusion

Nous voyons que les moteurs thermiques d'automobile actuels ne permettent plus d'améliorations sensibles de leur rendement.
Leur fiabilité et la grande expérience des constructeurs dans ce type de moteur nous laisse supposer son utilisation pendant longtemps encore, mais nous pouvons penser que d'autres types de machines seront mis en service progressivement (pile à combustible, moteurs électriques, etc.)

MÉMO

La suralimentation

La suralimentation permet de faire pénétrer l'air ou le mélange d'admission dans le cylindre à une pression supérieure à la pression atmosphérique. Le remplissage est amélioré.
À cylindrée égale, les performances du moteur sont supérieures. On utilise en général un turbocompresseur entraîné par la vitesse des gaz d'échappement sous pression à leur sortie du moteur.

• Le turbocompresseur doit posséder une faible inertie et tourner à très grande vitesse.

• Le rendement d'un moteur est le rapport entre l'énergie disponible sur l'arbre moteur et l'énergie absorbée sous forme de carburant :

$$\text{rendement} = \frac{\text{énergie utile restituée}}{\text{énergie absorbée}}$$

• Le rendement global du moteur est le produit de trois rendements :
- rendement thermodynamique théorique,
- rendement du cycle réel,
- rendement mécanique.

• Le rendement d'un moteur essence est d'environ 30 à 35 %, celui d'un moteur Diesel de 35 à 40 %. Cette différence provient essentiellement de la différence de rapport volumétrique.

POUR ALLER PLUS LOIN

1. *Effectuez une recherche sur le turbocompresseur équipant le moteur de votre choix. Donnez toutes les caractéristiques du moteur turbo en comparaison avec celles du même type de moteur en version «atmosphérique».*
2. *Recherchez le rendement global d'un moteur électrique.*
3. *Recherchez le principe de fonctionnement de la pile à combustible.*

TESTS

1• Citez deux types de moteurs Diesel.	1. .... 2. ....
2• Quels sont les différents délais à prévoir entre le début du refoulement de la pompe et l'inflammation du mélange ?	....
3• Dans un moteur Diesel, pour obtenir une pression élevée et constante...	a. On augmente le délai d'allumage ☐ b. On évite la détonation ☐ c. On provoque la détonation ☐
4• Citez trois systèmes d'injection qui ont permis de réduire le délai d'injection.	1. .... 2. .... 3. ....
5• Par quel élément la pompe réalise-t-elle les variations de régime moteur sur une pompe en ligne ?	a. La crémaillère ☐ b. Le régulateur ☐ c. Le vérin d'avance ☐
6• Par quel élément la pompe réalise-t-elle les variations d'avance à l'injection sur une pompe à piston rotatif ?	a. L'accélérateur ☐ b. Le régulateur ☐ c. Le vérin d'avance ☐
7• Par quel élément les variations d'avance à l'injection sont-elles réalisées dans les moteurs à rampe commune à injection directe ?	a. La rampe commune ☐ b. Le calculateur ☐ c. La pompe HP ☐
8• Dans un moteur turbocompressé, par rapport au moteur atmosphérique...	a. Le rapport volumétrique est inférieur ☐ b. Le rapport volumétrique est supérieur ☐ c. Il reste le même ☐
9• Justifiez votre réponse à la question 8.	....
10• Sous quelle forme les pertes d'énergie se produisent-elles dans un moteur thermique ?	a. Énergie chimique ☐ b. Énergie thermique ☐ c. Énergie mécanique ☐

045898-(III)-(6)-OSB 80° EDIC-API
Imprimé en France par I.M.E. - 25110 Baume-les-Dames
Dépôt légal : Juin 2005 (suite du 1er tirage)
Dépôt légal de la 1re édition : 1981